Apes, Monkeys, Children, and the Growth of Mind

霊長類のこころ

適応戦略としての認知発達と進化

ファン・カルロス・ゴメス

長谷川眞理子 訳

新曜社

Juan Carlos Gómez
APES, MONKEYS, CHILDREN,
AND THE GROWTH OF MIND

Japanese translation published by arrangement with
Harvard University Press, Cambridge, Mass., U.S.A.
through Motovun Co. Ltd., Tokyo.

まえがき

サルや類人猿の研究から、人間の子どもの心の発達について、どんなことがわかるのだろう？ それが本書の論題であり、私が自分の学者としての経歴を通じて、ずっと持ち続けてきた興味である。私の目的は、この素晴らしい題材に関する入門書を書くことであるのだが、同時に、読みにくくならないように気をつけながら、発達認知科学と進化認知科学をつなぐ、より深い問題についても論じてみたかった。

議論そのものは簡単である。私たち人間の心は、他の霊長類の心に認められる、より広い進化的パターンの一部であるということだ。そこでもっとも重要な特徴は、適応戦略としての発達である。ほとんどの霊長類では、一生の間のかなり長くが、赤ん坊期と子ども期とで占められている。霊長類は赤ん坊期が長く、発達がことさらゆっくりとしているのが特徴なので、人生をこんな危ういやり方で始めることには、何か特別の恩恵があるのだろう。そういう恩恵の一つは、物理的環境と社会的環境を含めて、彼ら自身の世界をより詳しく、より柔軟に知られるようになることであり、その結果として、より柔軟で適応的な行動を生み出せるようになることである。

霊長類は、手と、複雑な視覚と触覚システムを進化させたので、自然物から成り立つこの世界を発見し、利用できるようになった。霊長類はまた、他者を、行為のエージェントとしても、行為の対象者としても抜き出せるような、複雑な関係と洗練された相互作用を持つ、高度な社会生活を進化させた。もっとも重要で、霊長類の赤ん坊のトレードマークとも呼べるものは、社会的な世界と物理的な世界とが分かちがたく絡み合っていることである。

このような進化的傾向は人間で頂点に達したのだが、その始まりのところは、他の霊長類の心にも存在する。人間の心は、認知の発達が長期的な適応戦略として有利であったような進化の産物なのである。

他の霊長類が世界を理解するやりかたは、ときには私たちの理解と似ており、ときには、少し違ったり、大いに違ったりするのだが、違いがたいへん大きく見えるときでさえも、私たち人間の心が本来所属するところである、霊長類の心一般の成り立ちを見ることにより、私たち自身の認知過程の起源と性質について、何かを学ぶことができるのだ。

本を書くことに関する欲求不満の一つは、書きたいと思う題材や研究のすべてを取り上げることができないということだ、と私は気づいた。私が書きたいと望み、書くに値するものでありながら、ほんの少ししか触れることのできなかった研究の著者すべてにお詫びしたい。もう一つの欲求不満は、私にいろいろなことを教え、助けてくれたすべての人々に感謝できないことだ。

ジェリー・バーナーは、最初に本書を書こうと思い立ったとき、本書のアイデアを熱心に支持してくれた。アネット・カーミロフ＝スミスは、エリザベス・ノルと共同して、私が自分の考えていたことを行動に移し、結論を出して最終的な原稿を完成させるようにし向けてくれた。

ずっと以前から、より間接的な形で、しかし、先の人々に劣らぬ重要な働きをしてくれた人々の名前が次々と浮かぶ。そのうちのほんの一部でしかないが、ホアン・デルヴァル、ホセ・リナザ、スー・パーカー、サイモン・バロン＝コーエン、故アンジェル・リヴィエール、そしてエンカール・サリアの名をあげて感謝したい。彼らはみな、私の研究生活と私生活の両方に決定的な影響を与えた人たちだ。

2人の匿名の査読者からたくさんのコメントとアドバイスをいただいたおかげで、本書をずっとよいものにすることができた。彼らと、アニータ・サフランにも感謝したい。彼女は、深い洞察と、私の気持ちをよく理解してくれた上での編集によって、最終章を、より明確で読みやすいものにしてくれた。また、心理学科と、新しく設立された「社会学習・認知進化研究センター」の同僚にも感謝したい。こんなに例外的に刺激的な環境で研究できることは、またとない特権である。

発達に関する書物なのだから、とくにこう言ってもかまわないと思うのだが、もちろんのこと、いつも辛抱強く支えてくれた両親に謝意を表したい（私の本と論文で家中が埋まってしまったときにも、彼らは我慢してくれた）。

最後に、すべての章の原稿を何度も読み、よくないと思ったところを率直に指摘し、参考文献を集め、図を修正し、私が書くのに四苦八苦していたときに、赤ん坊も含めて彼女が世話をしなければならなかったすべてのことをしてくれた、私の妻でありパートナーである、ベアトリス・マルチン＝アンドレイドに感謝したい。これは彼女の本である（そして、書いている最中に現れたという意味で、ネレアの本でもある）。

トゥリーズへ
邂逅のすべてを生き愛した

目　次

装幀＝大塚千佳子

第1章

手と顔と赤ん坊時代――霊長類の心の起源

私の娘は生後9ヵ月である。この子は、あまり這い回ることに興味のないタイプの子で、母親や父親に抱かれていないときには、ほとんどの時間を床に座って、手当たりしだいに物をいじりながら過ごしている。彼女の遊びはそれほど洗練されたものではない。彼女は、おもちゃに触れ（たいていは人差し指で）、それを握り、それで床を叩いたり、他のおもちゃを叩いたりする。彼女のねらいはあまり正確ではないので、たいていは、おもちゃは手の届かないところまで転がっていってしまう。それでも、ときどき彼女は、一つのものをそっともう一つのものに触れ合わせることもあり、2つの部品を隣どうしに置いて、まるでばらばらになってしまったものをもう一度作り直そうとしているように見えることもある。つい先日、私が、発達心理学者のお気に入りの実験である、彼女がまさにつかもうとしたおもちゃに布をかぶせてしまうということをしたら、彼女は、布をめくってその下のおもちゃを取ろうとはしなかった。しかし、今は、もうこのトリックが理解できるらしく、ぎごちないながらも布をわきにどけようとする。

彼女が物に近寄りたいと思っても、自分で思い通りにいかないことは明らかだ。彼女は片手を物に向けて伸ばし、またもう一方の手を伸ばし、と苦闘する。ときに運がよければ、(たぶん偶然になのだろうが)おもちゃのほうにからだを近づけることができて、つかむことができる。ほんの数週間前はそれさえもできなかった。片方に倒れたり仰向けに倒れたりしないように、座ってバランスを取るだけに、すべてのエネルギーが使われていた。そしてその前の生後数ヵ月のときは、まわりのおとなの庇護に完全に依存して横たわり、ただ、見たり聞いたりしていただけだ。座ることを覚えてからは、バランスを崩すとむずかって泣き、両腕を振り回す。そうすると私たちおとながそそくさと駆けつけ、抱き上げてなぐさめる。彼女はまだ、どうすれば抱き上げてくれというリクエストが出せるのか、よくわかっていない。もちろん、泣いたり腕を振り回したりはできるが、彼女が何を欲しているのか理解するのは、こちらの役目なのである。

彼女はもうじき、こういった無力さの表現とはおさらばするだろう。歩くことを発見する前に、はいはいしたり、その他の移動の方法を見つけたりするに違いない。彼女は、私たちに何かを頼むための身振りを発明し(たとえば、芝生に連れて行って欲しいときには、庭に通じる扉を指差す)、自分の興味をひいたもの(隣のうちの猫など)を私たちに見せるにはどうしたらよいかもわかるようになるだろう。そうこうするうちに言葉というものを覚え、それらをつなぎ合わせる無限の可能性があることを発見するだろう。彼女は、ときには自分一人で、たいていの場合は、物の使い方を学ぶのを教えてくれる両親や友達の助けを借りて、物を操作するうまい方法を、どんどん新しく見つけ出していくに違いない。うちの娘は、人類に固有の驚くべき技術と知識によって、人類のおとなのメンバーになるのだ。

私がおむつを取り替える技術を習ったのは、もう20年も前のことだが、それは私にとって最初の赤ん坊の経験だった。しかし、それはずいぶんと変わった赤ん坊だった。私の娘とちょうど同じくらいの年齢の、動物園で人に飼育されているゴリラの赤ん坊である。見てくれがはっきりと違うことを別にしても、とくに発達のこの時期における両者の行動の違いはきわめて大きかった。それは、ムニという名前の雌のゴリラだったが、四本足を使って、まったくおとなと同じように自分一人で歩くことができた。さらに彼女は、小さな木、箱その他、しっかりとつかまれるものには登ることさえできた。彼女は、自分の欲しいものの多くに自分一人で近づくのに、何の問題もなかった。彼女が一人で行かない場所があるとすれば、それは怖いからで、人間の代理の親たちと一緒にいて安全であるほうが、ヤギ、シマウマ、それになんと言っても彼女がもっとも嫌いなゾウの赤ん坊などといった、わけのわからない生き物たちに取り巻かれた世界に行くよりも好きだったからだ。彼女は、自分の移動能力によって制限されているというよりは、おとなに対する愛着で制限されていた。

ムニは、物にたいへん興味を持った。彼女は、それらをつかみ、眺め、ほとんどいつでもそれらを口に持っていった。ときには、物で地面を打ち付けたり、もっとやさしく指でそれを調べたりもした。それは、うちの娘が今日やっているのとほとんど同じだが、ムニはもう少し乱暴で、もう少し想像力が少なかった。物をさっと布で隠してしまうトリックを見せると、ムニはさっさと布を取り除いておもちゃを取り戻した。

赤ん坊ゴリラのムニが何かに怖がったときには（たとえば、ゾウの赤ん坊がムニの飼育室の近くを散歩するときは、いつもそうだったが）、彼女は泣いたり叫んだりはせず、まっしぐらに私たちのほうに走ってきた。もしも私たちがすばやく彼女を抱いてやらなかったならば、彼女は私たちの誰かのからだに本当によじ登ってきて、その胸の中に安全を求めるのだった。

ムニには、小さいころの友達がいた。リウというパタス・モンキーである。彼はムニよりもずっと小さかったが、移動能力の点ではムニよりもずっと優れていた。リウは、飼育室と庭をすごいスピードで縦横無尽に走り回るので、彼が何かを私たちから取っていったときには、それを取り戻すのは不可能だった（しかも、彼はしょっちゅうそういうことをして、私たちがゴリラの行動を一生懸命書き取っている、そのペンと紙がとくにお気に入りだった）。彼にはまた、とくに大好きでつねに庇護を求める飼育係がいて、私たちが盗まれたペンを取り戻そうと彼を追いかけると、彼はすぐにもその飼育係の肩に飛び乗るのだった。ムニと同様、彼もレスリング遊びが大好きで、いつも飼育係やゴリラの赤ん坊と一緒に遊んだ。彼と遊ぶのは、いつも簡単というわけにはいかなかった。なぜなら、こういう遊びのレスリングの重要な要素の一つは、噛み合うことだったからだ。本気で噛むのではないのだが、子どものパタスでも鋭い犬歯を持っているので、ずいぶん痛かった。リウも、ムニやうちの娘と同様、物にも関心を持ったのだが、彼がするのは、物をつかんで口に持っていって噛みつぶすだけだった。（いくつのボールペンのキャップが、彼の歯の犠牲になったことか！）ムニとうちの娘がそれぞれのやり方でやっていたように、彼が物を手にとって視覚的に調べ、それで何ができるかを発見するということは滅多になかった。リウがムニの遊び相手であった時期は短かった。他のサル類と同様、彼はどんどん成長して若い雄のパタスになってしまった。犬歯がずいぶん大きくなり、たいへんに敏捷で、おとなとしての興味がわいてきたので、彼はすぐに、動物園の子ども部屋環境には合わなくなってしまった。

類人猿であるムニの成長はずっとゆっくりであったが、やがて、若いゴリラになり、おとなになった。幸いなことに、赤ん坊時代の早いうちに、彼女は他のみなしごゴリラたちのグループと一緒になり、彼らはともに、飼育ゴリラの社会生活に伴う喜びと葛藤を見出していった。おとなのゴリラとの接触なしに育ったにもかかわらず（狩猟者によって捕らえられる以前の、生後6、7ヵ月までを越えては）、彼らはみな、ゴリラの行動の完全なレパートリーを発達させたようだった。彼らは、ゴリラの音声を発し、ゴリラの姿勢と表情を見せた（たとえば、彼らに特徴的な胸を叩くディスプレイなど）。彼らは、セックスも含めてゴリラの社会生活を見出し、ある程度は母性行動も父性行動も示した。彼らは、人間の飼育係とともにいくつかの奇妙なジェスチャーを交わしたり、道具を使ったりするなど、野生のゴリラには普通は見られない、いくつかの特別な行動も発達させた。

うちの娘は、ゴリラよりもさらにゆっくりと成長するだろう。最終的には、彼女も、人間の社会生活に伴う喜びと痛みを発見し、人間特有のやり方で世界について学んでいくだろう。それには何年もかかるだろうが、彼女は、言語（それも、彼女の場合は2つの言語だ！）、文化、人間が生み出したおびただしい種類の道具や物の操作など、人間固有のものをいくつか学ばねばならないだろう。

うちの娘とムニとリウとはみな、霊長類という同じ動物分類群に属する、発達途上の幼い個体である。彼らは赤ん坊であり、これから成長して、それぞれの種の有能なメンバーである「おとな」になることを学習していく。この発達のプロセスは、いくつかの異なる次元で起こる。赤ん坊は肉体的には成長し、行動的には、新しい行為や相互作用のパターンを学習し、心的には、彼らの種に固有の世界観を獲得していく。彼らは、パタス・モンキーとして、ゴリラとして、人間として、適切であることを行い、それを追求し、それを期待するように学習していく。このことは、認知的発達と呼ばれる、進化の過程で出現したもっとも謎に満ちたプロセスを通して行われるのだが、それは、世界の表象を徐々に複雑なものにしていくということだ。認知的発達は、個体の内側で働いている要因と外側から働く要因との間の、素晴らしい組み合わせに特異的に起こる結果である。遺伝子と環境、氏と育ちの相互作用だ。これらは、非常に特別な生物学的なコインの両面であり、その真の本性は、この2つの面を結びつける複雑さの中にこそ存在する。進化によって選択されてきた遺伝的な組成と、個々の個体がその固有の環境の中で受ける圧力や力との相互作用である。

本書は、このプロセスに関するものである。霊長類の心の発達について、霊長類を特徴づけるユニークな世界観が、どのようにして認知的発達の進化の結果生み出されたのかについてである。では、霊長類と、その固有の特徴について眺めるところから始めよう。

霊長類——その系統図

霊長類とは、私たち人間が属する哺乳類のグループである。霊長類の中には、およそ200の種が含まれている。私たちにもっとも近縁なのは、類人猿だ（図1-1、1-2を参照）。それは、チンパンジー、ゴリラ、オランウータン、ボノボで、彼らと私たちとは、およそ500万から700万年前に分かれた。もう少し遠い親戚たちは（およそ2000万年の進化的距離がある）、旧世界ザルと呼ばれる仲間で、マカク、ヒヒ、ベルベット・モンキー、ダイアナ・モンキーなどなどが含まれている。さらに遠い親戚が新

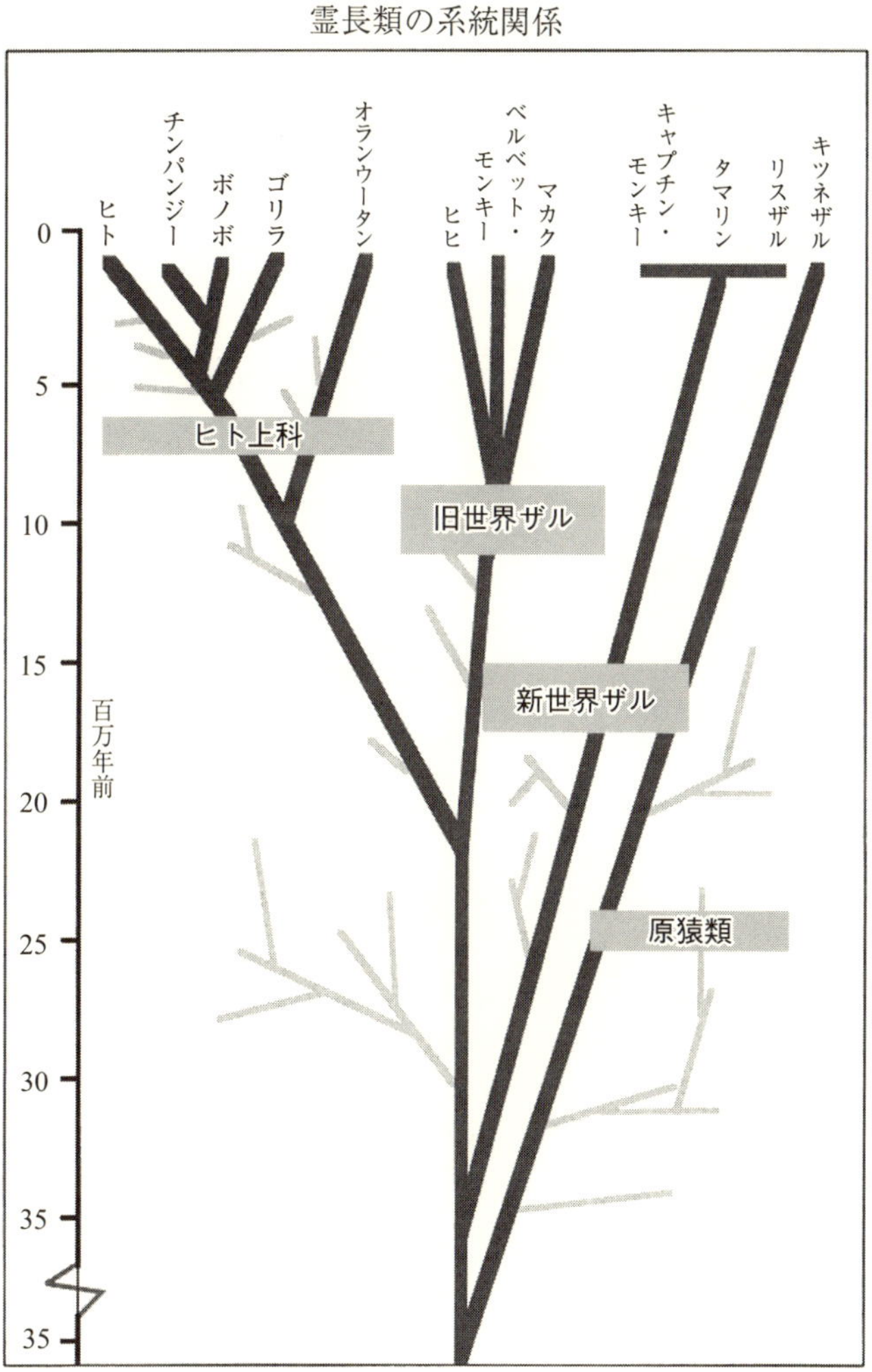
霊長類の系統関係
ヒト
チンパンジー
ボノボ
ゴリラ
オランウータン
ヒヒ
ベルベット・モンキー
マカク
キャプチン・モンキー
タマリン
リスザル
キツネザル
ヒト上科
旧世界ザル
新世界ザル
原猿類
百万年前
0
5
10
15
20
25
30
35
35

図1－1　霊長類の系統図

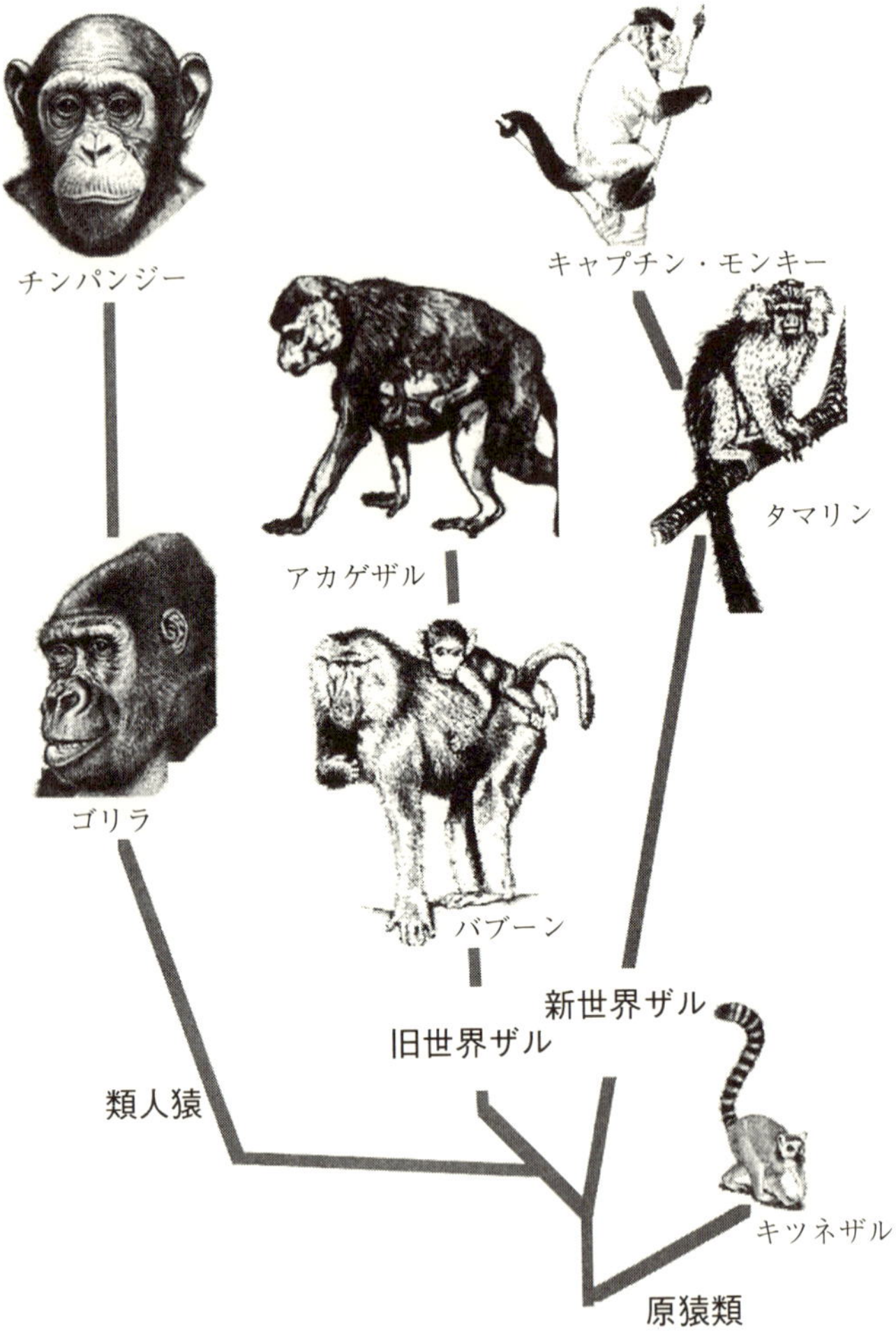

図1－2　本書で出会う霊長類のいくつか（霊長類の図は、Napier and Napier, *The natural History of Primates*, 1983. から M. I. T. Press の許可を得て、Schultz, *The Life of Primates*, 1969. から Orion Publishing Group の許可を得て、および Hinde, *Biological Bases of Human Social Behavior*, 1974. から McGraw-Hill Companies の許可を得て複製。）

世界ザル（キャプチン・モンキー、リスザル、タマリンなどなど）であり、彼らと私たちの系統とは、およそ３５００万年前に分かれた。最後に、原猿類という、霊長類のもう一つの重要なサブグループがある。彼らがサル類や類人猿と分かれたのはおよそ５０００万年前であり、彼らは、およそ６０００万から７０００万年前に霊長類の系統を始めて生み出した最初の動物（今は絶滅している）に、非常によく似ていると考えられている（Fleagle, 1999 ; Napier and Napier, 1985）。

霊長類が、哺乳類の中で一つの目として区別されるのは、特別な性質の集合を備えているからだ。霊長類を他の哺乳類から分けているもっとも重要な要素を一つあげるとすれば、それは、彼らがもともと樹上で生活していたということだ。最初の霊長類は、当時地球上に広がっていた熱帯森林の樹上に進出することに成功した。やがて彼らは、この特異な生息地が提供してくれるさまざまな機会をより広く利用できるようにする、いろいろな特徴を進化させた。霊長類の特徴のほとんどは、進化の過程で真に新しく生じたものではない（たとえば、社会生活や色覚など）。しかし、いくつかの特徴（手）は霊長類に固有であり、一つの種がこの組み合わせでこれらの特徴を併せ持つことは、確かに進化的革新である（表１-１）。

野生の霊長類は今でもその多くは、彼らがもともと進化した場所である熱帯降雨林で暮らしている。そこは、高い木が密生して垂直に広がる、変化に富んだ複雑な生息地である。サルや類人猿は、そこで、さまざまな果実、葉、そして昆虫といった、霊長類に必須の食物を得ている。しかし、進化の過程で多くの霊長類が、乾燥林などのたいへん異なる環境に適応していき、なかには、開けたサバンナや、もともとの彼らの森林とは似ても似つかない、もっと厳しい環境に進出していったものもある。たとえば、ヒヒの中にはアフリカの砂漠地域に住むものもあり、ニホンザルは、高地のとても寒い冬を生き延びることができ

― 両目が**前方に向いて**ついており、両眼視ができて色覚がある。
― **顔面**は、鼻面が退縮し、顔面前面の筋肉が増加している。
― 腕と、よく動く指、親指、平爪、触覚の発達した指の腹、を備えた**手**、脚と、(一般に) 物をつかむことのできる足指を備えた足。
― **大きな脳**(とくに視覚野と新皮質が大きい)。
― **赤ん坊期**が長く、出生以後に長くおとなに依存する。
― **行動的な可塑性**。
― **複雑な社会生活**。

表1－1　霊長類の主要な特徴

る。

霊長類の進化の最初の原動力は、熱帯森林の樹上生活に対する適応であったのだが、これらのもともとの適応によって、彼らは他の生息地も征服できるようになり、それが新しい種の出現を導いていった。

目と手

霊長類が樹上生活をうまく行うための適応の中で、彼らの認知能力の点で特別に興味のある特徴が2つある。それは、世界についての情報を知る主要な情報源として視覚が発達したことと、脚と腕が解剖学的に分化し、物をつかむことのできる手が生じたことである。この2つの進化的傾向はどちらも、霊長類の脳の構成と心の発達に重要な帰結をもたらしたのである。

顔の前面についた目と色覚

霊長類の進化的祖先は、基本的に、食物を見つけるのに嗅覚と触角に頼り、それを得るには口で噛み付いていたのだろう（現在のほとんどの哺乳類はそうしている）。哺乳類では、これらの機能はすべて一ヵ所に集められている。それは、鼻面だ。霊長類では、鼻面のこれらの機能が分割され、手と顔に再配分されている。霊長類は、基本的に鼻面に別れを告げ、まずは視覚に、そして手による把握と触覚とに重点を移しかえたのである。

霊長類は、たいへん高度に発達した視覚を進化させた。哺乳類共通のこの2つの目は、彼らの顔の全面に並ぶようになり、色つきで世界を見る能力を発達させた（このこと自体、動物界で珍しいことではないが、ほとんどすべての霊長類に特徴的なことではある）。草食動物などの他の動物は、彼らの2つの目を別のやり方で使っている。彼らの目は頭の両側に位置しており、捕食者を見張るときに同時に目に入る視野を最大化するようにできている。こうなっていると、それぞれの目は、互いにほんの少ししか視野を重複させることなしに、別々の場所を見渡すことができる。霊長類では、両目が顔の前面に並んだため、見渡すことのできる視野自体は狭くなってしまった。このように変わったために、霊長類は、同じものを「二度」見るのだ。なぜなら、ほとんど同じ場所を両方の目が見ているからだ。しかし、こんなふうに視覚に冗長性があることは、重要な機能を果たしている。それぞれの目が見ている像がほんの少しだけ異なるために、それらを組み合わせると、世界の立体像が作り出され、空間の奥行き知覚が生まれるのである。

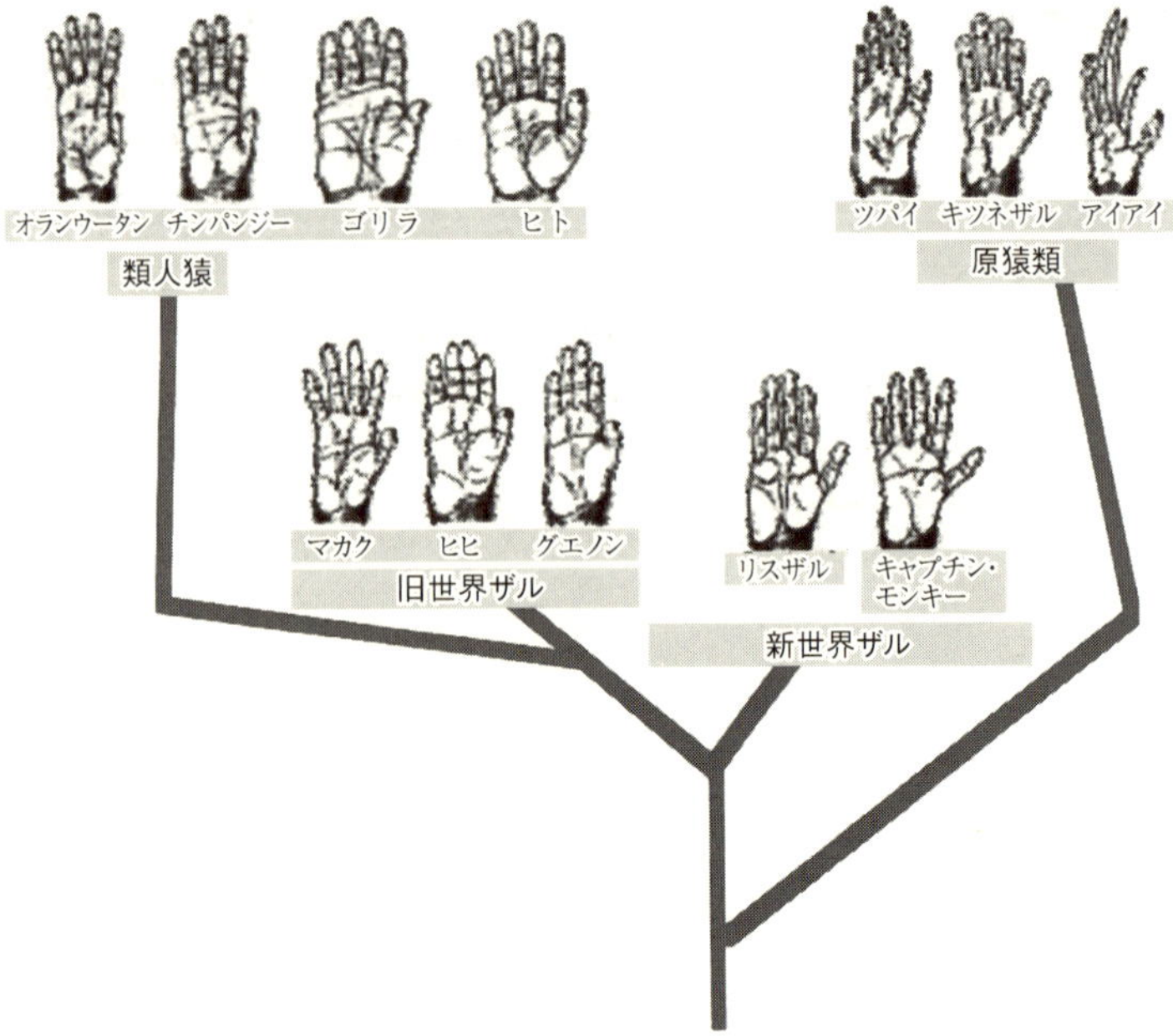

図 1 − 3　霊長類の手の例（Schultz, *The Life of Primates*, 1969 より、Orion Publishing Group の許可を得て複製。）

これは、木から木へと飛び移ったり、果実や昆虫をつかみとったり、目からかなり離れたところにあるからだの一部（手や足）で枝をつかもうとする動物にとっては、特別に重要なことだ。

色覚があることで、霊長類の視覚的世界はさらに豊かなものになっている。果実や葉の熟れ具合は、色で表されることが多いので、果実や葉を食べている動物にとって、色が見えることはたいへん有益である。霊長類の目は、世界を認知する、どちらかというと新しい道を切り開いた。霊長類が視覚を通じて集めることのできる情報の量と複雑さとは、哺乳類の中では前例のないほどであった（Forbs and

King, 1982)。しかしながら、この変化が霊長類の心理にどのような帰結をもたらしたかをよりよく理解するには、霊長類が成し遂げたもう一つの大いなる発展に目を転じなければならない。それは、前肢の先が、ものをつかんだり操作したりすることに特殊化した器官である、手に変化したことである。

手の起源

霊長類の手は、樹上で移動するにはもってこいの優れた器官である。手があるおかげで、熱帯林の樹間という複雑なネットワークの中で、木登りしたり、ぶら下がったり、動き回ったりするために、しっかりと枝をつかむことができる。手は、樹上生活に適した移動手段として唯一の解決法ではない。たとえば、リスは、木登りの支えとなるフックとして使えるような鉤爪を進化させた。しかし、霊長類は、「つかむ」という解決法をとったのであり、実際、彼らが枝をつかまなくてはいけない必要は非常に強かったため、ほとんどの種は、手だけでなく、枝をつかんだり、他の物をつかんだりすらすることもできるほどの器用な足までも発達させた。新世界ザルの中には（リスザルなど）、器用な尾という第五の「手」まで発達させて、つかむ機能を拡張したものもある（Fleagle, 1999）。

つかむという解決法の有利さでおもしろいのは、これが、木登りとは関係のない他の機能とも両立することだ。霊長類の手の、もう一つの基本的な機能は、ものを食べるための道具としての使い道である。ほとんどの霊長類は、他のほとんどの哺乳類がしているように、食べ物のところへ口を持っていくのではなく、木から果実や葉をもぎ取って口に持っていくために手を使う。これが進化したのは、そのほうがお行儀がよいからではない。そうではなくて、個体のからだ全体を支えるには小さすぎる枝の先についている果実や葉を利用することができるようになる、重要な適応であった。

霊長類の採食には、たいてい、ただ食物をつかみとって口に持っていくだけではない複雑さがある。たとえば、果実に堅い殻があれば、サルは、歯で殻に穴を開けようとしている間、手で果実を支えていなければならないだろうし、もっと複雑な作業では、彼らは、果実を地面に打ち付けることもする。

マダガスカルのキツネザルの中には、ある種のムカデの仲間を食べるものがあるが、このムカデは、捕食者を寄せ付けないようにするために、非常に気持ちの悪い液体を大量に分泌する防御システムを持っている。キツネザルがこの種のムカデをとると、手で何度もそれを転がす。そうされると、ムカデは大量の粘液を分泌する。キツネザルはその上に唾液をまぶし、それを転がし続ける（手と、ときどきは尾も使いながら、哀れな犠牲者をこすることもある）。彼らは、こうして十分に準備を整えたあとで初めて、（おそらくは）以前よりはおいしくなったムカデを食べるのである。

同様に、マウンテンゴリラも、危険な棘で守られたイラクサを食べるときには、そのうちの食べられる部分だけを口に持っていく前に絶対に必要な、前もっての操作をしなければならないが、それは、複雑な動作の連続である（Byrne and Byrne, 1993）。

霊長類の採食に関するこれらの事例には、前もっての食物の操作がたくさん含まれており、霊長類の手が単に食物と口との間をつなぐものではなく、彼らが食物を消化する前に、食物の状態を基本的に変えることのできる道具であることがわかる。多くの食物は、こうしてあらかじめ手で操作を加えておかなければ、食べられないのだ。

霊長類の中には、原始的な道具を発達させることにより、この食物操作をもう一歩先まで進めたものもある。たとえば、チンパンジーの中には、石をとって、それをハンマーと金床に使ってナッツを割ったり、シロアリの塚に草の茎を差し込んでシロアリを釣ったりするものもある（第9章参照）。人間は、言うまでもなく、霊長類が手を操作的に使うという最高の例である。しかし、人間の洗練され方が特別であるとは言え、それは無から生じたわけではない。霊長類全体に特徴的な物体の操作という進化的傾向が、古来より積み重ねられてきた果ての産物なのである。

手の器用さ

霊長類の手の進化的な有利性は、なんと言っても、その器用さの中にある。霊長類の手は、おもに採食と移動の道具として進化したのではあるが、手は、毛づくろいをしたり、母親のからだにしがみついたり、子どもの尻尾をつかんで彼らの行動を制限したりといった、他の目的にも使われている。霊長類の手は、「つかむ」という一般的な機能を持つように特殊化した器官なのだ。つかむことは、さまざまな適応的な目的に役立つ。手がどうできているかという例は、霊長類という目《モク》の重要な性質をよく描いている。霊長類は、あまり狭く特殊化しないように「特殊化」しているのだ！

しかし、霊長類の視覚系がそれに対応して同様な変化を起こさなかったならば、手の有用さもずいぶん限られたものになっていただろう。目と手の変化が組み合わさって起こったのは、たいへん合理的である。なぜなら、果実（飛んでいる昆虫ならなおさらのこと）をきちんとつかみ取るために手を使い、熱帯林の樹間という三次元の複雑な世界で枝をつかもうとするには、目標物の位置に関する正確な情報処理が不可欠である。立体視と色覚がこれを提供してくれる。霊長類の視覚系は、目標物の正確な識別（食べられる昆虫か、熟れた果実か）を可能にし、それが相対的に空間のどの位置にあるのかを教えてくれるので、上手に手を伸ばしてそれを取ることができるのである（Napier and Napier, 1985）。霊長類が世界を見て手で操作するやり方は、目と手が一緒になってできた、視覚系と上肢系の共進化の結果なのである。

最後に、これは、ついつい見過ごされてしまう事実なのだが、手は単に、目の統制のもとに物をつかむための「実行」器官にすぎないのではない。手にも、世界を感覚するそれ自身のやり方がある。手には、非常に精密にできた触角器官が備わっている。霊長類の指にはたいへん敏感な触覚パッドが備わっており、物体の形や手触りに関する精密で正確な情報を脳に送り届けている。また、手は腕の延長上にあるので、物体の重さ、その柔軟性、硬さなどといった重要な性質に関する情報も提供できる。このように、豊富な触覚情報と豊富な視覚情報とが連動したことも、霊長類のもう一つの決定的な獲得ポイントであった。これによって、霊長類が世界を経験するやり方が決定的に変わったのである。

物質世界の認知の進化

私がここで問題にしたいのは、霊長類の解剖学的特徴についてではなく、行動的、心的特徴、霊長類が世界を認知し、理解するやり方についてである。彼らの新しいからだには、新しい心が伴っていた。霊長類のからだの同伴者である心は、その解剖学的特徴の中でもきわだって興味深い部分、すなわち、脳に反映されている。霊長類の脳は、他の哺乳類の脳に比べて一般的に大きくなってきたが、*とくに、「新皮質」と呼ばれる部分の面積が増加してきた（Falk and Gibson, 2001）。こうして、進化によって脳の構成が新しくなり、大きさも増したことのおもな機能は、世界を新しいやり方で表象するのに必要な神経機構を作り出すことであり、それは、霊長類の行動に新しい発明が生じたことと手に手をとってやってきたのだった。

　心理的には、視覚に導かれた手の操作が生じたことの主たる結果は、物体が、知覚や行動の単位として進化したことだ。樹木、枝、葉、果実、藪、花、殻、核、石、昆虫、丸太、などなどだ。物体とは、大雑把に言って、知覚と行動の対象である「実体があり、目に見える存在」であり、それ自体は系統的に見て古い発見なのであるが（とくに、「食べられる」という言葉を「実体のある」という言葉に言い換えると）、霊長類は、手による操作という特別な方法によって、環境中の対象に対処する方法を身につけたのだ。私は、手による操作を伴う行動は、世界を、物体という観点から分析し、描写するのが主たる機能であるような、数多くの認知的スキルとともに共進化してきたのだと論じるつもりである。それは、単に物体を環境中の単位として検知し、知覚するばかりでなく、物体間の空間的な関係とそれらの間の因果関係を検知し、利用する機能である。

*ところで、この特質は霊長類に独特なのではない。クジラ、イルカなどの海生哺乳類も大きな脳を発達させた（Schusterman et al., 1986）。このことは、進化をはしご状のものではなく、驚くべき変異と偶然の一致に満ちた樹状のものとして見る助けになる。

顔の進化——個体からなる社会

霊長類の世界の基本的な部分は、彼らの物理的な世界を構成している自然の物体からなっている。しかし、彼らの世界には、もう一つの本質的な要素もある。それは、他の霊長類だ。ほとんどの霊長類は、さまざまな構成と組織を持つ集団で暮らしている。彼らの形態的、行動的適応の多くは、採食、遊び、攻撃、繁殖、その他の社会的な出来事において、同種の他者を識別し、彼らとどういう交渉を持つかという、社会的な問題と関係している。もちろん、社会生活自体は進化的に新しいものではない。他の多くの動物（ライオン、オオカミ、ネズミ、イルカ）も社会的な哺乳類であるが、霊長類は確かにもっとも複雑に組織化された社会を持っており、彼らが示す驚くべき適応のいくつかは、社会的なものである。

そのような適応の一つが、「顔」の進化だ。顔は、個体の識別と主観的な状態の表現のために特殊化した装置である。顔は、頭部の前面に位置する、本当にユニークな、視覚的でダイナミックな性質の集合体である。霊長類の顔が他の動物の顔と異なる一つの理由は、すでに存在していた顔面筋がさらに分化するとともに、新たな顔面筋が付け加わったことにあるが、そのおもな機能は、顔面表情をさらに複雑にすることであった。爬虫類や鳥類など、哺乳類以外の脊椎動物では、頭部の筋肉のほとんどは首以外のところまで達していない。だからこそ、霊長類の目から見ると、これらの動物の顔には少しも表情がないように見える。哺乳類では、皮下の筋肉が顔にまで達し始めているので、他の動物よりも顔の運動がよく表されるようになった。霊長類ではさらにこの傾向が進み、他のどんな動物よりも多くの顔面筋が発達している。霊長類の中では、類人猿とヒトとが、動物界でもっとも顔面筋が複雑に発達したネットワークを持っている（Huber, 1931）。

つまり、霊長類の顔は、たいへん特別で豊富な社会的な情報源となったのだ。それは、顔の持ち主が誰であるかをはっきり伝えると同時に、持ち主の情動的状態や性格に関する情報や、どこに注意を向けているのかに関する情報も伝える。顔は、本当に霊長類の社会生活で中心的な役割を果たしているのであり、霊長類の脳は、顔の中から得られるすべての情報に対処することに特殊化したメカニズムを発達させたようだ（Perret, 1999）。

霊長類の社会性のもう一つの重要な要素は、社会生活の中での関係の重要さである。つまり、母親と子ども、兄弟姉妹、雄と他の雄など、個体間に見られるさまざまな絆である。霊長類の集団に属するどの個体も、他のメンバーといくつかの関係を持っており、その相手もまた、それぞれの関係を持っている。その結果は、複雑に絡み合った絆のネットワークであり、そのおかげで霊長類の集団における社会生活は、非常に複雑で予測しにくいものになっている。たとえば、霊長類では、2個体間の葛藤はみんなの注目の的であり、それら以外の個体もたくさん巻き込まれるのが普通だ。霊長類は、彼らだけの発明ではないとしても、連合形成の技術を完璧なまでに発達させており、それゆえに、おそらく、政治の萌芽を持っていると言ってよいだろう（De Waal, 1982）。これは、Aという個体がBという個体と問題を起こすと、彼の味方であるCという個体から援助を期待することができるのだが、Bも自分の味方を持っているので、2個体間の葛藤は、より広い範囲の社会的な出来事へと発展していくということである。

けんかや威嚇に関する劇的な出来事ばかりが社会交渉ではない。霊長類におけるもっとも普通に見られる社会的活動の一つは、たいへん平和的で静かなものだ。それは、毛づくろいである。霊長類が、他の霊長類の毛皮を指で掻き分け、皮膚につく寄生虫やはげた皮膚のかけらをつまみ出したり、何かを探したりしているときには、ただ単に衛生上のサービスをしているのではない。毛づくろいはなんと言っても第一に社会的活動であり、友達や、親しいつきあいをしたいと望んでいる個体との間で行う、親和的な行動なのだ。これは明らかに、繊細にものをつかんだり、探索したりする手の能力を使った行動だが、この場合、それは社会交渉の道具として使われているのである。

本書の後半では、霊長類の社会的認知について分析するつもりだ。彼らが、コミュニケーションのシグナルや他個体の行動、そしておそらくは、他の霊長類を動機づける意図や興味など、より複雑な問題をどのように認識し、それに対処しているかといった問題である。端的に言えば、霊長類は、物理的世界の客体を認識するために認知メカニズムを進化させたのとまったく同様に、主体の世界の表象にも特殊化したメカニズムを進化させたのだ。客体の世界と個体の世界の複雑さが発見されたのは、霊長類の第三の特徴があったからだ。それは、幼児期である。

幼児期の進化

幼児期という言葉は、ほとんどの動物が、その種の繁殖個体であるおとなになる前に通過する、未成熟の時代をさす。霊長類の幼児期で驚くべきなのは、それがとてつもなく長いことだ。離巣性の哺乳類である霊長類の新生児は、形態的にも生理的にも、就巣性の哺乳類に比べれば比較的よく発達しているが（たとえば、彼らの目は開いていてすでに機能しているが、ネコやネズミの赤ん坊では目は閉じている）、行動的には、彼らはより長い間にわたって無力である。非常に未熟な状態で生まれてくる哺乳類は、非常に早く発達する。たとえば、ネズミやウシの子どもは、出世以後、着実に発達していき、成長の止まる思春期になるまでそうである。しかし、ほとんどの霊長類では、肉体的な成長は出生以後に鈍化し、思春期の始まりまで延期されている。その結果、霊長類はずっと長い間、赤ん坊や子どもでいるのだ。このことは、類人猿ではさらに顕著であり、人間はその最たるものだ。そこで、多くの学者たちは、人間は離巣性と就巣性の混合であると考えている（Fleagle, 1999）。

大雑把に言えば、マカクのようなサル類の寿命は25年から30年であり、そのうちの4年間が発達に当てられる。類人猿は45年から50年は生き、そのうちの10年から12年が赤ん坊と子ども期であるが、人間は（少なくとも西欧現代社会では）、およそ70年生き、そのうちの16年から18年が赤ん坊期と子ども期に対応している（Jolly, 1972 ; Fleagle, 1999）。明らかに霊長類にとっては、子ども期に、からだが成長する以上に大事な何かがあるのだ。そのもっと重要な仕事というのは、行動的、認知的な発達である。

未成熟な生物は、何か不都合が起きたときに、怪我をしたり死んだりする危険が大きい。これを補い、未成熟な子どもが生きていけるようにするためには、親は、世話行動という形で相当な量の投資をせねばならない（霊長類の世界では、とくに母親だ）。赤ん坊に対してエネルギーや栄養を投資すれば、親が死んだり怪我をしたりする危険が増え、次の子どもを持つチャンスが阻害される。一見したところ、幼児期を長くするのは、赤ん坊にとっても親にとっても不利でしかないように思われる。それでは、霊長類の幼児期は、なぜ進化の過程で長くなったのだろうか？　ありそうな答えは、幼児期が長いのは、おとなになったときの行動を発達させる役割を促進する、進化的な戦略であったということだ（Bruner, 1972）。系統発生によって完全にあらかじめ適応を身につけておくのではなく、霊長類は、個体発生の過程で行動的適応を完成させるよう、道を開けておくことを選んだ。そのことの利点は、行動の可塑性が増えることであり、その結果として、環境からの挑戦に適応する能力を高めることである。幼児期を長くする戦略は、行動的、認知的発達に2つの点で影響を与える。それを、一つずつ見ていくことにしよう。

親によって媒介される発達

人間も含めてほとんどの霊長類は、1回の出産で1匹の子どもしか産まない。新生児は、一人で生きていくことはできない。長い間にわたって、子どもは母親に運ばれ、体温維持も食物も母親に頼っているが、一言で言えば、呼吸その他の基本的な生理的機能以外、すべてを母親に頼っているということだ。

母と子の関係がこれほど緊密であることの機能は、肉体的な保育にとどまらない。霊長類の赤ん坊は、心理的な理由からおとなとの社会的接触を必要としている。このことは、ハリー・ハーロウ（Harlow, 1971）がよく知られた実験で劇的に示した。彼は、肉体的な健康上の必要はすべて満たされているが、他のマカクから隔離して飼育されたマカクの赤ん坊に、どのような破滅的な効果が現れるかを示したのだった。隔離されて育ったサルは、社会的交渉がうまくできなかっただけではなく、物理的な世界を探索し、それについて正しく学習することもできなかったのだ。彼らは、からだは健康であったにもかかわらず、社会的にも心理的にもうまくいかなかった。赤ん坊のマカクを、他の赤ん坊たちとだけで育てても、程度は軽いが同じような結果が得られた。この第二の実験は、関係の性質が重要であることを示している。社会的な接触があるだけでは不十分なのだ。完全に正常な発達が起こるためには、おとなとの特別な社会的接触が必要なのである。

霊長類のほとんどの種に共通する一つの特徴は、親が子を運ぶことだ。これは霊長類に固有のことだ(他の素晴らしい解決方法は、たとえば有袋類(カンガルー)など、動物界にも見られるけれど)。霊長類の新生児は、母親の体毛にしっかりとつかまる反射が備わっており、そのおかげで母親は、赤ん坊を安全に運びながら、歩いたり木に登ったりすることができる。つかむことのできる手の最初の適応的機能は、これだ。そういうわけで、霊長類の幼児期は、その最初のときから本質的に社会的なのである。赤ん坊が、物理的および社会的世界を発見するのは、母親が提供してくれる安全な場所からなのだ。霊長類の赤ん坊は、おとなたちが採食しているときに母親とともにある。それゆえ彼らは、生まれたときから正しい採食場所と正しい食物にさらされているのだ。彼らはまた、母親が使う採食テクニックにもさらされている。たとえば、チンパンジーの赤ん坊は、母親がシロアリ釣りをしているときに使う洗練された行動パターンを観察することができる。彼らがここからどれほど学習するのかは、議論の多いところだ。しかし、霊長類の赤ん坊が生まれたときから、母親を通して選択された一定の物体や出来事にさらされるというのは事実である。彼らは母親の背中に乗って、文字通り、徒弟のように学んでいく。

行動と認知の可塑性

幼児期が長いことの、もう一つの、そしてそれほど明確ではない利点は、それが、環境に対する行動的適応の可塑性を導くという、重要な結果を招くかもしれないことだ。すでに十分できあがった行動レパートリーや、その種の生活に固有のものをすばやく学習するような傾向のセットを備えて生まれてくるのではなく、霊長類は、長く続く発達の期間中に、ゆっくりとその行動パターンを獲得していく。彼らがこれらのパターンを築き上げ、またはまとめあげていかねばならないという事実が、可塑性があることを有利にしており、それゆえ、彼らをより変容可能で適応的にしているのだ。たとえば、種認知の問題を考えてみよう。多くの鳥は、生まれたときから自分自身の種をすばやく学習する、高度に特殊化した方法を身につけている。これが、「刷り込み」として知られる現象だ。しかし、このすばやい学習には、固定的であるがゆえの欠点がある。それは、事実上後戻りできない過程なのだ。間違った物体に刷り込みされてしまった鳥には、この個体発生上の誤解を解く手立てはなく、その後の幼児期を通じて、彼らは、奇妙な「母親」のあとをついて回ることになるのだ。その「母親」とは、動物行動学者のコンラート・ローレンツほど奇妙なものでもあり得るのだが（Lorenz, 1981）、彼がこの現象を発見し、こんな間違いもあり得ることを示したのは有名である。それとは対照的に、人間を含む霊長類では、自分自身と同種の個体を認識するのに、もっとずっと時間がかかる。顔の認識は、かなり早いうちから高度にチャンネル付けがされているのだが、刷り込みに比べればずっとゆっくりとしている（Johnson and Morton, 1991）。その結果、顔とはどういうものであるかの表象の形成はかなり融通がきき、発達のどの途中においても、新しい個体の顔を分類する能力が得られるのである。

このことは、本書の非常に重要な主張の一つにつながる。発達がゆっくりしていることに伴う行動の可塑性は、世界に関する表象の形成が可塑的であることの結果なのだ。私が主張したいのは、霊長類にとって決定的に重要な性質は、物理的および社会的な世界に関する表象を形成し、その表象を通して行動を生み出す能力だということだ。長い幼児期の間に作り上げられた表象こそが、彼らの行動の可塑性の源泉なのである。だからこそ、本書は、認知発達の進化について述べているのである。本書の目的は、単に、霊長類に特徴的な知的で融通性の高い行動について描写することではない。そうではなくて、このような行動的可塑性を可能にした表象とはどんなものかを理解しようとすることである。自分の行動の媒介として環境の表象を使うことの利点は、環境条件の変化に応じて、新しい行動を生み出せることである。それを描写する例として、以下のような実験を考えてみよう。

リスザルの赤ん坊は、他のほとんどの霊長類の赤ん坊と同じく、母親の毛にしがみつき、それによって運んでもらう。もしも、急に赤ん坊がしがみつくことができなくなったら、どうなるのだろう？　母親は、赤ん坊なしで行ってしまうのだろうか？　一連の母性行動のすべてが中断されてしまうのだろうか？　心理学者のデュエイン・ランボー（Rumbaugh, 1965）は、この問題に決着をつけるために、それを直接調べる実験を行った。彼は、リスザルの赤ん坊の両手を、背中側でテープで止めてしまうという、どちらかというと乱暴な（しかし、すぐに元に戻すことのできる）方法を使って、一時的に母親にしがみつけないようにしたのである。まず母親がしたのは、自分の腹を赤ん坊に押し付けて、しがみつくように促すことだった。母親は、片手で赤ん坊を持ち上げ、自分の腹に引き寄せることで、赤ん坊に正しい行動をとらせる「手がかり」を出しさえした。それでもだめだということがわかると、母親は、両手で赤ん坊を抱きかかえ、二本足で歩くということで問題を解決した！　彼女がこんなふうにして赤ん坊を運んだのは、初めてのことだったろう。それでも彼女は、純粋な試行錯誤の兆候など一つもなく、この新しい行動的発明をほとんど一瞬のうちに成し遂げたのだった。同じような行動は、自然状態でも、赤ん坊が重い病気であるときや、悲しいことに死んでしまったのにまだ母親が死体を運び続けているときにも見られる。

もしも母親が赤ん坊のからだをよく調べ、彼女の要求に答えられない理由を理解して、赤ん坊の両手をとめているテープをはがしたならば、確かに、彼女は、より進んだ段階の可塑性と世界の理解を示しただろう。こんなことが起これば、赤ん坊がなぜ通常の行動をとれないのかの、因果的理解が示されることになる。この段階の知性は、他の霊長類では見られている。たとえば、ダイアン・フォシー（Fossey, 1983）は、密猟者の罠にかかっている赤ん坊のからだを締め付けている針金に対して、おとなのゴリラたちが噛み付いて切ろうとしたことを観察した。

このような逸話は、霊長類の行動レパートリーの融通性が高く、創造性に富んでいることを示している。動物の行動を進化的視点から研究する動物行動学者は、研究対象の種が固有に持っている異なる行動パターンの総リストである、エソグラムを完成させることから研究を始めるのが普通だ。しかし、霊長類の場合には、完全で正確なエソグラムを作ることはとても難しい。霊長類の行動レパートリーをよりよく示すのは、比較的変異に富み、新しい行動シークエンスを生み出すことのできる、一連の規則またはスキーマという意味で、エソグラマーと言ったほうがよいだろう。こういった「エソグラマー」は、霊長類がその生活の中で獲得し、彼らの行動の可塑性を媒介する表象によって作られているのである。

表象と発達と進化

暗黙の表象と実行的な知能

「表象」という言葉は、最近の認知心理学や発達心理学で基本となる言葉である。それは、脳が環境に関する情報を拾い上げ、貯蔵し、操作することを可能にする方法をさしている。しかし、それほど重要であるにもかかわらず、この言葉が正確に何を意味しているのか、まだ一般的に受け入れられた定義はない。さらに、認知科学者の中には、表象という言葉にある種の意味を持たせることに、強硬に反対している人々もある（Still and Costal, 1991）。たとえば、表象によって媒介される行動とは、脳の中に蓄積された情報によってのみ説明される行動であるべきだ、という考えなどだ。私が本書で描こうとしている表象は、このような狭い意味のものではない。

人間は、ある特定のタイプの表象には慣れっこになっている。それは、言葉その他のシンボルによって表現され、外的な環境の反映として、心の中に存在する物体のようにして私たちの心が操作する、世界の明確な描写（「陳述」）である（Fodor, 1979）。しかし、それほど明確ではなく、シンボルとして表されてもいない、他のタイプの表象もある。ある意味でそれらは、世界のある側面を指し示してはおらず、心の中で物体のように扱われることもない。

ヒト以外の霊長類（そして人間の赤ん坊）が使っている表象の多くは、シンボルで表した世界の描写というよりは、もっと実用的で暗黙のものであるようで、状況が変わったときにどう振る舞い、何を期待するべきかに関する指示とでも言うほうがよさそうだ。こういった表象が有効であるためには、環境から入ってくる情報と表象との間に相互作用があることと、意図と動機などの心的な過程と表象とがオンラインでつながっていることとが、決定的に重要だろう。これは、「実行的」で「暗黙の」表象であり、人間が明確な表象を使って行うようには、オフラインでそれらを取り出し、過去や未来について思いを馳せるというわけにはいかないものである。

人間の心も含め、どんな動物の心にとっても、暗黙の知識はその本質的な要素である。子どもたちは、世界に関する暗黙の、または実際的な表象から始め、より明確化された知識へと徐々に移行していくようだ（Piaget, 1936; Karmiloff-Smith, 1992）が、あとになって明確な表象が現れても、実際的な表象がなくなるわけではない。それどころか、それらは並列し、決定的に重要なことには、人間の心の中でそれらは相互作用を起こす。明確な表象と暗黙の表象と、おそらく2つの異なる表象が存在し、ヒト以外の霊長類も、明確な表象をいくらかは形成できるようだ。

ヒト以外の霊長類の認知的発達を研究する利点の一つは、暗黙の知識と暗黙の表象という現象についてよりよく理解する助けが得られ、より明確な形での知識の起源を探ることができることだろう。それらはたいへん重要ではあるが、発達心理学や認知科学の中で、これらの概念はまだまだ明確に定義されていない。そこで、言語を持たない動物を研究することは、暗黙の知識に関して多くを教えてくれるだろう。

人間の心を他の心と比較する

霊長類の認知の研究で、つねにその中心的な主張にあったのは、人間の心と霊長類の心とは比較可能であるということだ。科学者の中には、霊長類のからだと人間のからだに連続性があるように、霊長類の心と人間の心にも連続性があるはずだと考える人たちもいる。また、人間と他の霊長類の間には、ある種の認知プロセスについては連続性があるかもしれないが（感覚、注意、おそらく記憶に関しても）、人間の特徴の一つは、新しい形の認知の進化であり、それは、他の霊長類には存在しない、人間に固有の認知器官だと考える人たちもいる。言語は、その明らかな例だ。すべての霊長類にとってコミュニケーションは重要だが、人間は、この古い機能を担うための新しい方法を進化させ、そのために、他の霊長類ではまったく見られない複雑なレベルの認知が可能になったようだ（Pinker, 1994）。思考、理由付け、意識、模倣、因果関係の理解などは、人間固有のものかもしれないし、人間になってから質的に新しいレベルに達したのかもしれない（ヴィゴツキーが1930年に最初に示唆したように、言語操作を認知の増幅器として利用することによって）。そこで、ヒト以外の霊長類の研究は、どういう点で、人間の心が霊長類の心と劇的に異なるようになるのかを示してくれるだろう。

人間と他の霊長類の心の連続性に関する議論のかなめは、表象である。不連続性を主張する人々は、ヒト以外の霊長類も人間の行動と似たような行動を生み出すことはあるが（道具使用、習慣の社会的伝達、騙しの戦略など）、それに相当する人間の行動は、（部分的に、または完全に）異なる認知メカニズムによって生み出されていると主張している。人間は、世界を表象して理解するまったく新しい方法を進化させ、それは他の霊長類には存在しないかもしれないのである（Povinelli, 2000）。

前駆体か、共駆体か？

連続性を主張する人々は、（たとえば言語のような）人間だけにしかない特定の能力があるにしても、ヒト以外の霊長類にもその前駆体が見られるという意味で、進化的なつながりを見出すことはできるだろうと論じる。進化的な前駆体とは、より複雑な、または単に以前とは異なる器官が派生してくるもとになった初期の器官、いわば先駆けのようなものをさす。たとえば、形態的に言えば、もっとも初期の霊長類が持っていた肉球のある手が、今日の霊長類が持っているたくさんの異なるタイプの手の前駆体であった。興味深いのは、他の霊長類に見られるより単純な形の認知（サルや類人猿のコミュニケーションに使われている鳴き声など）は、より高度な人間の認知能力（言語）の前駆体であるのかどうかだ。

しかしながら、厳密に言えば、人間と他の現生の霊長類とを比べて進化的前駆体の話をするのは、間違いである。チンパンジーの顔は、人間の顔の前駆体なのだろうか？　人間の顔がチンパンジーの顔から進化したと信じる理由はどこにもないし、チンパンジーの顔がアカゲザルの顔から進化したとする理由もどこにもない。ヒトとチンパンジーの顔の真の前駆体は、現在のチンパンジーの顔の前駆体でもあるのだ。それは、５００万年から７００万年前に存在した、チンパンジーとヒトの共通祖先の顔であり、そこから、チンパンジー、ゴリラ、その他の類人猿などの顔がすべて派生したのである。その意味では、私たちは、進化の前駆体ではなくて、共駆体について語るべきなのだ。

一般には、現在の類人猿が示す性質は、認知の領域では、人間の示す性質よりも少ししか変化してきていないので、彼らのほうが、すでに絶滅してしまった共通祖先の性質をよりよく現していると考える傾向がある。この仮定にはつねに根拠があるとは言えないのだが、もしそうだとしても、類人猿は私たちの共通祖先をそのまま体現しているわけではなく、彼らも、彼ら自身の５００万年から７００万年の独立した進化を経ているのだという事実を忘れてはならない。

氏と育ち、進化発達心理学

本書の題材が、サルと類人猿と人間の子どもの認知発達であるとすると、最初から、発達心理学の中心課題のいくつかに直面することになる。本章の最初に戻ると、ゴリラのムニと、サルのリウと、うちの娘の発達過程は、なぜここまで似ていると同時に異なるのだろうか？　このような類似と相違はどこからくるのだろう？　それは純粋に遺伝的なものなのか、それとも、学習と経験の結果なのだろうか？

この2つの極端な解釈は、認知の発達とはどういうものかに関して、人間の発達心理学に君臨してきた、2つの正反対の視点を表している。経験論的アプローチは、人間の知性の本質は、行動や思考に関するどんな「本能」や、あらかじめ決められた道筋をも取り去ってしまったところにあると考える。何はともあれ、人間は、遺伝的に受けついだ適応を、発達の過程で学ばねばならない文化的適応で置き換えてしまったのだ。生得的なのは、この、生物学的適応を超えて無制限に学習できる能力でしかない。それとは対照的に、生得論的アプローチは、心の構造も、からだの構造と同じように遺伝的に決められており、心は、さまざまな本能の集合体だと記述するのがもっともよいと考える（Pinker, 1994）。つまり、人間の心が言語を習得し、世界に関する非常に抽象的な表象を発達させ、他個体からの模倣によって学習することができるのは、構造的にそうなっているからであり、それは、人間のからだが直立二足歩行するようにできているのと同じなのだ。環境は、あらかじめ決められた構造がうまく発達するように導く認知的糧であり、引き金の役割を果たしているだけなのである。

進化的な視点からすれば、認知的適応は遺伝進化の産物であるとする見方を支持すると思われるかもしれない。しかし、進化的なアプローチと発達的アプローチとを一緒にすると、認知の説明として、生得論的要因と経験論的要因とを統合することができるのだ（Parker and MacKinney, 1999）。このような統合は、「構成主義」と呼ばれており、そのルーツは、もともと生物学者でありながら、認知の起源と性質に関する研究で、20世紀が生み出したもっとも影響力の大きい発達心理学者となった、ジャン・ピアジェの業績にある。

相対立する見方を統合し、それぞれの見方の中でもっともよい部分を一緒にした中間的な道を見つけるということには、誰もが好意を寄せるに違いない。それでも、構成主義者であるのは容易ではない。何が遺伝的に決められており、生物と環境との相互作用によって何が（そして、どのようにして）出現してくるのかを決めるにあたって、構成主義者は、生得論または経験論のどちらかに傾く傾向があるので、氏か育ちかの古典的論争は、統合的だとみなされている構成主義の枠組みの中にも繰り返し現れ出るのである。

最近の発達科学におけるもう一つの主要な問題は、領域固有性と領域汎用性との間の葛藤である。心は、異なるタイプの問題のどれを解くのにも使える、汎用型認知機構なのだろうか（たとえば、言語の獲得と、道具使用の学習と、数学的概念の学習など。Piaget and Inhelder, 1966）、それとも、それぞれが特別のタイプの問題を解くことに特殊化した、特異的な適応メカニズムの集合体なのだろうか？（Pinker, 1994）それとも、領域固有のメカニズムと、少なくとも一つの領域汎用型能力、何らかの一般的な中心的執行スキルの組み合わせなのだろうか（Fodor, 1983）？ 過去数年間に、進化心理学の一部は、心はいくつかの「心的器官」の集合体であるという、領域固有な考え方と結びついてきた。心の「スイス・アーミー・ナイフのたとえ」と呼ばれるものである（Barkow et al., 1992）。しかし私は、認知的な特殊化があるといっても、それらのメカニズムがどのようにつなぎ合わされているのかという点で、個体をもっと包括的なレベルで理解することと矛盾はしないと論じるつもりだ。それは、からだの中にあるそれぞれの器官の働きの描写と、それらがより高次のレベルで統合されて一つのからだを作っていることの描写とが矛盾しないのと同じである。

認知発達への招待

まとめると、霊長類の子ども期がずいぶんと引き伸ばされているのは、認知の発達を招くという適応的「戦略」だと言ってよいだろう。霊長類のおとなの環境は、物体や他個体で満ちた、物理的および社会的世界である。若い霊長類がなすべき仕事は、この物体と個体の世界を発見し、それに対処する方法を見つけ、それらどうしの相互交渉について学び、ときには、新しい物体や、それらに対処する新しい方法や、同種の他個体と交渉する新しい方法を見つけ、おとなが持っていた技術や知識を超えることである。このような認知的発展の旅は、世界を認知し、世界の中にいるための表象によって支えられており、表象はまたその結果でもあるのだ。

第2章

物体の世界の認識

古くからある哲学的な問題の一つは、新生児は生まれた瞬間から物体を見ることができるのか、それとも出生の最初のころに彼らの感覚をあふれさせている原初的な混沌の中から、徐々に秩序をみつけていくのか、という問題だ。新生児はまわりの環境を、独立したユニットからなるものとして分離して見ているのだろうか？　それとも、彼らの最初の知覚は、光と音と手触りの目くるめく集合体であり、のちになって少しずつ、確固としたパターンとしてのまとまりができていくのだろうか？

物体を見つける

最近の発達心理学の研究によると、人間の赤ん坊は、視覚世界を分析するかなり洗練された能力を身につけており、かなり早いうちから、まわりの環境を物体という観点から見ているようだ。最初のうち赤ん坊は、私たちおとなとまったく同じように物を見ているのではないらしいが、非常にすばやく、視界を図形とその背景とに区別する表象を作り上げ、さらに、図形を、物に対応するような個別的なユニットへと区別する表象を作り上げていくようだ（Slater, 2001; Rochat, 2001）。この驚くべき能力は、いくつもの特殊化した認知メカニズムが働いた結果であるらしい。このようなメカニズムは人間に固有なのだろうか？それとも、世界の表象を物体という観点から形成するように仕向けた手と目の進化と平行して、霊長類が世界を見る見方の一部であるのだろうか？　ヒト以外の霊長類の研究はまだ少ししかないのだが、これまでに得られた証拠によると、少なくとも物体を認知する基本的なメカニズムは、霊長類に共通の遺産であるようだ。

たとえば、人間の赤ん坊における初期の知覚能力のパイオニアであるロバート・ファンツ（Fantz, 1956, 1965）は、チンパンジーやサル類の子どもで、次のような実験を行った。彼は、自分で動くことも、手でものを操作することもできないような非常に幼い霊長類の子どもの知覚を研究する、単純だが有効な方法を編み出した。それは、注視の差異、または視覚的好みを検出する方法である。幼いサル類、類人猿、ヒトの子どもがよくできることの一つは、適当な距離に置かれた刺激を、見たり見なかったりすることである。ファンツは、彼の研究対象である幼い霊長類に異なる刺激を提示し（色や形やパターンの異なるカードや、実際の三次元の物体など）、彼らがそれらの刺激をどれほど長く見つめるかを測定した。もしも彼らが、ある特定の刺激を、他の刺激よりもよく見るという一定の好みを示したならば、第一に、研究対象はそれらの間の差異を認める能力があることを示しており、第二に、彼らの認知システムは、ある種の情報を、他の情報よりもよくとらえて処理するように調整されていることを示している。

ファンツは、アカゲザル、チンパンジー、ヒトではみな、生後の数週間は、非常に鮮やかな色などの、単純だが物理的には強い刺激よりも、パターン（複雑な形、または、チェックやストライプなどの複雑な視覚刺激）のほうをよく見る傾向があることを見出した。この、パターンに対する嗜好性は、時とともにますます強くなっていく。

もっと精巧な、視線の方向を検出する装置を使って、彼は、生後1週間のチンパンジーが、単純な図形を視覚的に探索していることを示した。彼らの目は、水平や垂直に走る、それらの図形の輪郭線をたどっていたのである。生後1ヵ月になると、チンパンジーの赤ん坊は異なる図形を弁別でき（彼らは、円よりも×のほうをよく見た）、より複雑で精密なパターンを好むようであった。興味深いことに、より複雑なパターンを好んでいく傾向は、生後の数週間にわたって、実験のとき以外は完全な闇の中で育てられた、視覚的に遮断されたチンパンジーの赤ん坊にも見られたのである。この実験は、どんどん視覚的な複雑さを好むようになる傾向は、霊長類の視覚系の本質的な特徴の一つであり、その出現には経験の影響はほとんどないことを強く示している（Fantz, 1965）。

生後2ヵ月の終わりごろになると、チンパンジーの知覚的好みはもっと精巧になる。彼らは、複雑な表面を持っていたり、色や明るさのコントラストのはっきりしたりした三次元の刺激を好むようになるが、それは、そこらに普通に存在する物体ということだ。しかしながら、感覚遮断されたチンパンジーでは、この好みがそれほどはっきりとは現れないので、この発達段階には、獲得された情報、つまり、初期のころに作られる物体の表象が、ある種の役割を果たしていることがわかる。

ファンツは、徐々に複雑なパターンを好むようになり、最終的には三次元の物体を好むようになるという初期の視覚発達は、基本的に、ヒトでもアカゲザルでも同じであることを発見した。チンパンジーと同様に、視覚遮断されたサルも、より複雑なパターンを好むようにはなったが、三次元の物体に対する好みは発達させられなかった。彼らが三次元の物体をよく見る好みを発達させたのは、通常の光の環境におかれるようになったあとだったのである。

ファンツ（1965）は、自分の発見を次のように解釈した。霊長類は、自分で世界の物体に対して働きかけることができるようになる前に、世界の物体についての、選択的で高度に組織化された経験をつめるようにさせる、一定の知覚的傾向を身につけて生まれてくるのだろう。この傾向は生まれつきのものであり、初期に遮断が起こっても、比較的根強く現れるのだが、変化しないわけではない。生後8週まで暗黒の中で育てられたサルで実験すると、もはや、パターンに対する好みは見られない。彼らの注意は、鮮やかな色や強い光など、形とは関係のない刺激にとらわれてしまう。通常の光環境に移されたあと、彼らは、視覚によって導かれる行動を発達させるのが非常に困難だった。おもしろいことに、暗闇の中に閉じ込められている間、彼らの中には、歩きながら両手を自分の前で弧を描くように動かし、手と腕を「触覚の目」として使うといったような、知覚行動を補償するパターンを発達させたものがいた。ときには、このような行動は、通常の光環境に移されたあとも長く続いた。彼らは、視覚以外の表象によって行動を導くことを学習してしまったので、すぐにもそれを視覚による表象で置き換えることはできなかったのだ。しかし、光を遮断することで視覚の発達は阻害されたものの、サルたちは、彼らに利用可能な感覚モードを使って、世界の「視界」を作り上げることはしたのである。彼らは、物体と空間を、触覚 - 運動フォーマットによって学習することを始めたのだ。

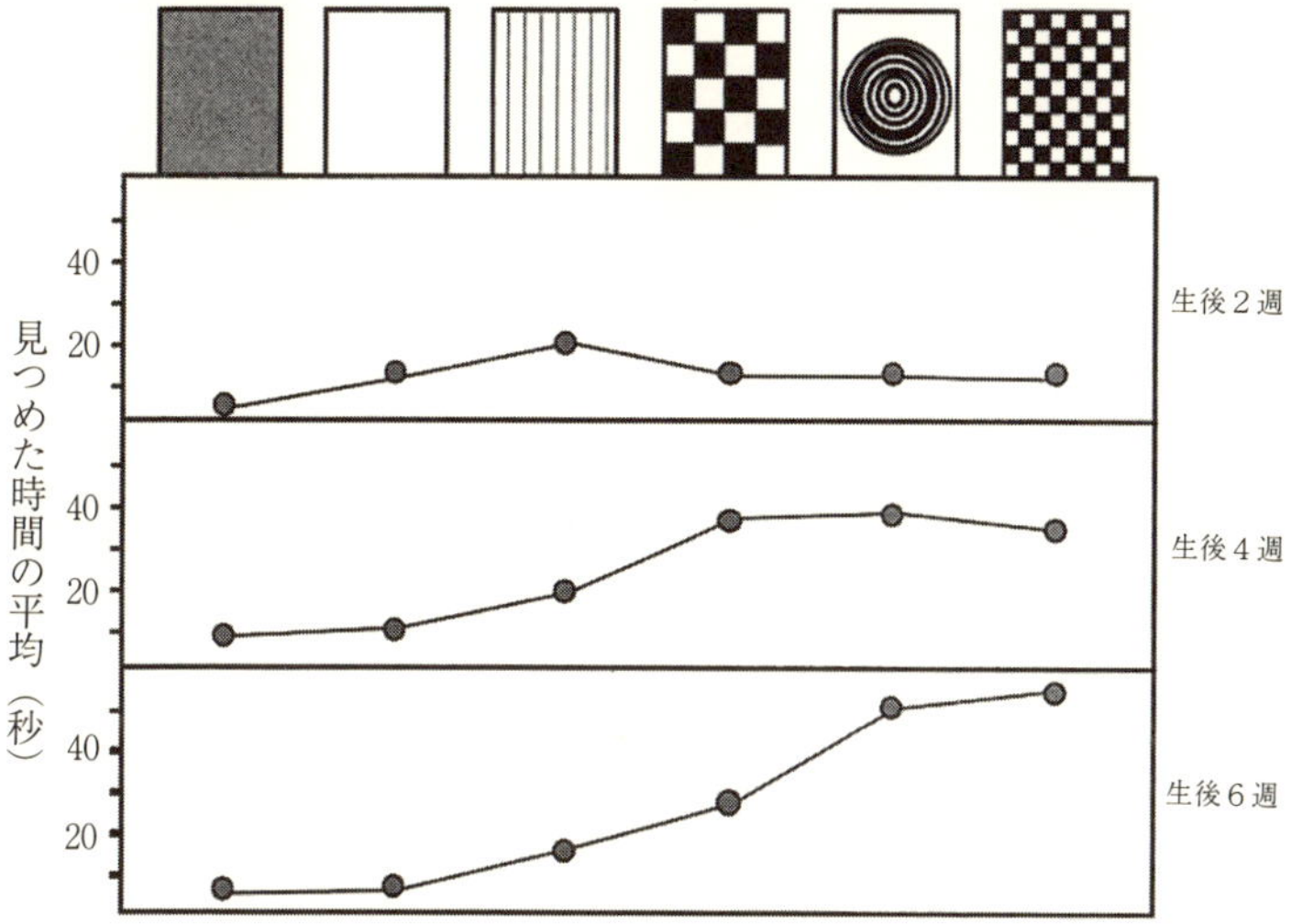

図２−１　アカゲザルの赤ん坊が、生後数週間に、壁に投影されたそれぞれのパターンに対して払った注意。パターンは、左から右に、より複雑になるように配置されている（複雑さは、単位面積当たりの変化の数で測定）。(Sackett, 1966 より改変)

視覚系が、単純な図形よりも複雑なパターンのほうを注視する生まれつきの傾向は、サルの赤ん坊に対する弁別学習の研究からも確認された。弁別学習では、サルは、ある種の刺激よりも別の刺激に対してよりよく反応したときに（たとえば、四角形よりも三角形）、報酬（たとえば、食物など）をもらえる。アカゲザルの赤ん坊が生後10日になるころには（彼らはもう、いくらかは自分で移動できるのだが）、十分に大きな図像でありさえすれば、その鮮やかさや形によっても、ある特定の目標を弁別することができた。しかしながら、彼らにとっては、同時に複数の次元で異なる刺激（色＋大きさ＋形）のほうが、弁別するのが簡単だったのだ（Zimmerman and Torrey, 1965）。それぞれの次元ごとに物体を見分けるように教えることはできたのだが、彼らが自分から行う傾向は、すべての刺激、まるごとの物体を見ることだったのである。

サケット（Sackett, 1966）は、アカゲザルの赤ん坊が入れられている檻の壁に、いろいろと複雑さの異なるパターンを写し出し、彼らが自分からそれをどれだけ見つめるかを測定することによって、このことを確認した。生後10から14日ごろの実験の当初は、赤ん坊は、真っ黒な画面以外のすべての画像に対して均等に注意を向けていたが、しばらくすると彼らは、まずは中間的に複雑なパターン、そしてのちにはより複雑なパターンに、注意を集中するようになった。生後35日になるまでには、注意の量とパターンの複雑さとの間には、完全な相関が見られるようになった。これとまったく同じ、徐々に複雑なものを好むようになる発達的傾向は、人間の赤ん坊でも同じパターンで発見されている（Brennan et al., 1966）。

サケットの研究で興味深いのは、視覚的注意には、普通、手と口による探索が伴っていたことだ。サルたちは、壁に投影されたパターンに近づき、手や口でそれに触ったのである。しかし、それぞれのパターンから異なる触覚的経験が得られたわけではなく（投影される表面はつねに同じものであった）、その他の強化も与えられなかったので、徐々に視覚的に複雑なパターンに対する好みが発達したのは、それ自身の効果によると結論するしかないだろう（Fantz, 1965）。サケットの実験はまた、アカゲザルの赤ん坊は、生後第1週から2週に、自分たちが目で見た物体を自発的に手で触って探索し始めるという、以前の発見を確認するものでもあった。おもしろいことに、彼らが触るにまかされた物体が食物であったときでさえ、サルたちはしばしば、それをすぐに食べることはせず、手でいじることにしばしの時間を費やしたのだった（Zimmerman and Torrey, 1965）。

それゆえ、サルたちは、自分たちの視覚的注意がとらえたもの、つまり、複雑な知覚的性質を備えていて、単独の三次元の物体に対応するような刺激に対し、手で触ってみる自然の傾向を持っているらしい。この傾向は、種が異なれば、異なる時期に現れる。アカゲザルその他のサル類では、生後数週間で物体に近づいて触れようとするが、それとは対照的に、人間の赤ん坊では、彼らが見たものに触れようとするのはずっとあとになってからであり（4、5ヵ月）、さらにあとにならないと、自分からものに近づくこともできない（第3章参照）。

見たものに触れようとする霊長類のこの傾向がもたらす興味深い結果は、彼らの視覚的表象が、すぐにも、その同じ目標から発せられる触覚的 - 機械運動的情報のパターンと連動することである。その結果、複数の感覚様相を通した、複数の感覚による物体の表象ができあがるのである。

新しいものを見つける

単純な視覚刺激から複雑な刺激へと、徐々に好みが変化していくのに加えて、発達のもう少しあとの段階になると、もう一つの重要な次元が注意を制御するようになる。それは、新奇性だ。生後2週間という早い時期においてさえ、ヒトの赤ん坊もアカゲザルの赤ん坊も、新奇な刺激に対する好みを見せると報告されている（Pascalis and Bachevalier, 1999）。知っている刺激に対してよりも、新奇な刺激に対してよく注視するというはっきりした好みは、ヒトの赤ん坊では生後4ヵ月ともなれば確実に見られる。このことは、彼らがいろいろな刺激を区別できるばかりではなく、過去に見たものが何であるかを覚えているので、新しいものに注意を向けるのだということを意味している。
グンデルソンとサケット（Gunderson and Sackett, 1984）は、この能力の発達についてブタオザルで調べてみた。ブタオザルの基本的な視覚系は、人間の赤ん坊とだいたい同じ発達パターンを示す。異なるのは、彼らのほうが4倍もペースが速いということだ。サルの赤ん坊の1週間の発達は、だいたいにおいてヒトの赤ん坊の1ヵ月の発達に相当する。

研究者たちは、ヒトの赤ん坊に対するのとまったく同じ方法を使った。4対1の発達速度の違いがあるとすると、サルが新奇性に対する好みを見せるようになるのは、4週目ごろだろうと彼らは予測した。そして、まさにその通りのことを発見したのである。たとえば、慣れさせる過程で繰り返し同心円のパターンを見せられた生後4週目のサルは、古いパターンと新しいパターンを同時に見せられると、新しい刺激（格子模様の円）のほうを好んだのだ。それよりも小さいサルは、この好みを示さなかった。彼らがものを見るパターンは、ものが何であるかということよりも、刺激がどちら側から提示されるかに影響されているようだ。生後4ヵ月以下の人間の赤ん坊に同じ方法で実験をすると、この左右のバイアスが見られることが報告されている。

これまでに研究された霊長類の種類はわずかではあるが、それらを通じて、赤ん坊の知覚を形成させる同じような原理が働いているように思われる。一つは、最初の数週間に働くもので、赤ん坊に、徐々に、単純な刺激よりも複雑な刺激に注意を向けるようにさせる。二つ目は、それより少しあとに働くもので、すでに知っているものよりも、新しいものに注意を向けさせる。このことは、知覚した物体の表象を心の中で形成し、それを貯蔵しておく能力が出現していることを示しており、これがまた、次の知覚発達に影響を及ぼす。物体の表象に関するこれらの初期発達は、サルでも人間でも同じパターンをたどるようだが、このことは、霊長類全体で、認知機能の基本的性質は同じであることを示唆している。

経験に比例して物体を探索する

より複雑なものに対する好みは、視覚に限られてはいない。サケット（1965a, b）は、野生で生まれたアカゲザルの赤ん坊に、動きの複雑さがそれぞれ異なる3つの物体（鎖、下方向にのみ動かすことのできるT型の棒、動かない棒、の3つを、檻の天上からぶら下げる）を自由に探索して操作する機会を与えると、彼らは、どの物体に対する操作の回数においても、飼育で育った赤ん坊よりも上回ることを発見した。このことはとくに、より変異に富む、複雑な運動が可能な鎖に対して明らかだった。少しの刺激しか得ていない（実験室の檻という退屈な環境で育ったのだ）、飼育下で生まれたサルは、刺激にさらされた12時間にたった57回しか鎖に触らなかった（操作時間の平均は6・5分である）。それとは対照的に、野生育ちのサルは2010回も触り、操作時間の平均は4時間以上にのぼった。隔離飼育という、高度に遮断された環境で育てられたサルが鎖に触ったのは、たった8回のみであった。飼育のサルは、T型の棒や、とくに動かない棒により多くの興味を示し、平均してそれらに47分触っていた。隔離飼育のサルも、動かない棒のほうを好むのだが、それでも彼らは平均して36回（5・8分）しか触らなかった。

しかしながら、標準弁別学習のテストをすると、社会的に隔離されたサルも野生育ちのサルも、これらの実験タスクを学習する能力においては、違いはなかった（Sackett, 1965a）。隔離されたサルは、非常に拘束的で受動的な学習タスクでよい成績を示したが、自分から進んで探索し、物体の世界についての知識を自分で作り上げていく能力が欠けていたのだ。霊長類の赤ん坊期の発達は、単に物体の表象を貯めていくばかりなのではなく、彼らを取り巻く環境を探索するための認知的、動機づけの基礎を作り上げているのだ。初期の発達が制限されると、その先、新しい経験によって学ぶことに限界が設けられ、大きな波及効果が及ぶのかもしれない。

場面と出来事の表象

霊長類には非常に早いうちから、知覚と注意の単位としての物体を発見する傾向が備わっているらしい。これまでのところ、それぞれの物体がもともと備えている性質が、どのように霊長類の子どもの注意をひきつけるかに焦点を当ててきた。しかしながら、自然状態の霊長類は、単一の物体や、実験者が人工的に選んで提示したものではなく、多くの物体やその下部組織からなる大量のものの集まりに対処せねばならないのが普通だ（たとえば、熱帯林のうっそうと茂った植生を思い浮かべてみよう）。霊長類は、多くの物体の複雑な表示には、どう対処しているのだろう？

マーク・ハウザーと彼の同僚たちは（Hauser and Carey, 1998; Hauser, 2001）、最近、もともと人間の赤ん坊に対して使われた実験手続きを用いて、ヒト以外の霊長類が物体を個別化する原理について研究した。たとえば、次のような実験を考えてみよう（Xu, Carey and Welch, 1999）。赤いおもちゃのトラックの上に、黄色いアヒルがすわっているところを赤ん坊に見せる。それらの空間的配置からすれば、それらは一続きのかたまりであるのだから、単一の物体であってもよいはずである。しかし、私たちおとなは、その視覚的な性質ゆえに、これを2つの物体とみなす傾向がある。形が違い、色も違うので、私たちの心は、単純に空間的なつながりを無視し、2つの物体がたまたま接触しているだけなのだと考える（表象する）。アヒルを持ち上げたとき、もしも、アヒルと一緒にトラックも一つの単位であるかのように持ち上がったら、私たちは驚くだろう。おとなと同様に、12ヵ月の赤ん坊も、この事態を驚くべきものと感じたのだ（彼らの注視時間が長くなることでわかる）。彼らも、表面的には一続きのかたまりのように見えるにもかかわらず、アヒルとトラックを別のものと表象したのだ。しかし、10ヵ月の赤ん坊では、同じ場面を見せられても（手がこの物体を持ち上げ、あたかも一つの物体であるかのように2つの物体が持ち上がる）、少しも驚かなかった。彼らはまだ自発的に、見せられたものが2つの物体であるという表象を持ってはいないらしい。この年頃では、彼らの心は、環境を物体に分類する基準としては、空間的な連続性のほうにより注意を向けているようである。

この実験をヒト以外の霊長類に当てはめたハウザーとケアリー（1998）は、おとなのタマリンは、10ヵ月のヒトの赤ん坊と同じように行動することを発見した。彼らは、アヒルとトラックのかわりに、マシュマロの上に乗せたサルの餌用ビスケットを用いた。タマリンたちは、実験者がこの2つの部分を同時に持ち上げてみせても、少しも驚かなかったのである。しかし、半野生で育てられたアカゲザルのおとなは（系統的にはヒトにより近い）、12ヵ月のヒトの赤ん坊と同じように行動した。彼らは、サツマイモの上に乗せたピーマンが、あたかも一つの物体であるかのように一緒に持ち上がったのを見て驚いた（長く注視した）のである（Munakata et al., 2001）。アカゲザルは、これを、たまたま接触している2つの別の物体と表象しているのだ。アカゲザルはこれらの食物を以前に知らなかったので、サツマイモとピーマンが空間的には連続しているにもかかわらず、これらを別の物として表象したからには、サツマイモとピーマンの形の上の違いを手がかりにしているに違いない。

ハウザーとケアリー（1998）は、この実験は、物体の認知に関する本当に本質的な何かにかかわるものではないかと考えている。一つの三次元の実体に、2つのはっきりと異なる形が認められるとき、それ以外に、物の個別性に関する情報がなくても、これを単一の物体ではなくて2つの個別の物体だとみなす能力は、物体認知の発達と進化の上での一里塚であるのかもしれない。旧世界ザルはこの区別の能力を獲得したらしいが、このことは、世界を分類する見方でとらえる能力、つまり、単に物体のレベルのみでなく、物体の「種類」によって見る能力を反映しているのかもしれない。

物体について推論する

私たちは、物体が何であるかについて、知覚情報に基づくだけでなく、それについて推論を働かせることによって決めることもある。たとえば、もしも私が青いリンゴを見て、それを引き出しにしまったあと、同じような青いリンゴが私のコンピュータのスクリーンの近くにあることを見つけたならば、私は、これは2つの異なる青いリンゴがあったのに違いないと考える。この場合、私は、時空の原理を使って、そうでなければ同じに思われるリンゴを区別しているのである。私は、同じ物体が同じ時期に2つの異なる場所にあることは不可能だと知っており、リンゴが、引き出しの中からコンピュータのスクリーンの横まで動いてこられるものでもないと知っているのである（もしも私が部屋を離れ、戻ってきたときに二番目のリンゴを発見したのならば、話は違う。この場合には時空のつながりはないので、これが同じリンゴなのか違うリンゴなのかの手がかりは、私にはないだろう）。私たちは、こういった原理をあまりにも自動的に、さしたる努力なしに行っているので、これを「原理」などと呼ぶとかえって奇妙に感じられる。しかし、幼い赤ん坊も、物体について同じように理解しているのだろうか？

2つのリンゴの例のような場面を再現するために、生後10ヵ月の赤ん坊に、まず、ある一つのおもちゃが幕の後ろを動くさまを見せる。次いで、まったく同じおもちゃが、第二の幕の後ろを動くさまを見せる。ここで両方の幕が上がり、もしもおもちゃが一つしか現れないと、赤ん坊は驚く（長く注視する）のだ（Spelke et al., 1995）。彼らはこの2つのおもちゃを同時に見たことはないにもかかわらず、彼らの心の中では、同じようだが2つの異なるおもちゃが、それぞれ幕の後ろにあるはずなのである。

しかしながら、一つのおもちゃを最初の幕の後ろに置き、次いでそのおもちゃが動いて二番目の幕の後ろにいくところを見せたらどうだろう。2つの幕が上がったところで、赤ん坊たちは、一つの物体を見ることを期待していた。赤ん坊たちは、二番目の幕の後ろへと動いていった物体は、最初の幕の後ろに行った物体と同じものだと考えていたのである。この点では、彼らは、一つの物体が一つの場所から次の場所へと動いたと考えたおとなたちと、まったく同じように行動したのだった（Spelke et al., 1995）。

おとなのアカゲザルとタマリンとは、同じような状況を見せられると、人間の赤ん坊と同じような期待を持った。彼らは、2つの物体が別々の幕の後ろに置かれたあとで一つの物体しか現れなかったり、一つの物体が一つの幕から次の幕へと動いたあとで2つの物体が現れたりしたときには、驚いた（長く注視した）のだ（Hauser and Carey, 1998）。

それゆえ、人間の1歳の子どもと、少なくともおとなのアカゲザルとタマリンでは、何らかの推論的な表象（認知で得られる情報を超えた表象）を持たねばならないような、比較的洗練されたシナリオにおいて、物体を識別し、それを追跡する能力があるようだ。このようにして物体を表象するやり方は、新世界ザルにも旧世界ザルにもあるのだから、霊長類の進化ではかなり早いうちにできたのだろう。霊長類の赤ん坊では、これがいつごろから現れるのかは、まだ実験してみなければわからない。予備的な研究によると、少なくとも旧世界ザル（ブタオザル）では、生後5週目ではこの能力はすでに備わっている（Williams and Carey, 2000）。

ここまでは、これでよい。サル類と人間の1歳の子どもとは、物体の出来事について、人間のおとなと同じ表象を持っている。しかし、ことはそれほど単純ではない。発達心理学者のケアリーとシュー（Carey and Xu, 2001）は、非常におもしろい可能性を示唆している。先ほどのような状況において、人間の赤ん坊は確かに2つの物体を表象しているのかもしれないが、必ずしもそれは、2つの「リンゴ」、または2つの「ボール」であるとは限らない。つまり、赤ん坊の心は、初め、時空のパラメータの範囲で物体を表象するかもしれないが（「幕の後ろには2つの物体がある」）、同じ物体が持っている形や性質の表象（「ここには2つのリンゴがある」）に基づいているのではないのだ。赤ん坊たちは、幕の後ろに2つの物体があるとは表象するのだが、数分前に見たにもかかわらず、どの物体であるのかは表象していないらしいのだ。

ケアリーとシューは、次のような証拠からこう考えている。彼らは、生後10ヵ月の赤ん坊に、一つの幕の後ろからトラックが現れ、それが幕の後ろにまた消えるのを見せた。次に、同じ幕の後ろからボールが現れ、またその後ろに消える。幕が上がったとき、それらのうちの一つの物体しか現れなくても（もう一つの物体は、実験者がこっそり隠してしまう）、赤ん坊たちは驚かないのだ。彼らは、2つの異なる物体ではなくて、同じ物体が2度にわたって幕の後ろから現れたときとまったく同じ反応を示したのだった。彼らは、2つの物体の間の性質的な違いを知覚できないのではないし（すでに見たように、彼らは、非常に早いうちから異なる物体を区別することができる）、2つの異なる幕を使ったときには、問題なく、2つの物体があるはずだと期待したのである（それは、生後4、5ヵ月から見られた）。

赤ん坊の知覚や記憶には何の問題もないのだが、彼らには、表象の限界があるのだ。そのために、彼らが見たものに何が起こっているのか、おとなが見るのと同じような、一貫したイメージに統合できないのだ。このころの赤ん坊は、物体が何であるかの同定とその位置とを、おとながしているようには、同時に心の中で把握できないのである。彼らは、一つの物体が幕の後ろにあることを心にとめておくことはできるが、その表象を、その物体が何であるかの同定と結びつけることができない。

この問題の探求（「物体の個別化」の問題として知られている）は、ずっと以前、霊長類心理学者のティンクルポー（Tinklepaugh, 1929）によって始められた。彼は、おとなのアカゲザルには、心の中に物の表象を作る能力があるのかどうか、ということに興味を持った。彼は、被験体に、容器の中にバナナのかけらを入れて見せ、次いでそれを覗かせた。この実験のみそは、何回かの試行では、食物をこっそり変えてしまうところにあった。たとえば、バナナのかけらをレタスの葉に変えてしまうのである。彼は、おとなのアカゲザルが容器の中に異なる食物を見つけたときには「驚いたような」そぶりを見せることを発見した（少なくとも、期待していなかった食物が、バナナの替わりにレタスであるような、それほど好きではない食物であった場合には）。そして、彼らは、あたかもそこにない物を探すかのように、そこらを探し回ったのだった。ティンクルポーの結論は、アカゲザルは、食物の存在だけでなく、食物が何であるかの表象も心の中に持っているということだ。

隠された物体をこっそり変えてしまうという、同じような実験をすると、人間の赤ん坊でも生後18ヵ月ともなれば、もともとあったはずの物体を長く探すという、同じような行動を見せる。シューとケアリー（1996）は、幕の後ろに一つの物体があることがわかるのと、その物体が何であるのかがわかることとは別であり、後者のほうが発達上は遅く現れるのだと示唆している。この実験を少し変えると次のようになる。2つの異なる物体を取り出し、続いてそれらを袋の中に入れる（しかし、そのうちの一つを、こっそり取り出してしまう）。すると、生後12ヵ月の赤ん坊は、あたかも2つの物体を探しているかのように、袋の中を長く見つめるのである。生後10ヵ月の赤ん坊は、この中には2つの物体があるはずだということがわからないらしく、物が一つしかなくても十分満足している。サントスと彼の同僚たち（Santos et al, 2002）は、このパラダイムを半野生のアカゲザルに応用してみたのだが、箱の中に2つの異なる食物が続いて入れられるのを見たときには（そして、そのうちの一つをこっそりと取り出してしまう）、一つの食物が入れられるのを見たときよりも長く箱の中を覗くことを発見した。

この発見は、同じ半野生のアカゲザルを対象に、別の実験でも確認されている（Uller et al, 1997）。このときには研究者は、可能な事態と不可能な事態に対するサルたちの注視時間を測定した（シューとケアリーが使ったのと同じ手続きである）。たとえば、サルたちは、まずは一切れのニンジンが幕の後ろに置かれるのを見て、次いで、一切れのウリが幕の後ろに置かれるのを見る。幕が上がったとき、そのうちの一つの物体しかなかった（ウリだけ）ときのほうが、彼らは長く注視したのだ。彼らは、生後10ヵ月の赤ん坊ではなく、生後12ヵ月の赤ん坊のように振る舞ったのである。

さらに、ハウザー、ケアリー、ハウザー（2000）は、自然状態で暮らしているアカゲザルは、単純な引き算もできることを見出した。２つの異なる幕の後ろに、２つの異なる数の食物が置かれる（幕Ａの後ろには３つ、幕Ｂの後ろには２つ）のを見せられると、彼らは、通常は、より多くの食物が置かれたほうの幕に行った。しかし、何個の食物が幕の後ろに置かれたかを見たあと、そのうちのどちらかの幕から、誰かが食物のいくつかを持ち去るのを見ると、彼らは、隠された量に関する心的表象を変えることができるようだ。彼らは、もともとは少ない数の食物が置かれたほうであっても、今はより多くの食物が置かれている幕のほうへ行ったのである。それゆえ、アカゲザルは、幕の後ろから食物が取り去られても、心の中で食物の量を計算できるようだが、それは量が３つ以下のときだけである。このことはまた、生後12ヵ月の人間の赤ん坊が同じような実験をされたときに見せる限界と合致している。

ハウザーとケアリー（1998）は、この研究結果を、言語獲得以前の人間の赤ん坊と、おとなのサル類とはともに、「数を、彼らの世界の経験の一次元として表象している」（p. 82）ことを示していると解釈している。「数」といっても、体系的に数えたり、量の表象として記号を使ったりすることを意味しているのではなく、異なるタイプの物体のみならず、同じようなタイプではあるが異なる物体においても表象を形成する、もっと基本的で原始的な能力をさしているのである。

彼らによれば、この証拠は、人間はどのように物体を同定し、その動きを追っているのかに関する最近の認知科学の論争に寄与する可能性がある。人間のおとなの知覚能力に関する研究によると、私たちおとなは、物体の知覚に関して非常に異なる2つのシステムを使っているらしいが、それらはあまりにも緊密に働いているので、私たちはその区別ができないらしいのである。そのうちの一つは、物体を、その「見かけの性質」から同定することに特殊化したシステムである。つまり、たとえば、リンゴとミカンを区別するような、視覚的性質の集まりに特殊化したシステムである。もう一つは、空間上の特定の一点に、ただ物体がある（どんな物体でもかまわない）という事実だけを検知することに特殊化したシステムである。私たちは、日常生活における物体の認知において、この2つのシステムが働いていることに気づいてはいない。しかし、巧妙な実験を使えば、正常なおとなにおいても、この2つのプロセスを分離させることができるのだ（Carey and Xu, 2001を参照のこと）。（この乖離がどんなものかを簡単に経験するには、「目の隅」で何かが右側を動いたとはわかるのだが、それが何であるのか、誰であるのかは、物体を同定する見かけの性質を処理する、焦点を当てた視覚の能力を使うまではわからない、というときを思い浮かべるのがよいだろう。）

ケアリーとシューの考えは、個体発生においては、最初のシステム、つまり、何かはわからない物体が動いていることを検知するシステムのほうが、その物体の見かけの性質を同定するシステムよりも先に出現するということだ。そうだとすれば、2つの物体が続いてスクリーンの後ろに現れて消える実験において、なぜ生後10ヵ月の赤ん坊は、そこに2つの物体があったことの推論ができないのかを説明できるだろう。彼らは、そこに何かの物体があるという軌跡を心の中で追跡してはいるのだが、それが何であるのかはわからないのだ。
それよりも急進的でない解釈は、この両方のシステムとともに赤ん坊では働いているのだが、彼らはまだこの2つを、おとなが持っているような単一の表象枠組みに結び受けることができないのだというものだ。とくに、赤ん坊たちが問題を解いたり、何が起こっているかを理解したりするときに、表象を用いねばならないというときには、そうなのだろう。こう考えると、最近の研究結果もうまく説明できる。それによると、もっと簡単な実験手続きをとれば、生後10ヵ月以下の赤ん坊でも、見かけの性質の情報によって物体の個別化ができるというういくつかの証拠を見ることができる（この概要については、Santos et al. 2002）。

ハウザーとケアリー（1998）が指摘しているように、これらの発見は発達心理学に興味深い結果をもたらすかもしれない。物体を、時間空間的手がかりによってではなく、見かけの性質によって分けていく能力は、赤ん坊が、物体のタイプを同定する最初の単語を話し始めるのと、ほぼ同じときに現れるのだ（さらに、シューとケアリーのテストができるようになる時期と、最初の単語が出現する時期との間にも、ある種の相関がありそうなのだ）。そうだとすると、言語があるからこそ、世界を表象する新しい道筋が生まれてくるのではないか、という考えが出てくる。言語が認知を変えるのだ。しかし、アカゲザルを使った実験は、この仮説が誤りであることを示している。見かけ上の性質で個々の物体を表象させる能力は、人間の言語が出現するずっと前に、霊長類の進化の過程でしっかり形成されていたのである。これは、世界の物体の表象に関する霊長類一般の適応であり、これがあるおかげで、幕の後ろにある二切れの食物のように、彼らが実際に見てはいない物体の表象を形成することができるのだ。彼らは、別々の出来事から形成した表象をつねに心の中で更新することにより、これから何を見ることになるかを想像することができるようなのだ。

霊長類と他の動物とが物体を表象するやり方

一般的に霊長類の認知システムが、世界の物体の認知と表象に向けて作られているということは、多くの証拠が指し示している。物体の認知には、霊長類の種ごとに違いがあるのだろうか？　そして、他の動物では、それは異なるのだろうか？

物体の知覚に関する一つの大事な性質は、「視覚的補完」と呼ばれるものだ。それは、物体の一部しか見えていないときに（たとえば、その一部が他の物体によって隠されているなど）、その全体を表象する能力のことをさす。私たちは、あまり見たことのない物体であっても、そうすることができる。私たちの視覚系は、ある種の表示条件が満たされているときには、物体を完結させるようにできているのだ。人間の赤ん坊では、生後4ヵ月でもこの能力が見られるが（Kellman and Spelke, 1983）、最近、人間で使われるのと同じ実験をチンパンジー用に変えて行ったところ、おとなのチンパンジーにも、この能力があることがわかった（Fujita, 2001）。チンパンジーはまず、サンプルとして見せられた図形と同じものを、コンピュータのスクリーン上から選ぶことを学習する。サンプルの図形は、単に一つの長い棒のときもあれば、2つの短い棒が連続して並んでいて、間にギャップがあることもある（図2-2）。チンパンジーは、図形を対応させることは難なく学習し、刺激が左から右へと動いているときでも学習できた。

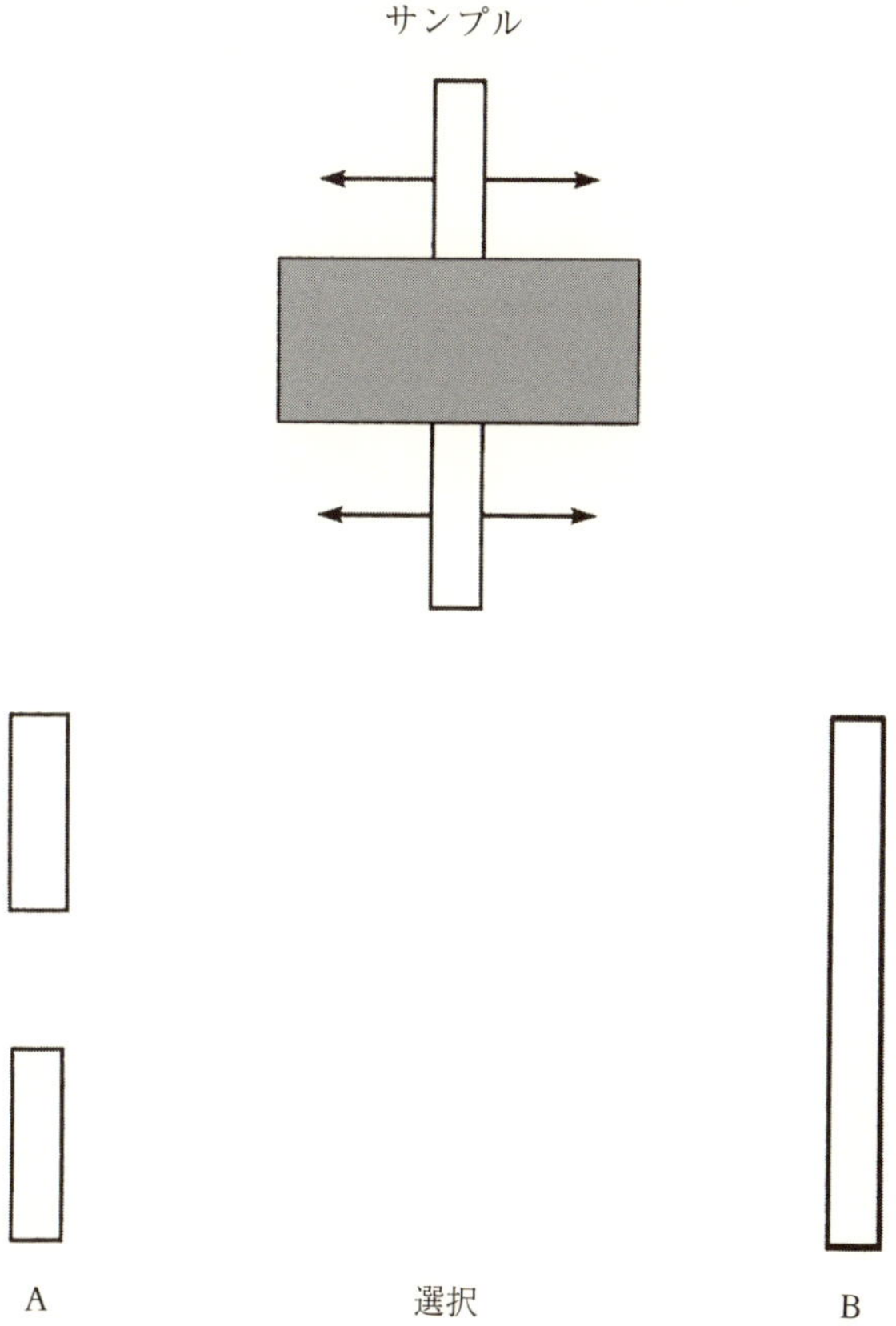

図2−2　２つのうちのどちらが、サンプルと対応するだろうか？　チンパンジーは、生後４ヵ月の人間の赤ん坊と同じく、サンプルの両端が同調して動いたときには、Bを選んだが、両端が別々に動いたときには、Aを選んだ。

そこでチンパンジーは、同じように動いている刺激を使ってテストされるのだが、今度は、図形の真ん中の一部が隠されているので、動いている刺激は、一つの長い棒にも、2つの短い棒にも見えるようになっている。しかし、チンパンジーは100パーセントの試行において、単一の棒のほうを選んだのだ。彼女は、人間の生後4ヵ月の赤ん坊とまったく同じように、真ん中のスクリーンが、単一の物体の一部を隠していると想定したのだ。チンパンジーと赤ん坊の知覚系は、あたかも、見えている部分の運動に整合性があるときには、単一の物体であると仮定するように作られているかのようである。実際、刺激の一方の棒だけが動き、もう一つの棒は動かずにいた場合や、2つの棒が反対方向に動いた場合には、チンパンジーは、2つの棒のほうを選んだのである。

ヒヒにも、「完全な物体を想定する」という能力があることは示されているが、それは、ボール紙で作った三次元の刺激に対してだけであり、コンピュータのスクリーンに現れた二次元の図形ではできなかった（Dereulle et al., 2000）。

チンパンジーに使ったのと同じ実験をハトでしてみたところ（コンピュータのディスプレイを使う）、彼らには「物体の補完」がまったく見られないことがわかった。彼らは、いつでも、2つの短い棒があると知覚しているようだ（Fijita, 2001）。このことから、霊長類の知覚系は、目に入るさまざまなものの集まりから硬い物体を「取り出す」ように適応しているのだが、霊長類とは系統的に離れた他の種では、そのように設計されているわけではないことがわかる。今のところ、霊長類以外の哺乳類で同じようなテストをした実験データはない。そこで、物体の補完が霊長類の形質なのか、哺乳類全体の適応であって、霊長類はそれを大いに利用しているのかはわからない。また、チンパンジーやサル類で、物体の補完がどのよ

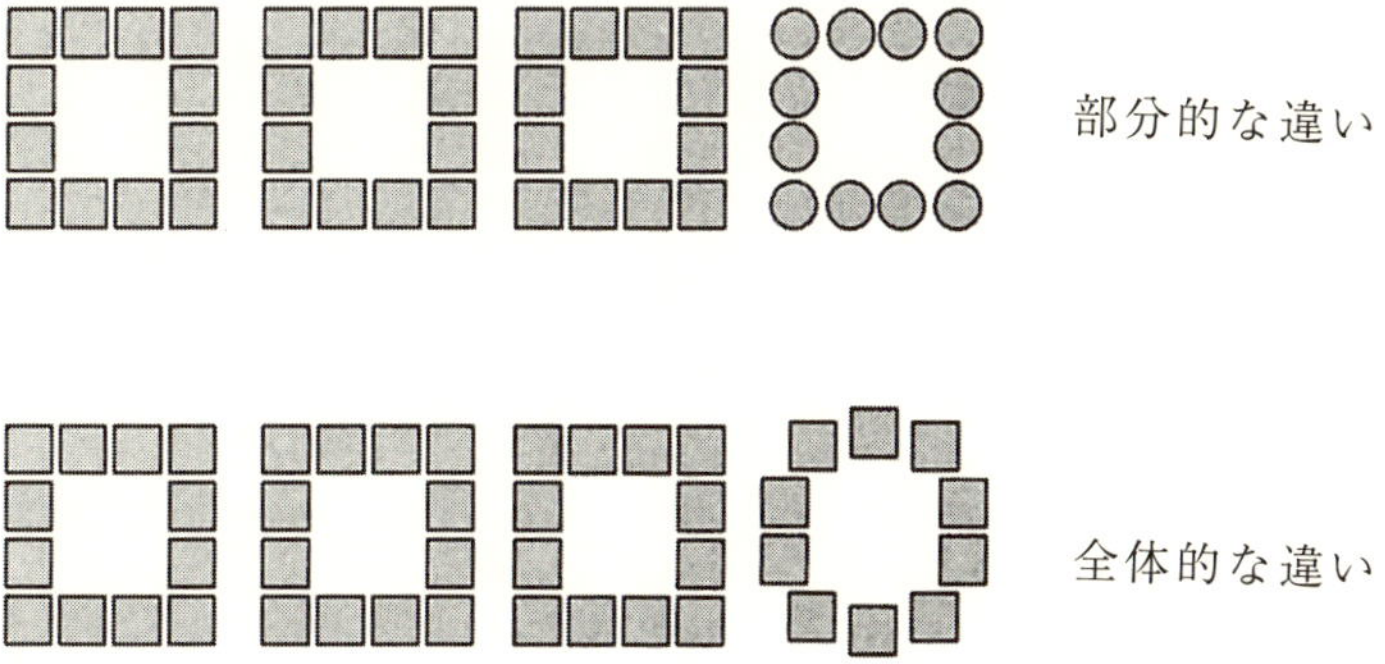

図2－3　部分的な違い（小さな円が大きな四角形を作っている）と、全体的な違い

うに発達するのかについてもデータはない。それゆえ、人間の赤ん坊は、この能力について特殊な発達を見せるのか、一般的な霊長類のパターンにのっとっているのかもわからない。

友永（Tomonaga 2001）は、人間とチンパンジーとサルとハトの知覚系のいくつかの性質について、非常に詳しい比較研究を行った。その結果、霊長類は、ハトにはない多くの基本的性質を共有しており、霊長類の知覚認知には、もっと系統的に遠い種とは異なる、一般的なプランがあるらしいことがわかった。（もちろん、霊長類以外の哺乳類に関するデータが存在しないという同じ警告はここにも当てはまる。）しかし、このような基本的な共通性にもかかわらず、霊長類の種ごとの違いもいくつかあるようだ。

実験によると、人間のおとなは、まず刺激の全体的な輪郭を知覚し、その次に細かい違いを知覚する傾向がある（Navon, 1977）。たとえば、小さな四角形で構成された大きな四角形と、小さな円で構成された大きな四角形、という複合図形を見せられると（図2-3）、私たちは普通、その構成要素である小さな図形よりも、全体の形を同定するほうがすばやくでき、そして間違いも少ない。さらに、提示されたいくつかの図形の中から、特定の図形を同定するように言われると、複合図形の構成要素の図形を見分けねばならないときには、そこに見せられる図形の数が増えるほど反応時間が長くなるが、全体の形を見分けるときには、反応時間は増加しないのである。このことは、人間では、全体の形は自動的かつ並列的に処理されているのだが、もととなる図形は、特別の注意をもって連続的に処理されているからだ、と解釈されてきた。人間では、全体の処理のほうが先なのである。

ファゴットと同僚たち（Fagot et al., 1999）は、この「全体が先」という現象を、ヒヒ、チンパンジー、人間の3種に対して、できるだけ同じ方法と刺激を使って実験してみた。人間の被験者たちは、先の研究結果から予測されるのと同じように行動した。彼らは、全体の形を見分けるときのほうが早く、正確であった。それとは対照的に、ヒヒはまったく正反対だった。彼らは、構成要素である小さな形を見分けるほうが早く、全体の形に注意を向けねばならないときのほうが、時間がかかって間違いも多かった。

実験者たちは、ヒヒたちに全体的な処理を促進させるような別の方法を試してみた（Fagot and Deruelle, 1997）。構成要素となっている図形どうしを線でつなげて、全体の形をはっきりさせる、要素の図形どうしの距離をもっと短くする、サンプル図形をテストの間中スクリーンに映し続ける、などといろいろやってみたのだが、どれも効果はなかった。ヒヒはつねに、部分的な処理に傾く傾向を見せた。部分的な処理をわずかにでも凌駕することができたのは、要素となる図形どうしの間の隙間を極端に狭くしたときだけだった（Fagot et al., 2001）。

一方、チンパンジーは、どちらに対する好みも見せなかった。彼らはあたかも、ヒヒと人間の中間の処理様式を持っているかのようで、全体的な手がかりにも、部分的な手がかりにも、同じような成績であり、どちらに特殊化しているわけでもなかった。

もう一つの例では（Fagot et al. 1999, 2001）、被験体は、他のものとは全体的に異なる図形か、部分で異なる図形かを選ばねばならない。たとえば、ディスプレイに、小さな四角形で作られた大きな四角形が出ているときに、小さな円で作られた大きな四角形（部分の処理ができねばならない）か、小さな四角形で作られた大きな円（全体の処理ができねばならない）が出てくる。

ここでも、人間は全体の処理にまさっていた。彼らは、奇妙な刺激の検知は、それが細かい要素の形であるときよりも、全体の形であるときのほうがずっと速いことを見出した。ここでもヒヒは逆のパターンを示した。彼らは、部分の形に対する反応のほうが早かったのである。ところで、ヒヒたちは、部分の図形を処理するのが人間よりも優れているわけではない。ヒヒと人間が部分の図形を処理する速度は、ほとんど同じなのだ。違いは、人間が全体的な形を検知するのがきわめてすばやいことにあり、ヒヒはとくにこれができないのである。興味深いことに、ヒヒは、四角や円を連続的な線でつなぎ合わせ、形をはっきりさせたコントロール条件では、全体の形の処理を、人間と同じくらいの速度で行うことができた。このことは、ヒヒと人間の違いが、四角や円をそのように知覚する速度にあるのではなく、図形の絶対的な大きさの問題なのでもなく、小さな図形の集合からなる、より高次な図形のより分け能力にあることを示している。

このテストを受けた2頭のチンパンジーは、それぞれ異なる行動を示した。一方は、全体の図形にも部分の図形にも同じ速さで反応し、この2つの処理スタイルの中間であることを示した。他方は、部分の図形の処理のほうが早かった（ヒヒのパターンである）。

ホプキンスとウォッシュバーン（Hopkins and Washburn, 2002）は、最近、5匹のチンパンジーでは、部分図形よりも全体図形の処理のほうがよくできるが、まったく同じ刺激を使ってテストされたアカゲザルでは、部分図形のほうがよくできた、という結果を報告している。キャプチン・モンキーでも、部分図形の処理のほうが優れていることが、最近報告された（Spinozzi, 2003）。

このような研究結果は、非常に重要な可能性をはらんでいる。これらは、基本的には同じような知覚能力を備えた各種の霊長類のそれぞれに、異なる「認知スタイル」がある可能性を示している。一つの同じ場面に対して、異なる種は異なる見方をしているのであり、その結果、違った方法でそれらを表象しているのだろう。これらの実験に使われたサルたちはみな、実はどれもが、全体図形を見て反応することはできるのだ（少し注意を向ける努力をすれば）ということは、指摘しておかねばならない。しかし、彼らの自然な傾向としては、全体の中の部分を先に処理し、そのほうがすばやいのである。それとは対照的に、チンパンジーは、はっきりした傾向はないのか、ホプキンスの研究が示したように、人間と同様に全体のほうが優位である。いろいろな研究によると、自閉症のような発達障害は、全体を先に処理する人間に典型的な傾向が崩れていることと関連しているのかもしれない。自閉症者の中には、部分図形の処理にきわめて優れている人たちがいるが、それこそが彼らの問題の原因の一つでもあり、また、「写真のような」絵を描いたり、莫大な量の機械的記憶を持てたりする、驚くべき個別の能力の原因ともなっているのだろう（Frith, 2003）。

まとめると、霊長類の視覚は、世界を物体の観点から組織するように設計されている。直接自分を取り巻く環境の中で、見える場面をその構成要素に分解するという基本的な仕事を超えて、霊長類は、時間空間的な手がかりや見かけの性質の手がかりを統合し、個別の物体の運動軌跡を追うことによって、より複雑な表象を作り上げることができる。そこには、原始的な数の感覚も含まれている。この基本的な物体の個別化のシステムのいくつかの側面は、系統的に離れているハトなどの種とは異なるらしいが、「霊長類」がどれほど特殊なのか、それとも、これは原始的な哺乳類の適応を表したものなのかは、わかっていない。実際、アラーとその同僚たち（Uller et al., 2003）による最近の研究によると、原始的な物体の数の表象は、両生類の仲間であるサンショウウオにも見られるらしい！　サンショウウオにハエ（彼らの自然状態での重要な食料）が入った管を見せ、1匹のものと2匹のもの、2匹のものと3匹のものというように対置すると、彼らはより多くのハエが入った管を、有意に多く選んだのだ。しかし、3匹と4匹の違いを区別することはできなかったが、それは、マカクや人間の赤ん坊と同じである。このことから、霊長類が物体に対して当てはめている、個別の物体の「数」の認識システムは、系統的にずっと古い起源を持っていることがわかる。

複数の感覚様式による表象

物体は、いくつかの感覚様式を通じて把握することができる。オレンジを見ることも、それを手にとって皮の感触や重さと形を感じることも、匂いを嗅ぐことも、最後に、それを食べて味を感じ、口の中でそれがつぶれる固有の音（それは、木の実やリンゴとは違う）を聞くことも、果肉の舌触りを感じることもできる。一つの物体は、私たちの異なる感覚器官がそれぞれ拾い上げる、驚くほど多様な感覚刺激を生み出すもとである。実際、物体という認識それ自体、互いにまとまりを持つ傾向のある感覚の集合が、全体的に連動することによってできあがるのではないかと考えられている。哲学者や、ピアジェ（Piaget, 1936）のような初期の幼児研究者たちは、異なる感覚器官を通して得られる感覚刺激が、実は一つの同じ物体に対応しているのだということを理解するには、かなり進んだ認知能力が必要で、それができるまでにはかなり時間がかかると考えていた。

「感覚様式をこえて」物体を表象する能力を測定する一つの方法は、たとえば、被験者に触覚という感覚様式を通じてある物体を経験させたあとで、別の感覚様式の一つである視覚で、その物体を同定させるということだ。このテストは、提示される物体がまったく新しいものであるときには、とくに難しい。なぜなら、こういう場合には、以前に獲得していた連合を使う可能性が排除されるからである。霊長類は、自分が最初に経験した感覚とは別の感覚から、新奇な物体の形状を予測することができるのだろうか？

かつては、感覚様式をこえた知識を持つことができるのは人間だけであり、それができるのは言語を通してなのであろうから、言語こそが、それぞれ異なる感覚器官から入ってくる情報を統合する中心的役割を果たす抽象的な暗号なのだろうと考えられていた（Lewkowicz and Lickliter, 1994）。しかしながら、サルも類人猿も人間の赤ん坊もみな、言語なしでも、感覚様式をこえた認知ができることがわかったのだ。

ブライアントとその同僚たち（Bryant et al., 1972）は、生後9ヵ月の人間の赤ん坊ですら、感覚様式をこえて物体の形を認識できることを示した。実験者はまず、赤ん坊に、自分が触っているものを見ることはできないようにしておいて、つかむと音が出る物体に触らせた（小さい子どもは、こういう性質がある物体に興味を持つ）。それから赤ん坊たちに、同時に2つの物を見せる。一つはまったく新しい物であり、もう一つは、彼らが触ったものだ。赤ん坊たちは明らかに、彼らが前に触っておもしろいと思った物のほうを、最初に手にとっていじってみる傾向を見せた。彼らはあたかも、音の出るほうの物体の視覚的様相について、何らかの概念を持っているかのようであった。こちらを選ぶ率は、まず音の出る物体のほうを先に見せておいてから、2つのうちの一つを選ばせたときとほとんど同じであった。

これは驚くべき結果であったが、メルツォフとボートン（Meltzoff and Borton, 1979）の研究は、さらに驚異的であった。彼らは、生後1ヵ月の赤ん坊に、完全な球体のおしゃぶりと、少しへこみのある球体のおしゃぶりと、2つのうちの一つを与えた。それをしばらくしゃぶらせたあとで、赤ん坊の目の前のスクリーンに、この2つの物体の視覚イメージを同時に写し出した。すると、赤ん坊は、自分が口の中に入れていた物の視覚イメージのほうを、好んで見つめたのである。感覚様式をこえての情報の統合は、言語とは関係がないばかりでなく、人間の脳の中に組み込まれた生得的な性質なのだろう（Lewkowicz and Lickliter, 1994）。

1970年に、ダヴェンポートとロジャースは、チンパンジーとオランウータンがともに、一つの感覚から別の感覚へと、情報を移動させられることを示した（Davenport and Rogers, 1970）。彼らはまず、チンプとオランに、見本合わせテストとして知られるものを訓練した。これは、まず被験者にある物体（サンプル）を見せ、そのあとで、そのサンプルと同じものと別のものとを見せる。そして、サンプルと同じものを選んだときに、被験者は報酬を得る。普通これは、サンプルと選ぶものとを被験者の目の前に置いて行う、視覚のテストである。ダヴェンポートとロジャースは、サンプルは視覚的に見せるが、選ぶべき2つの物体は触覚で提示するとどうなるか、と考えた。類人猿たちは、箱の中に手を入れて、選ぶべき物体を触らねばならないのである。チンパンジーがこの手続きを学習するには、かなり長い時間がかかった。いくつかの物体で訓練するのに500回以上の試行が必要であり、それを他の物体にも一般化するのに、さらに数百回の試行が必要だった。このこと自体は、感覚様式を超えての認知を示してはいない。なぜなら、この長い訓練過程を通じて使われた物体は同じであるので、類人猿は、物体が同じだということを理解することなしに、報酬をもらうために、ある特定の触覚刺激とある特定の視覚的な形状とを結びつける学習をしただけかもしれないからである。決定的なテストをするには、毎回まったく新しい物体を与え、連合学習の余地はないようにせねばならない。そうしてみたところ、彼らは、有意に多くの試行で、新しい物体を認識できたのである。彼らは本当に、2つの異なる感覚情報をもとに一つの同じ物体だと認識しているというのが結論であった。彼らはまた、それをどちらからでも行うことができた。つまり、見ることが先でも、触ることが先でも、わかったのである。

さらに、研究者たちは、類人猿は、視覚刺激が本物の物体ではなく、写真であっても、感覚様式を超えた認識ができ、いくつかの例では、変形した写真や線画であってさえも認識できることを示した。しかし、後者の場合には成績はかなり悪く、何頭かの類人猿は、問題を解くことができなかった。

ダヴェンポートとその同僚たち（Davenport et al., 1973）は、この手続きをサルにも当てはめてみたのだが、実験を完了することができなかった。なぜなら、サルたちは、見えないのに箱の中に手を入れて物に触れることを拒否したからである。もう一つの研究グループ――ワイズクランツとコンウェイ（Weiskrantz and Conwey, 1975; Conwey and Weiskrantz, 1975）――は、アカゲザルに適用できる、感覚様式を超えての見本合わせの手続きを編み出した。手で探索する物体をサルたちに与えるかわりに、彼らは、星型、円形、立方体などのさまざまな形に焼いたクッキー（サル飼料を粉にして焼いたもの）を与えたのだ。そのうちのどれかの形状のものは、キニン溶液に浸してあるのでたいへん酸っぱく、サルたちは嫌いな味なのだが、他の形のものは普通の味がした。これらの食べ物を、真っ暗闇の中でサルに与えたので、サルたちは、手によるにせよ口によるにせよ、触覚的な情報しか得ることができなかった。そのあとでサルたちに、一つは酸っぱいクッキー、もう一つは普通の味のするクッキーと、2つのクッキーの形を見せた。数秒間、見る時間を与えたあとで、彼らにどちらかを選ばせる。彼らはランダムにどちらかを選ぶだろうか、それとも、いまや視覚情報だけとなった選択の問題に、暗闇の中で得た形に関する触覚情報をうまく使えるだろうか？　この実験でサルたちがおいしい味のするほうの形を選んだ割合（67％から79％）は、他の手続きによって、類人猿や人間の赤ん坊が選んだ割合と、実質的に同じであったのである。サルたちは、一つの感覚様式から他の感覚様式への移行ができるのか、物体を複数の感覚様式で表象できるのかはともかく、触覚刺激と視覚刺激とを統合することができたのだ。

視覚的に見せた形が、触覚的に与えられた形とは異なる場合にはどうなるか、という対照実験において、サルたちは、予期せぬ、しかし非常におもしろい反応を示した。このテストの目的は、サルたちが、実験者の制御を逃れた何らかの方法を使って反応しているために正しい見本合わせができる、というのではないことを示すことであった。研究者が予測していたのは、もしもサルたちが本当に感覚様式をこえた見本合わせができるのならば、形に対応がない場合には、2つのクッキーのうちの一つを選ぶことはできないだろう、ということだった。驚いたことに、この場合の彼らの反応はランダムではなかった。彼らの選択は特定の形に偏っており、それは、しばしば「誤った」形、つまり酸っぱいほうの形であることもあった。これに対する説明は、サルたちは「部分的な」見本合わせを行っている、つまり、刺激の間の部分的な類似性を検出しているのだ、ということだ。たとえば、触っているときに「鍵型」の形を経験したサルは、視覚刺激の試行では円形のクッキーを選ぶ傾向があり、触っているときに四角い形を正の刺激として得たサルは、視覚の試行のときには星型を選ぶ傾向があった。鍵と円が共通に持っているのは、丸い部分であり、星と四角形が共通に持っているのは、尖った縁である。

この発見は重要である。なぜなら、このことは、サルたちが形の情報を、一つの感覚様式から他の感覚様式へと本当に移行させようとしていることを確証しているからだ（事実、個々のサルが普通の試行で見本合わせをする能力と、この対照テストで偶然から逸脱する度合いとは相関していた）。しかし、このことはまた、彼らが、本当に全体的な形に関する表象を形成し、この全体的な表象を使って、新しい感覚様式による物体全体を選択しているのか、それとも、部分的な刺激についてのみ、感覚様式を超えての対応を見て選択をしているのか、という問題をも提示している。つまり、彼らは、手や口で触れた物体を視覚的に認識しているのか、それとも、何らかの孤立した形状だけを認識しているのだろうか？

もともとのテスト（丸かったり尖ったりする性質を共有する、いくつもの異なる形が見せられたとき）で成績がよかったことは、サルたちが孤立した形状以上の情報を得ていることを示しているが、彼らが本当に物体全体の表象を形成しているのかどうかを決定するには、さらに確定的な実験をせねばならない。

この発見から言えるもう一つのことは、視覚という一つの感覚だけのテストでは、アカゲザルたちは明らかに、物体の部分的な分析を行っているといいことだ。これは、ホプキンスとウォッシュバーン（Hopkins and Washburn, 2002）の報告と同じである。感覚様式を超えての部分的な見本合わせが、同じように類人猿でも人間でもあるのか、それとも、これは、部分のほうを先に見る霊長類の間でより多く見られることなのかを調べるのは、興味深いことだろう。

グンデルソン（1983）は、おしゃぶりの実験を、生後1週目から4週目のブタオザルの赤ん坊で行ったが、彼らもまた、生後1ヵ月の人間の赤ん坊と同様な区別をつけることができた。ブタオザルの赤ん坊も、暗闇の中で異なる形のおしゃぶりを舐めてみたあとでその2つを提示されたとき、実際に舐めてみた形に対応するおしゃぶりのほうに、明らかな好みを見せたのである。たった生後1週目の赤ん坊の中にも、この感覚様式を超えた能力の証拠を示すものもあった。著者が指摘しているとおり、マカクと人間との間の感覚運動発達の一般的な比が1対4であり、人間ではマカクの4倍遅くに現れるとするならば、確かにこれは予測どおりの結果である。

最近、ガレーズ（Gallese, 2003）は、アカゲザルの新皮質のある部分に、同じ出来事に対する異なる感覚的表現に反応する神経細胞を発見した。このような神経細胞は、たとえば、手が紙を破るのを見たときにも、サル自身がその行動をするときにも、紙が破れる音を聞いたときにも、反応するのである。このことは、霊長類は出来事に関して、多くの感覚からなる豊かな表象を作り上げることができ、それは、一つの感覚様式からのみやってくる情報によっても喚起されるのだという考えを支持している。たとえば、木の実を割っている音が聞こえれば、霊長類の心の中には、誰かが木の実を割っている表象が喚起されるということだ。

人間と他の霊長類に関するこれらの研究から言えることは、霊長類の脳の決定的に重要で、おそらく生得的に配線されている性質の一つは、異なる感覚様式から得られた情報を統合し、出来事や物体に関して、感覚様式をこえた表象を形成する能力であるらしい、ということだ。霊長類の心は、できる限り早く、多次元の物体に関する基本的で強力な概念を形成させ、それを使って知識や行動を組織化するようにできているようだ。この能力は、進化の過程での完全な新発明ではなく、哺乳類の脳にすでに存在した傾向を拡張したもののようである（Lewkowicz and Lickliter, 1994）。

物体と出来事について考える

サルや類人猿を対象にした多くの実験は、彼らに解くべき問題を与え、それに対して食物の報酬を与える、という形で行われるのが普通である。こういう実験では、サルも類人猿も、食物がもらえるなどのはっきりした強化要因がない限り、いっこうに反応したがらないのが普通だ。このことから、ヒト以外の霊長類を行動に動機づけるには、食べ物のような基本的な欲求がなければならないと考えられるかもしれない。しかし、そうではないのだ。霊長類は、自発的に自分のまわりの環境にある物体を眺め、探索する。その物体が食物である必要はないし、それを見たり触ったりするために、それが食物などの強化因子と関連している必要もない。探索それ自体が、霊長類の行動を制御する重要な動機であるらしく、それが、彼らの認知と行動発達に重要な帰結をもたらしているようだ。霊長類の探索は、手で物を操作することが普通だが、単に、知覚したり考えたりすることであることもある。

霊長類の行動のおもなる動機づけとして、知ることがとても重要であることは、いくつもの古典的な研究（Butler, 1965）が示している。たとえば、アカゲザルもチンパンジーも、ただ、窓や穴を通して向こうを見る機会や何らかの音（他のサルたちの声など）を聞く機会を得ることだけが報酬である場合にも、レバーを押したり、他の装置を押したりすることを学習する。興味深いことに、食物によって強化が起こるようにできている、霊長類の標準的な実験では、食欲が満たされるにつれてその個体の成績はどんどん下がっていくのであるが、知ることが報酬である場合には、成績はほとんど変化しないのだ（Butler, 1965）。好奇心が満たされてしまう速度は、非常に遅いのである（とくに、比較的退屈な環境で暮らすことを余儀なくされている、実験室の霊長類の場合には）。

注意深い実験によると、霊長類は、単に窓を開けたり、ある装置を動かしたりする行為によって動機づけられているのではなく、視覚的な場面を見ることそのものによって動機づけられているのである。たとえば、選択の自由を与えられたときには、彼らは、スライドまたは映画が映されているほうの覗き穴から見ることを好む（Butler, 1965）。

こういう場面を前にして、サルや類人猿は、実際に何を見ているのだろうか？　彼らは、自分が知ることになった場面について何らかの分析をすることによって、情報を得ているのだろうか？　霊長類は本当にその場面の内容に注目しているのであって、光や刺激の動きに無差別な興味を示しているわけではない、という証拠はあるのだろうか？　バトラー（Butler, 1965）は、注視の選好性に基づく研究法のはしりを使って、もう何年も前に、場面の内容がサルにとって本当に重要であることを示すことができた。彼は、アカゲザルに、異なる見世物が展開する部屋を覗き見る機会を与え、彼らがそれぞれの窓をどれほど長く開けているかの時間を測ったのである。彼らに訴えるところのもっとも強かった場面は、他のサルたちおよび、電車が走る場面であった。食物は、サルたちにとってずっと興味の薄い視覚的対象だったのである。

他の動物を映し出した映画を刺激場面として使って、バトラーはまた、サルたちは画像の鮮明さにも敏感であること、スローモーションよりも普通のスピードで映し出された映像を好むこと、モノクロよりもカラーの画面を好むこと、倒立よりも通常の方向での画像を好むことを発見した。まとめると、サルたちは最高の見えやすさと鮮明さを好んだのであり、このことは、彼らが本当に内容に注意を払っていることを示唆している。

ものを見ることによって、霊長類はどんな情報を引き出しているのだろうか？　ダービーとリオペル(Darby and Riopelle, 1959)は、2つの選択肢の中から正しいものを選ばねばならないという、典型的な弁別学習課題で、他のサルたちが何をしているかをアカゲザルに見せるという、たいへん気の利いた実験を行った。問題は、問題解決をしようとしている他のサルの行動を見ることにより、それを観察しているサルたちが、どれが正しい答えなのかを学習できるかどうか、ということである。この疑問に答えるためには、他のサルの反応を観察していたサルたちも、その後にまったく同じ課題に反応する機会を与えられねばならない。その結果、本当に、観察しているサルたちは、他のサルの行動を観察することによってどれが正しい答えであるのかを学習していることがわかった。さらに、彼らは、お手本役のサルが、2つの選択肢の中で間違いを犯したときに、より効率よく、正しい物体を選ぶことを学習したのだった。この場合、観察者のサルは、自分の番がきたときに、見たものとは反対のものを選んで報酬を得たのである。このことは、観察者のサルが、単にお手本のサルのやっていることをまねているだけではなく、また、お手本のサルが操作したのと同じものに注意を払っているだけなのでもないことを示している。観察した情報をもとに、何か単純な形の推論が行われているようだ。霊長類は、他の個体を観察することによって何を学ぶことができるのかという問題については、第9章で扱うことにしよう。

ごく最近、ダンバー（Dunbar, 2000）は、おもしろい結果を報告している。彼らは、チンパンジー、オランウータン、そして就学前の子どもたちに、報酬の入った一連の「問題箱」を与えてみた。これらの箱はみな、それぞれ異なるやり方で開けたときにのみ、報酬が得られるのである。被験者たちは、まずはそれらの箱を見ることはできるが、触ることはできない。たとえば、類人猿のいる檻の外にその箱を24時間にわたって置いておくのだが、彼らはそれに触ることはできず、誰かがそれに操作を加える場面を見ることもない。それでも、箱を見て考えることは、チンパンジーとオランウータンと人間の子どもたちとがそれらを開ける速度に対して、重大な影響を持っていることがわかった。ダンバー（2000）は、やるべき行動について何らかの「心的リハーサル」をすることが寄与しているのではないかと示唆している。説明が何であれ、霊長類は、単にそこに置かれているものを見ることだけからも、何らかの有用な情報を抽出しているようである。まとめると、これまでに得られた知見によると、ものの操作ができるおとなの霊長類にとっても、物体や出来事をただ眺めるだけでも大いに動機づけとなり、自分が何を眺めているのかについて分析し、そこから、のちに自分にとって有用となる情報を抽出することができるようである。

物体の世界

これまでに得られた研究結果はすべて、霊長類の知覚系が、感覚刺激を物体という観点から表象するようにできていることを示している。サルも類人猿も、個別の物体に対応する刺激の源泉に選択的に注意を向けるような適応を身につけて生まれてくるのだ。たとえば、母親の腕に抱かれた赤ん坊のサルは、明るい空や一続きの地面よりは、植物や果実や他のサルに注意を向けるのである。しかしながら、このような適応は、お誂え向きにできあがった鋳型ではない。それらは、霊長類の注意を刺激の正しい源泉に向けさせ、そこから、最終的には物体となる、より詳細な表象を作り上げていくよう促進しているだけなのだ。この刺激が処理される道筋は、子どもの霊長類の脳内にある、また別の適応によって制限されている。それは、視覚的な場面は、ある一定の分割法則にのっとって単位ごとに分析されるということだ（そこで、一緒に動くパターンや、つながったパターンは、単一の物体として表象されることになる）。このような視覚的表象は、ごく早いうちに、視覚的注意を払っている物体に向かって手や口を近づけるようになることによって、触覚情報や運動情報と連結されるようになる。その結果、物体や出来事や場面に関して、複数の感覚様式による複雑な表象を作り上げることになり、自分自身の行為がその中で重要な役割を果たすようになるのである。

このように、早いうちに、物体という単位をめぐって知覚が組織されることは、人間も含めて、サルや類人猿の仲間に一般的に共通のことであるらしい（ある程度は、他の哺乳類にも一般化できそうだ）。早くからパターンと固体性に焦点を当てること、徐々に複雑で新奇なものを好むようになること、物体の完全性を予測する効果、早いうちから感覚様式を超えて統合できること、物体の個別化をする原始的なシステムなどはみな、これまでに研究されたすべての霊長類に備わっているようだ。全体像と部分とに対する注意の重みづけや、見えない物体に関する出来事の推論など、物体認知に関する他の性質は、霊長類の種ごとに異なるようである。

それでも、これらすべての適応は、物体の表象を発達させる誘いである。物体を知覚の単位とすることは、しっかりとできあがってしまった適応なのではなく、比較的制限された発達のお膳立ての中で、徐々に発達によって獲得されていくものなのである。

第3章
実行的な知能——物体を用いて何かをする

人は普通、物体とは、何か特定の目的のために作られた人工物だと考える。鉛筆、カップ、靴、かなづち、机、椅子、本、石斧、とあげていけばきりがない。しかし、物体は人間の発明ではないのだ。世界には自然の物体があふれている。石、水、木々、砂、葉、果実、泥、枝、死体などなど。霊長類にとって典型的な環境は、形、体積、色、手触りなどが個別の実体に対応する三次元の配置である。霊長類は、これらの実体を環境の中での物体として認識する。しかし、物体とは視覚的な表示以上のものである。それらは、霊長類にとってもっとも便利な発明である手によって、触ったりつかんだりできる実体だ。本章では、霊長類がどのようにして手による操作能力を発達させ、それによって物体の世界に働きかけるようになるのか、そして、彼らがどれほどそれに対応して、世界の中で、操作できる部分としての物体に関する知識を獲得し蓄積するための表象の集合を進化させたのかを見ていこう。

動いている物体——ピアジェの観点

自然状態で霊長類を観察すると、自然の物体を手で操作することは、果物や昆虫を摘み取って口に持っていくといったような単純な食物採集の手続きから、マウンテンゴリラが、アザミの中で食べられる部分を取り出せるようにする、複雑な一連の操作（Byrne, 1995）まで、霊長類の生活の重要な要素であることがわかる。さらに驚くべきことには、チンパンジーが棒でシロアリを釣ったり、石でナッツを割ったりするときのように、他の物体を操作する道具として、物体を用意して使うことさえある。しかし、これらの行動は、霊長類の認知能力に関して何を教えてくれるのだろうか？　それは、単によくできた習性や、認知科学者が注意を向けるべき表象に支えられてなどいない本能にすぎないのか、それとも、何らかの知的な理解に基づく行動なのだろうか？

物の操作の発達を知能の発達として捕らえたもっとも優れた描写の一つは、ジャン・ピアジェによるものである。彼は、3匹の子どもの霊長類が生後2年間にどのように成長するかについての画期的な研究を行った。それは、彼自身の子どもたちであった（Piaget, 1936, 1937）。彼は、本能的な反射や、連合学習によって獲得された習慣などの単純な行動と、おとなが持っている象徴的で抽象的な思考のほかに、第三のタイプの知能があると考えた。それは、動きと物体に関する概念が中核をなす知能である。彼はそれを、感覚運動知能、または実行的知能と呼び、人間の赤ん坊でそれが現れてくる順序を示した、詳しい発達の表を作り上げた。それは、世界を、物体とその因果的連結、その空間的および時間的関係によって理解するシステムである。

実行的知能に関するピアジェの考えは、霊長類学者にとっては特別に興味深いものであることがわかった。なぜなら、それは、言語その他の明確な象徴理解の能力とは独立で、それゆえに、原則的に他の霊長類の研究にも応用できるような知能を表していたからだ（Parker, 1977; Parker and MacKinney, 1999）。

ピアジェは、「物体」という概念や、それに関連した「空間」や「因果関係」という概念は、思考や明確な心的表象というよりは、動きの表象（ピアジェの用語では「スキーマ」）とつねに結びついているという意味で、その起源は「感覚運動」または「実行的な」概念であると考えた。それらは、それらについて考えるというよりは、世界の中に存在する物によって生産され、世界の中で何かを行うために使われる。ピアジェの理論では、これは、子どもの発達過程でもっとあとになって現れる、人間の知性のより抽象的な側面を発達させる最初の基礎的な段階なのだ（Piajet, 1936）。

ピアジェは、知能は動作を通じて作られるのだと確信していたので、自分で物体を操作することのできない生後4、5ヵ月の間は、赤ん坊は世界について限られた理解しかできないと考えていた。固体で、まとまりがあって、独立していて、永続する、「そこにある」実体であり、彼らが経験するさまざまな感覚の源泉であるものとしての物体という概念を、赤ん坊は持っていないのだ。彼らは、生後2年ほどの間に徐々に、物体と自分の動作とのスキーマを作り上げ、それらを連結させていくことによって、物体という概念を獲得するのである。このスキーマとは、現在では、暗黙の表象と呼ばれているものに相当するのだろう。

ピアジェ以後に行われた研究によると、彼のこの結論は間違っているらしい。先に述べたような実験が示しているとおり、人間でもヒト以外の霊長類でも、その視覚系は、物体を運動の単位と見るよりも先に知覚の単位として捕らえるように、初めから作られているようだ（Fantz, 1965）。しかし、赤ん坊の知的な動作がどのように発達するかに関するピアジェの描写はきわめて正確であり、ヒト以外の霊長類の知能の発達を探る強力な道具となることがわかった。

ヒトの赤ん坊は物体の世界をどのように使い始めるのか

ピアジェは、感覚運動の発達を、赤ん坊の動作が徐々により複雑な実行的知能のシステムへと組織化されていくことに現れる、一連の段階として描写した。その段階は、表3-1に示したとおりである。発達の最初の段階では、新生児は、非常に限定された刺激によって自動的に引き起こされる反射運動のいくつかを持っているだけである。たとえば、赤ん坊の口に何かが入れば吸乳反射が引き起こされ、赤ん坊の手のひらに何かが触ると、手を閉じる反射が起こるなどである。もともと、赤ん坊の反射にはどんなものがあるのかを調べるために産科の医者たちによって開発されたテストを、サルや類人猿の新生児に行ってみたところ、彼らも、生まれたてのころにはよく似た生得的反射運動の数々を備えていることがわかった。違いは、人間には「歩行反射」があるが彼らにはないことや、彼らには強いしがみつき反射があるが、人間にはほとんどないことなど、わずかであった（Bard, 1992; Redshaw, 1989）。サルや類人猿の赤ん坊にとっては、母親の毛にしっかりとしがみつくことは非常に適応的である。母親は、地上数メートルの樹上を走

第一段階（1ヵ月）
世界に存在する物体との接触によって赤ん坊の反射が活性化される。吸乳、しがみつき（ヒト以外の霊長類）、手でつかむ、など

第二段階（2－4ヵ月）
反射から単純な獲得行動へ。たとえば、口で吸ったり、口でしゃぶったり、手でつかんだりするさまざまな異なるやり方。

第三段階（4－8ヵ月）
行動のスキーマが、より複雑なユニットへと統合される。手でつかんだ物を口に持っていく、見たものに手を伸ばしてつかむ、など。外界にある物体に対して新しい行動を起こすのは、おもに偶然によるが、赤ん坊はそれを繰り返すことができ、それを自分の行動レパートリーにとどめておくことができる（「第二次循環反応」と呼ばれるもの）。

第四段階（8－12ヵ月）
スキーマどうしが、手段と目的の連鎖に統合される。たとえば、他の物への道をふさいでいる物体をわきにどける。すでに知っているスキーマのうちの異なるものを試すことによって、新しい物体を探索する。

第五段階（12－18ヵ月）
他の物体を操作するための道具として物体を使う。新しい行動や、それらを異なる組み合わせで使うことにより、新しい物体を探索する。

第六段階（18－24ヵ月）
新しい形の道具使用や、その他の知的行動が、試行錯誤なしに生み出される。いまや、赤ん坊たちは、何らかの形のシンボル的思考が可能なようであり、彼らの頭の中でものごとを解き明かすことができる。

表3－1　ピアジェによる、感覚運動または実行的な知能の諸段階と、それらを特徴づけるいくつかの目印の例（Piaget, 1936, 1937）。

っているかもしれないのだから！

このような反射行動は、霊長類の新生児の生存にとって本質的に重要な機能を果たすという意味では、「賢い」行動なのだろうが、赤ん坊はそれを何も制御してはいないので、もちろん、真の意味で知的な行動ではない。それは、彼らに自動的に起こる反応であり、（手や目を持っていることと同様）形態的な適応の延長である。それでもピアジェは、このような自動的な反応は、赤ん坊がそこから新しい行動のスキーマを作っていく土台となるのだと考えた。たとえば、吸乳反射から、赤ん坊は最終的にさまざまな形の吸入行動を発達させる。一つは、母親の乳首から乳を吸いだすことによりよく適応したものであり、そのほかには、おしゃぶりや自分の指を吸うのに適したものもあれば、物の感触を探索するのに適したものもある。反射は彼らに行動を起こさせ、自分自身の行動の結果に関する最初の感覚運動表象を蓄積させることにより、新生児の認知機構を始動させるのである。これは「実行的な表象」である。つまり、ある刺激に対してどう行動し、そのあとには何が予測されるかを、神経に記録することである。それはきわめて限られており、実用的なものでしかないのだが、こうして最初に獲得された行動が、知能に向かう最初の一歩を構成しているのである。

ピアジェ（1936）によれば、生後2ヵ月から4ヵ月の間に、赤ん坊は、彼らの最初の反射から分化させたいくつもの異なる単純な行動スキーマを作り上げていく（表3-1の第二段階）。そこで、重要なことが起こる。さまざまな感覚運動スキーマは、それぞれが独立した行動の集合にとどまることをやめ、より長くて洗練された行動の連鎖へと、連結されていくのだ。たとえば、赤ん坊は、たまたま自分が手でつかんだものを口に持っていったり、見たものを手でつかんだり、自分が手でつかんだものを見たりするようになる（第三段階）。

これは、知的な行動の発達において決定的に重要な過程である。赤ん坊は、手でものをつかむ、打つ、はいはいする、登るといった新しい行動を獲得するばかりでなく、単純な行動を意味のあるやり方で連結し、より洗練された行動シークエンスを作り出す能力を発達させているのだ。このような連結は、初めはたいしたものではないが（物を見る、手でつかむ、口に持っていく）、すぐに（生後8ヵ月から12ヵ月の間、第四段階）もっと複雑になり、本物の知能の感じがするようになる。赤ん坊たちは、うまく適応した新しいやり方で異なる行動を連結することができるようになる。たとえば、彼らは、自分が見たものに手を伸ばして触ろうとするが、それが遠すぎた場合には、手を伸ばす動作をやめ、そこまではいはいしていき、止まり、再び手を伸ばすのである。また、もしも何かを取ろうとし、その途中に障害物があると、まず障害物をわきに押しやってから目的のものに手を伸ばす。これは、真の意味での知能の先駆けだ。赤ん坊は、自分がやろうとしていたことを中断し、自分のやりたいことを成し遂げるために自分をよりよい位置に置く、別の行動をとることができるようになったのだ。赤ん坊は、試行錯誤によるのではなくて、知能的に、単純な問題を解いたのである。ここには、目的を心にとめておきながら、その目的を達成するために、途中の行動を実行するという生得的な能力が見て取れる。

生後1年半ぐらいの次の段階になると（第五、第六段階）、赤ん坊は、ものを道具として使って、他のものに働きかけることができるようになる。たとえば、おもちゃの熊手を使って、ベビーサークルの外にあるボールを取ることができる。道具使用は、実行的知能の真骨頂であり、そのより重要な「兆候」の一つである。なぜなら、そのためには、物体の世界を洗練された方法で理解することが必要らしいからだ。

ピアジェの見解は、赤ん坊は、ばらばらなスキーマの寄せ集めとして、単に新しい行動を獲得して蓄積するのではない、ということだ。そうではなくて、それらは、次のような暗黙の論理的原理に基づいて組織された複雑なスキーマのネットワークの一部として、神経に表象されるのである。その暗黙の論理的原理とは、物体から構成される外界がそこにあり、それは、異なる感覚様式によって感知できる。物体は、触ったり、動かしたりすることができる（しかし、それは自分が力を加えたときのみである。そうでなければ、誰か、または何か別のものが力を加えねばならない）。物体に力を加えるには、普通は、まずその物体に触らなくてはならない。物体は、その全貌がつねに見えていなくても、連続体として存在する、などというものだ。しかし、これは、感覚運動的、または実行的な理解に関するものであり、今ここでしたように言語化された原理ではない。これらの原理は、赤ん坊が何を知っているかを記述する原理であるが、少なくともこれまでの研究によれば、彼らがそれを知っているわけではない。

それでも、暗黙の表象を連結したこのシステムは、環境のチャレンジに反応して新しい行動を生み出すことのできる性質を備えている。実行的知能は問題解決の装置であり、それゆえに、すばやく適応を生み出す強力な源泉である。進化的視点から言えば、ピアジェが記述した知能の実行的システムは、霊長類が彼らの環境にある物体を操作するために進化させた解剖学的適応と同列の、認知的適応なのだ。

物体の永続性

ピアジェの発見の中でもっとも有名で重要なものの一つ（1937）は、物体を取り戻すという、一見非常に単純な能力の発達が、予測に反して複雑なシークエンスからなるということである。ピアジェがこの能力について深く研究した理由は、これが、赤ん坊が物体の本質的な性質をどう理解するかの鍵だと考えたからだ。つまり、私たち自身の知覚や行動にかかわりなく、物体はそこに存在するということだ。物体が目の前から消えたとき、それをどうやって取り戻すかを学習するには、赤ん坊は、驚くほど多くのステップを踏むのである。

ピアジェによれば、生後4ヵ月までの赤ん坊は、動く物体を追う能力に磨きをかけているだけである。それは、ずっと見つめていなければ消えてしまう目標を、文字通りに追い続けることである。しかし、その物体を見失ってしまったら、彼らはそれを復活させることができないらしい。赤ん坊は、物体が消えてしまい、どうしても再発見することはできないかのように行動する。

生後4ヵ月から8ヵ月の赤ん坊は、物体を手で操作できることを学習する。彼らは目で見たものを何でもつかもうとし（最初は、自分の手も同時に見ることができるときに限るが、のちには、自分の手が見えなくてもつかもうとする）、物を叩いたり振ったりして音を出そうとし（ガラガラなど）、音が聞こえた場合には、その音源は何であるかを見ようとするかのように、音のした方向を向く。赤ん坊は、いまや、物体が外界に存在し、異なる方法によってそれに接触することができることを理解したかのようだ。このように、特定の物体を、異なる感覚や行動を統合して、それらに共通して不変のものであることを認識することは、物体についての実行的概念の構成には決定的に重要である。

しかしながら、赤ん坊がまさに目の前にある物体をつかもうとしたときに、誰かがその物体を布で覆ってしまうと、彼らはつかもうとするのをやめて不可思議な顔つきをする。まるでその物体が空中に忽然と消えてしまったかのように。これがまさに、生後4ヵ月から8ヵ月の赤ん坊が経験しているとピアジェが考えたことだ。彼らの実行的知識によれば、物体と知覚的な接触（視覚、音、触覚）が続いている限り、その物体を取ることができるのだが、この感覚的持続性が失われれば、たとえ目の前でその物体にゆっくりと布がかけられるのを見ていた場合でさえ、彼らは、あたかも物体がなくなってしまったか、どこにあるのかまったく見当がつかないかのように振る舞うのである。

生後8ヵ月から12ヵ月になると、目的志向的な行動の連結ができるようになるのとあいまって、赤ん坊は、物が布の下に隠されるテストに対して、別の反応を見せるようになる。彼らは、布を引っ張って横に取り除き、物体を取り戻すのだ。この実験を繰り返すと、赤ん坊は、何回でも必要なだけ物体を取り戻す（飽きない限り！）。赤ん坊は、第一に、物体の感覚が中断しても物体は存在し続けることがわかり、第二に、物体が布の下にあることがわかるようだ。このことは、物体の永続性についての概念を非の打ち所なく示しているように見えるが、実は、まだそこまではいっていない。何回か物体を同じ覆いの下に隠してから、今度は、隠す場所を変え、隠す布も変えてみよう。これは、赤ん坊がじっと見ている前で行う。驚いたことには、赤ん坊は以前の布のほうを向き、それを取り上げてみて、まるで物体はそこにあると思っていたという顔をするのだ！　これは単なる偶然の結果ではない。この年齢の赤ん坊は、世界中どこでもこの誤りを犯し、自分が以前に物体を見つけた場所を探すのであって、最後に隠されるのを見た場所を探すのではない。これは、どこでも典型的に見られることなので、「第四段階の典型的誤り」（これが起こるピアジェの段階）、または、A‐Bの誤りと呼ばれている。AとBは、それぞれの2つの場所をさす（Bremner, 2001）。

このことは、空間がどのように組織されており、その中に物体はどのように存在するのかについて、まだまだ赤ん坊が学ばねばならないことがあることを明らかにしている。彼らの典型的な誤りは、一方で、よい誤りとも言えるものだ。彼らは、物体がどこにあったかを確かに覚えていられるのであり、物体は、別の物体の下または後ろにあると予期しているのである。他方、この拡張された知識が彼らを誤らせる。彼らは、それを新しい情報と統合できないために、この知識をうまく扱えないのだ。この場合、彼らは、消えてしまった物体のありかに関する手がかりを更新することができない。どういうわけか、古い手がかりのほうが勝ってしまい、間違った場所を探すことになる。このことは、感覚運動の知識が実行的であり、行動と結びついた性質を持っていることを表しているのだとピアジェは考えた。物体がどこにあるかの視覚情報は、以前にそれをどうやって取り戻したかに関する、行動を伴う実行的な知識に追いやられてしまったのだ。つまり、情報を適応的に連結することができていないのである。

生後12ヵ月から18ヵ月になると、赤ん坊はこの限界を乗り越えるようで、A‐Bの誤りを犯さなくなる。場所が変わっても、彼らはもうだまされない。彼らはつねに、物体が最後に消えるのを見た場所を探そうとする。彼らは、感覚運動の知識を苦もなく更新し、永続はしているがつねに見えているとは限らない物体の世界をわたっていく。しかし、ピアジェは、赤ん坊の物体の理解には、それでもまだ決定的に重要な一つの要素が欠けていることを発見した。赤ん坊の見ている前で布の下に物体を隠すかわりに、実験者が手で物体を隠し、その手の上に布をかけ、物体はそこに残したまま手を布の下から出すと、赤ん坊は、実験者の手を調べてみて、そこに物体がないのを見て困惑するのである。赤ん坊は、決して布の下を見ようとしないのだ。赤ん坊は、物体がまだ布の下にあるはずだということを推論したり、想像したりすることはできないらしい。この成長段階では、赤ん坊は、自分が全体的または部分的に知覚できる出来事のみしか理解できないのである。出来事が、彼らにはまったく見えない場所で起こると、わからなくなってしまうらしいのである。ピアジェによれば、彼らの知能はまだ、直接的な知覚に依存した感覚運動表象に結びついているのである。彼らはまだ、独立した象徴的表象を使うことはできないのだ。

生後18ヵ月から24ヵ月になると、赤ん坊は、見えない置き換えテストで何が起こっているのか、わかるようになり始める。赤ん坊は、物体は布の下にあるはずだということがわかる。子どもたちは、象徴的表象を使い始めたのであり、自分たちが知覚していないところで起こったこともわかるようになる。この驚くべき発達のシークエンスは、物体の世界に関する赤ん坊の実際的理解が、だんだんに複雑になっていくことを直接に反映しているのだとピアジェは考えた。

ゴリラの赤ん坊、サルの赤ん坊、そして物体の永続性

霊長類学者たちが、ピアジェの研究が自分たちの研究に対して持つ可能性に気づいたのは、およそ40年

後であった（Jolly, 1972; Parker, 1977）。彼らが、人間の赤ん坊と他の霊長類の赤ん坊とを比較したときに発見したのは、一般的な感覚運動の発達パターンは本質的に同じであることだった。それはあたかも、ピアジェが、人間ばかりでなく霊長類一般の実行的知能の個体発生を記述したかのようであった。

ヒト以外の霊長類について、ピアジェの観点から研究したもっとも初期の研究の一つは、マーガレット・レッドショー（Redshaw, 1978）のもので、ピアジェの考えをもとにした標準発達テストをゴリラの赤ん坊に用いた研究である。彼女は、ゴリラも、物体が視界から消えたときにそれを取り戻す能力など、物体を使って何かをする能力の発達は、人間のそれときわめてよく似た道筋をたどることを発見した。物体の永続性に関するピアジェのテストを行うと、ゴリラの赤ん坊は、人間の赤ん坊とまったく同じ順番で同じ段階を踏んだのだが、彼らの発達速度のほうがいくらか速かった。たとえば、ゴリラの赤ん坊は、生後5ヵ月で布の下に隠された物体を取り戻せるようになったが、レッドショー自身が対照群として調べた人間の赤ん坊では、それは生後8ヵ月であった。ゴリラが、典型的なA - Bの誤りを犯さなくなるのは生後8ヵ月であったが、人間ではそれは生後10ヵ月であった。ゴリラが、非常に単純な、見えないところでの置換えテストを最初に理解したのは、生後9ヵ月であったが、人間では生後10ヵ月であった。*

他のサル類や類人猿で行われた同様な研究で（チンパンジー、オランウータン、キャプチン・モンキー、

*レッドショーが報告している人間の赤ん坊での年齢は、ピアジェのものよりも早い。感覚運動的知能の重要なもののいくつかは、確かにピアジェが報告したよりも、平均して少し早く発達するようだが、彼自身の3人の子どもでも、発達の速度には非常に大きな個体差が見られた。

アカゲザルなど。Tomasello and Call, 1997; Dore and Dumas, 1987; Parker and McKinney, 1999 などを参照のこと)、すべての霊長類において、物体操作の発達のシークエンスは同じであることが確認された。どの種でも、最初は、物体がすっかり隠されてしまったときには探すことができず、このテストに合格するようになったときには、隠す場所が変わると以前の場所を探し続けるという、典型的なA - Bの誤りをみんなが犯した。そして、これにも合格するようになったころには、見えないところでの置き換えはまだわからなかった。違いは、これらの段階を通り過ぎる速さにあった。チンパンジーとオランウータンは、ゴリラと同様、平均的な人間の赤ん坊よりも少しばかり早く、各段階を通過した。それとは対照的に、サル類は、人間よりも類人猿よりも確実に早かった。彼らが、隠された物体を最初に取り戻せるようになるのは、生後1、2ヵ月であったが、チンパンジーとゴリラではそれは生後7ヵ月ほどであり、人間では生後8、9ヵ月である。ネコとイヌは、なんと生後2週間でこれができた! それゆえ、サル類は、先に知覚の発達で述べたと同じ、「4倍速」を示したのである。

これまでに研究されたすべての類人猿とサル類は、少なくとも、物体操作の第五段階までは到達する。チンパンジーとオランウータンは、ゴリラと同様、見えないところでの置き換えも理解でき、人間の赤ん坊で記述されているすべてのシークエンスをクリアしている。しかし、これまでに研究されたサル類は、見えないところでの置き換えに関する体系的な理解は示しておらず*、物体操作に関する彼らの理解は、類

*物体の永続性に関する厳密なテストに合格したのは、これまでのところ、1匹のキャプチン・モンキーだけである (Schino et al. 1990)。この研究結果が最終的なものだとは考えていない研究者もいる (Doré and Goulet, 1998)。

人猿や人間よりは低い複雑さのレベルにとどまっているようだ。

改変した形の物体操作のタスクを使って、霊長類以外の動物（たいていはイヌとネコ）を調べてみると（物体を手でつかむ必要はなく、嗅覚による手がかりはないように工夫したテスト）、彼らの発達もサル類と同様であるが、一つだけ、非常に重要かもしれない違いがあることがわかった。* 物体操作の第四段階に達したネコとイヌ（完全に隠された物体を探す）は、この段階に特有の性質である典型的なA - Bの誤りを犯さなかったのだ（Dore and Goulet, 1998）。これは、あたかも彼らが、第四段階と第五段階に同時に到達するかのようである！

霊長類の標準パターンと比べたときの、この発達の変則例は、イヌとネコの行動の基礎にある表象は、霊長類のそれとは異なるのではないかと疑わせる。物体を視覚的に置き換えることに関して注意深いテストを行ったところ、イヌとネコは、空間上での物体の相対的な位置に注意を向けており、物体を隠している容器やスクリーンを同定しているのではないことがわかった。つまり、物体が隠されたあとで容器をわきに動かし、物体と容器とが以前に占めていた空間を、いまや空の容器が占めるようにすると、イヌとネコは、その空の容器の中に物体を探そうとするのである（Dore and Goulet, 1998）。このことは、イヌとネコは、2つの物体の間の収蔵関係（「物体は緑色のカップの中にある」）を理解しているというよりは、空間的な位置関係（「物体はそこにある」）だけを表象していることを示しているのだろう。隠された物体を見つけることは、自然界に適応していくために非常に重要な機能であるので（食物を探

*この点についても議論がある。イヌでも、見えないところでの置き換えが理解できると主張する研究者もいるが、その実験手続きが厳密ではないと疑う研究者もいる（Dore and Goulet, 1998）。

す、獲物を追跡する、同種他個体を追跡するなど)、進化の過程で、異なるタイプの神経系がみなその機能を果たすようにはなったのだが、神経系が異なれば、それぞれ異なる性質を持っているのかもしれない。実際、エチエンヌ(Etienne, 1976)は、昆虫が持つ、物体の永続性に関するアルゴリズムを描写している。彼らは、餌であるらしいものが消えた方向に、じっとして数秒間たたずむのである(そうすれば、餌かもしれないものをもう一度見つける可能性は最大化されるだろう)。数秒がたっても「そのもの」が現れなければ、空間を再定位するプログラムが起動され、見失った目標のことはもう忘れたかのように振り向いて新しい獲物を見つけにかかる。それとは対照的に、ニワトリは、消えてしまった食物に対処するには、試行錯誤の連合学習に頼っているようだ(Etienne, 1976)。

霊長類は、物体の表象に対するいくつかの異なるサブシステムを統合することにより、物体配置に関して、もっと複雑な表象システムを進化させたようだ(第2章で紹介した、ケアリーとシュー(2001)の議論を思い出そう)。典型的なA-Bの位置の誤りは、こういったより複雑な物体表象のシステムを発達させるときに避けることのできない一段階なのだ。ということは、物体の永続性に関する課題は、霊長類に固有な認知の性質、つまり、霊長類に固有のやり方で物体に対処する能力の集合に迫るものなのかもしれない。* 物体に対する霊長類的見方の最たるものは、見えないところで物体の位置が変わったことを理解で

*鳥の中には、物体の永続性に関して複雑な概念を示すものがあるようだ(Pepperberg, 1999)。これは、霊長類と同じような表象によるのかもしれないし、そうではないかもしれない。鳥の脳は霊長類の脳とはかなり異なるので、鳥が持っている物体の永続性に関する表象(または、さらにおもしろいことに、それらの表象の作られ方)は、おそらく、霊長類のそれとは異なるのだろう。

きることだろう。これは、ピアジェが、感覚運動発達の最後の段階で出てくると発見したものであり、彼の見解では、明示的なシンボル的表象を理解する何らかの能力と関連があるものである。

見えない物体

これまでに得られた証拠によると、先に述べたような物体理解の最高峰が十分に発達するのは、類人猿と人間の系統だけであるようだ。見えない物体が取り替えられたことをサル類が理解するのかどうかについては、まだ議論が続いている。

フィリオンとその同僚たち（Filion et al., 1996）は、サル類と人間で、見えない物体が置き換えられたことが理解できるのかどうかを再評価する、一連の創意に富んだ課題を考案した。被験者は、動いている目標物をカーソルでさえぎるようなコンピュータ・ゲームをするように訓練される。サル類も人間も、これは難なくできるようになる。見えない物体の置き換えのテストでは、まず、モニターの一部が不透明な壁になり、動いている目標物の軌跡の一部は、その後ろに隠れてしまうことがある。サルたちは、最初の試行から、目標物が不透明な壁（その中にはカーソルを動かすことはできない）を通り越した先に現れるだろう地点にカーソルを持っていくことができた。このことは、彼らが、見えなくなった目標物を、どうにかして計算するか、外挿するかできることを示している。

このゲームの「レーザー・ガン」版（人間の被験者には、こういう名前で説明された）では、モニター・スクリーンの一部が不透明のボール紙で覆われており、被験者が打ったミサイルが、見えない目標物に当たることもある。(サルでも人間でも)被験者は、目標物が見えないときにも打とうとするだろうか、それとも、見えているときだけ打とうとするだろうか？　サルも人間も両方とも、目標物がボール紙の後ろに入り込んで見えなくなったときにも打とうとしたのだ。著者たちは、サルも人間も両方とも、見えなくても物体が置き換えられることを表象しているのであり、それが学習されたスキルではなく、自然に備わった能力であるかのように、最初の試行からそうしていたと結論した。

この結果は、アカゲザルが、標準的なピアジェのテストにおいて、見えないところで物体が置き換えられたのが理解できないということと矛盾するのだろうか？　それぞれの問題を注意深く調べてみると、これらは、見えない物の置き換えといってもかなり異なる種類の問題であることがわかる。標準的なピアジェのテストは2つのやり方で行われる。一つは、実験者が小さな物体を手で隠し、その上に布をかけ、その物体はそこに残したまま、手を動かして布の下から出す。布の下での物体の動きは、初めからまったく見えないので、物体の軌跡を正確に追う表象を持っていたとしても、この問題を解く助けにはならない。この問題を解くために被験者がやらねばならないのは、物体の見えない軌跡ではなく、物体の見えない位置の変化を理解することである。

ピアジェのテストの二番目の手続きは、さらに興味深い。布の下に小さな箱が隠されている。実験者は、被験者が見ている前で物体を取って布の下に入れ、それを布の下にある見えない箱の中に隠す。被験者が布を取り去り、物体を見つけようとすると、そこには箱しかないのだ。被験者は、物体の軌跡や、それがそこへ運ばれた様子とは独立に、物体は箱の中にあるはずだとわからなければならないのだ。

ピアジェの見えない置き換え問題で重要なのは、与えられた見えない軌跡を表象する能力ではなく、現在手に入る証拠をもとに、過去に起こった見えない出来事（目的の物体が置かれたはずの場所）を推論する能力であり、それに応じて自分の探索戦術を再構成する能力なのである。それとは対照的にフィリオンとその同僚たちが行った物体を追跡する問題は、現在進行中の追跡を続けるだけであり、半分隠された物体を表象する問題のほうに似ている（これは、手だけで探る場合でも、生後5、6ヵ月の子どもができる問題だ）。これは、直接の手がかりがまったくないところで、完全に隠された物体の表象を活性化させ、その位置を推論することとは、認知的に大きく異なる問題である。フィリオンらの研究の意味は、ピアジェの問題を「見えない置き換え」と呼ぶのが、誤解を招く名称であることに注意を喚起したことにある。この問題の本質は、物体の見えない動きそのものなのではなく、物体が置かれる出来事自体が見えないために、それを推論で表象しなければならないところにあるのだ。

実際、ドレとグーレ（Doré and Goulet, 1998）は、このような置き換え問題で決定的に重要なのは、スクリーンの後ろにある物体の位置を明確に表象する能力なのではないかと示唆している。つまり、より単純な、目に見える物体の置き換え問題を徐々にクリアしてきた生物は（物体の永続性の第五段階）、隠された物体を、手続き的な表象によって取り戻しているのかもしれない（「物体はこのスクリーンの後ろに現れるだろう」）。つまり、その物体の位置に関する情報は、独立な一つの情報として自由に用いられているのではなく、探索手続きの中にあいまいに埋め込まれているのかもしれない。物体の永続性に関する第五段階から第六段階への道は、それゆえ、物体や出来事をもっとはっきりと表象する能力の出現を示しているのかもしれない。ピアジェの理論では、これは、感覚運動知能の最終的な開花であるのだが、少なくとも人間の子どもでは、それと同時に、物体の世界を表象する新しい発達径路の始まりであるのだ。人間以外の霊長類が、感覚運動のレベルをこえて、どこまでピアジェの知能のより高い段階に到達できるのかは、あとの章で述べることにしよう。今のところは、霊長類は、物体がどこにあるのかを表象する特別な方法を持っており、霊長類の中でも類人猿は、直接的な知覚と現在進行中の活動にそれほど依拠しない、より明確で可塑性のある物体の位置の表象を使っているらしい、と言うにとどめておこう。

何はともあれ、霊長類は、物体たちの見えない生活についても、何らかの理解があるようだ。たとえば、アカゲザルは、スクリーンの後ろに物体が一つ一つ運び込まれると、そこに物体が蓄積されていくことが理解できる。彼らは、いくつかの物が置き換えられていくのを見て、見えない物の集合の表象を作ることができるのだ。そして、そのような表象を、探索行動の指標にすることができる（前章を参照）。サウスゲイトとゴメス（Southgate and Gómez, 2003）は、アカゲザルが、ある場合には、見えないものの置き換えを理解することができることを示す暫定的な証拠を発見した。実験の一つでは、カップを別のカップの上に傾け、最初のカップの中身が二番目のカップに入るようにした。アカゲザルの何匹かは、中身が下のカップに入っていくのは見えなかったにもかかわらず、正しく第二のカップの中を探した。しかし、これは伝統的なピアジェの問題とは異なり、目標の位置を示す直接の手がかりがここにはある。カップを傾けることと、その結果生じる力学的な力の発動、つまり重力だが、サルたちは重力にはことさら敏感であるようだ。実際、サルたちは（そして人間の子どもも）、重力にあまりにも敏感なので、他の物理変数を無視して重力の影響を過大評価するのである。

たとえば、ハウザー（2001）は、アカゲザルたちが持っている重力バイアスは、物体の固体性の理解よりも強いらしいことを発見した。サルたちに小さな机を見せる。そして、机の前にスクリーンを置く。そこで食物を上から落とし、サルたちには、それがスクリーンの後ろに落ちていくのが見えるようにする。そこでスクリーンをどかし、サルたちに食物を探させる。すると、論理的には、食物は落ちて机の上にあるはずなのだが、ほとんどのサルは、まずは机の下の床を探したのだ。興味深いことに、同じような設定で、食物を水平面にそって横に転がしたときには、サルたちは、硬い障壁の先までを探すことは決してしなかった。このことは、彼らの誤解は、物が重力によって落ちる場合にのみ生じることを示している。

このような重力バイアスは、おとなのタマリン、アカゲザル、人間の子どもたちにもあることが、他の実験を通じて知られている（Hood et al, 1999; Southgate and Gómez, 2003）。人間の子どもでは、この重力バイアスは発達の比較的遅い段階まで続くが、3、4歳ごろまでにはなくなるようだ（Hood, 1995）。それに対してサルでは、一生これが続くようである。ということは、ヒト以外の霊長類の心では、重力バイアスはずっと存在する性質なのだろうか？（少なくともサル類の心において。まだ、この手のテストで類人猿がどのように行動するのかは知られていない。）

全体として、これまでに述べた証拠に基づけば、物体の永続性に関する課題は、霊長類の心の中で、複雑な表象がどのように発達していくかを正確に示すものと考えてよいように思われるかもしれない。しかし、学者たちの意見は一致しないのだ。

行為の前に知る――ピアジェ後の物体の研究

ピアジェが、行為と知識とを結びつけたのは（たとえば、物体をうまく取り戻せることは、物体に対するより正確な知識ができたことを反映していると仮定したこと）間違いだったのではないかというのは、最近数十年の発達心理学における中心的課題であった（Bremner, 2001）。ごく小さな赤ん坊に、物体に何が起こるかを見ているだけという、純粋に知覚的なテストをしてみると、彼らは自分の手でしてみせられるよりも多く物体の永続性について知っているようだ。たとえば、物体をスクリーンで覆っても、それはそこに存在し続けることを理解するという、物体の永続性についての中心課題は、ピアジェの実験の変形を使うと、生後4、5ヵ月（それよりも早いかもしれない）の赤ん坊でもできることがわかった。隠された物体を手で取り戻す能力を測るのではなく、物体を隠していたスクリーンを誰かが持ち上げ、そこに物体が現れなかった場合（こっそり持ち去られたのである）の彼らの反応を測定するのである。もしも、生後4、5ヵ月の赤ん坊が本当に隠された物体を表象することができないのならば、彼らは決して驚かないだろう。しかし、スクリーンの後ろに隠された物体が出てこなかったり、さらに複雑な場合として、隠された物体があるべきところに、他の物体が自由に現れたりすると、つねに彼らはそちらを長く注視する（驚く）のである（Baillargeon et al., 1986; Bremner, 2001）。彼らは、まだそれらを自分で取り戻すことはできなくても、隠された物体がそこに存在し続けることは知っているようなのだ。

サルや類人猿の幼い子どもでも、物体の永続性に関する知覚と行動との間に、同じようなギャップがあるのかどうかは、まだわからない。しかし、おとなのアカゲザルでは、重力に関係した物体の取り戻しのテストにおいて、このような、見ることと探すことの間の乖離があることは知られている（Santos and Hauser, 2002）。これはおとなのサルなので、彼らの知覚と行動との間にギャップがあるのは、発達途上の中間段階ではなく、彼らの知覚の性質そのものなのだろう。たとえそうであっても、このことは、知覚と行動の間の乖離が人間に固有のものではなく、進化的な枠組みの中で理解されるべき認知現象だということを示唆している（Hauser, in press）。人間の赤ん坊を対象にした発達の研究は、彼らの物体の知覚が、ピアジェが考えたよりも行動とは独立しており、もっとずっと早くから現れることを強く示唆している。一つの可能性は、この知識が生得的であることだ。人間を初めとする霊長類は、進化によって、物体を手で操作する解剖学的な適応を補うために、物体の永続性のような一連の心的道具と表象とを備えるようになったのかもしれない。感覚運動の発達は、これらの潜在的な表象を活性化し、展開することで、それに固有の内容を与えるのであって（各自が環境の中で出会う物体が何であるか）、基礎的な認知概念そのものを作り上げるのではないのだろう。

しかし、もしもそうであるならば、幼児たちはなぜ、生後8、9ヵ月になるまで、物体の永続性に関する知識を使うことができず（人間の場合）、そのときでさえ、物体がどこにあるのかわかっていないかのように振る舞い、A‐Bの間違いのような重大な誤りを犯すのだろう？　一番単純な答えは、彼らは、自分たちが知っていることを実行に移すに必要な運動スキルをまだ持っていないから、ということだろう。彼らは、物体がどこにあるかは知っているのだが、どうすればそれを取り戻せるのかがわからないのだ。

運動が未成熟という仮説の利点は、なぜサル類が、類人猿や人間よりも早く物体の永続性の理解を示すのかを説明できることだ。彼らの運動発達は速いので、彼らが生得的に持っている知識を、より早く生かすことができるのだろう。残念なことに、物体の永続性に関する知覚上のテストは、まだサル類や類人猿に対しては行われていないので、彼ら自身の発達の時間枠の中で、彼らも、見ることと行動することとの間に同じようなギャップを見せるのかどうかはわかっていない。

しかしながら、小さな赤ん坊が隠れた物体を取り戻すことができないのは、単に運動機能が未熟だからではないらしい。生後6、7ヵ月の赤ん坊は、おもちゃの上に透明なカップをかぶせると、おもちゃを取るためにカップを持ち上げる。しかし、同じ形だが不透明なカップをおもちゃにかぶせると、透明なカップに対してはあれほど容易に見せた取り戻し行動を行わないのである（Bower, 1974）。このことは、赤ん坊の運動能力に問題があるのではないことを示している。

もっと興味深い仮説は、赤ん坊が発達させねばならない能力は、行動プランを洗練させ、それを実行するための能力だというものだ。生後7ヵ月の赤ん坊は、おもちゃが特定のカップの下にあるという知識を、おもちゃを取るためにカップを持ち上げるという能力と結びつけることができないのだ。実際、おもちゃが不透明なカップで隠された場合には、その2つを結びつけ、行動プランを実行する間、おもちゃがどこにあるかを覚えていなければならない。それは、まだ芽生えたばかりの行動プラン能力にとっては、難しすぎることなのかもしれない。おもちゃが透明なカップの下に見えるときには、おもちゃの位置は目で見ることができるので、覚えておく必要はない。そこで、それを取り戻すための適切なプランを考える余力が脳に残っているのだろう。

そこで、生後7ヵ月の赤ん坊の「作業記憶」は、少なくとも、決定的な情報である物体の位置を心的表象として扱わねばならないときには、すべての情報を扱えるほどに十分ではないのだと言えるだろう。

人間の赤ん坊、アカゲザルの赤ん坊、そして物体の取り戻し

アデル・ダイアモンド（Diamond, 1990a, 1991）は、人間の赤ん坊とアカゲザルの赤ん坊の両方において、A‐Bテストの成績は、物体を隠したときから探索を開始するまでの時間によって変化することを発見した。物体が隠されてすぐに探索を許されたときには（それとも、探索を始める前に、物体を隠しているスクリーンをずっと見ていた場合）、赤ん坊たちは、正しい探索をする確率がずっと高かった。そして、いったん、たとえば4秒の遅延ののちに正しく見つけることができるようになったあとでも、遅延を6秒にすれば、また間違いを犯させることができた。赤ん坊がどれほどの遅延に耐えられるかは、人間でもアカゲザルでも成長とともに伸びていったが、サルでは彼らの速い時間スケールに沿って起こった。アカゲザルでは、彼らが耐えることのできる遅延は1日ごとに増していったが、人間の赤ん坊では1週間ごとに増した。新しい位置の表象を「心にとめておく」基本的な能力は、種ごとに異なる速度で成熟していくのかもしれない。

それでも、A‐Bの誤りは、短期記憶が弱いということだけではすまされない。遅延が長くなるほど、赤ん坊は物体の位置を忘れやすくなるのであれば、彼らはランダムに探索するはずだ。しかし、A‐Bの誤りの本質は、赤ん坊たちがつねに、以前に物体が見られた場所を探すというところにあるのだ。これは、

短期記憶は悪いのに長期記憶はよいという、矛盾した組み合わせだ！＊

ダイアモンド（1990a, 1991）は、もう一つの重要な認知要因が働いているのではないかと考えた。それは、潜在的により強い、またはより支配的な反応を抑制することができない、ということだ。A - Bテストでは、Aという場所を見ることは、そこで欲しい物を発見することで強化されたばかりであるので、赤ん坊の心の中では、ことさら印象的になっているはずだ。重大な遅延ののちにテストされると、赤ん坊は物体の新しい位置を覚えておくことができず、また、大事なのは、以前にAという場所を探してうまくいった行動を反復することを抑制できないのだ。さらに、ダイアモンドは、Aの場所を探した少なくとも何人かの赤ん坊では、本当は物体がBにあることは知っているのだが、Aの方向を見るという支配的な行動をやめることができないだけなのだと示唆している。実際、彼女は、何人かの赤ん坊で、Bの方向をはっきりと見ているにもかかわらず、手はAの方向に動いてしまったのを観察したのだ！　赤ん坊たちは、この時期、知識と行動との移行的な葛藤を経験しているのかもしれない。行動は、ピアジェが考えたような知識の源泉なのではなく、実際には知識を干渉しているのである。

そこからダイアモンドは、A - Bの誤りは、物体に関する知識の発達を反映しているのではなく、潜在的に強いが不適切な反応を抑制する能力の発達を反映しているのだと示唆している。

＊遅延が長い場合にランダムな探索が起こることはある。

抑制の技術としての発達――箱の問題

ダイアモンド（1990b）はさらに、ピアジェによるもう一つの発見（1937）に着想を得た、より単純な課題を用いて、霊長類の発達において抑制が非常に重要であることを研究した。生後4、5ヵ月たった赤ん坊は、目に見える物体に対して手を伸ばすのには何の困難もない。しかし、ときどき、赤ん坊が興味を持っている物体を、何か別の物体の上に置くと、てっぺんにある物体が突然消えてしまったかのように振舞うことがある。目的の物体は依然として目の前に見えているにもかかわらず、彼らは、その下の物体に手を伸ばしたり、まったく手を伸ばさなかったりするのだ。ピアジェの解釈は、このころの赤ん坊の物体概念はまだまだ脆弱だ、ということだ。赤ん坊は、この2つの物体が空間で一つに交じり合うことなく連続しているのだということがわからないのだ。* しかし、ダイアモンドの解釈は違う。赤ん坊は、目的の物体が他の物体の上にあることは十分承知しているのだが、たまたま他の物体に触れてしまうことなく、確実に目的の物体をつかむことはできないのだ。そして、そのとき赤ん坊は、間違った物体をつかんでしまう反射的な行動を抑制することができないか、期待していたのではないものに触っても、手を引っ込めることができないのである。ここでも、赤ん坊の物体表象に認知的欠陥があるのではなく、問題なのは、運動の協応と抑制的な運動制御なのだ。

＊この説明の証拠はある程度、前の章で論じたケアリーとシュー（2001）の実験で見出されている。

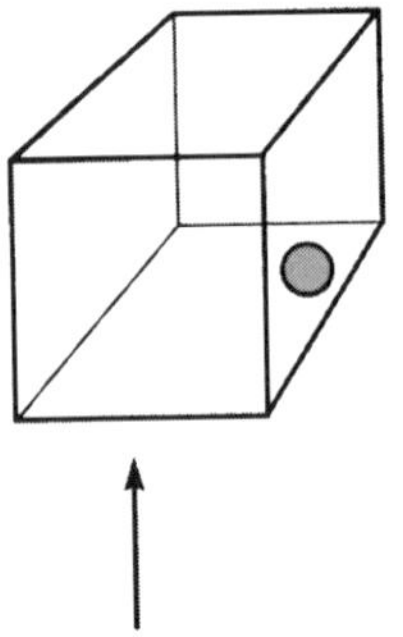

図3－1　透明な箱の問題（Diamond, 1990）。赤ん坊は、箱の中から物体を取り戻さねばならない。箱の一つの側面だけが開いている。赤ん坊の位置は、開口部の正面であることも、その側面であることもある。物体の位置も変わる。開口部のすぐ近くのこともあれば、かなり奥のこともある。

この見解を支持する証拠を得るために、ダイアモンドは、人間とアカゲザルの赤ん坊で、透明な箱から物体を取り出す能力の発達を研究した（図3－1）。彼女は、この一見したところ簡単な課題に対処するにあたって、目を見張るような複雑な発達のステップがいくつもあることを発見した。

最初のうち（生後5、6ヵ月）、人間の赤ん坊は、おもちゃが透明な箱から半分はみ出ているときにだけおもちゃを取ることができたのだが、完全に箱の中にあるときには、箱の口が目の前にあるにもかかわらず、彼らはおもちゃを取ることができなかった。彼らは、ぎごちなく箱の縁に手をぶつけるのだが、そうするともう探索をやめてしまう。しばらくすると（生後6・5ヵ月）、赤ん坊は、箱の口からおもちゃをずっと見つめていたときには、箱の中からでもおもちゃを取り出すことができるようになる。問題は、彼らが手を伸ばすときには視線と平行に伸ばすので、その結果、箱の透明な一側面を通しておもちゃを見ていたときには、その面を通しておもちゃに触れようとするので、何度も手をぶつけることになるのだ。彼らは、手を横にまわして、箱の口から中に入れることができないのである。

さらに後になっても（生後7・5ヵ月）、赤ん坊は視線を直接にたどって手を伸ばそうとするのだが、彼らは、頭とからだを箱の口のほうに傾け、そこからおもちゃを直接に眺めることにより、うまくおもちゃを取り戻すことができるようになる。その1ヵ月後（生後8・5ヵ月）には、赤ん坊は、箱の口にかがみ込み、そこから覗いてみたあと、もとの位置に戻って、透明な壁を通して物体を見ていても、正しく箱の開口部から手を入れておもちゃを取り戻すのである。しかし、箱の開口部が横にあり、赤ん坊から90度の角度になっていると（図3-1を見よ）、横向きにからだを曲げ、開口部を通しておもちゃを見ているときだけ手を伸ばすのである。赤ん坊は、そちら側の手で体重を支え、もう一方の手でおもちゃに触ろうとするので、ダイアモンドはこれを「不器用な」戦略と呼んだ。

生後9・5ヵ月になると、開口部が自分の正面にあるときには、問題を解決することができる。彼らは、まず開口部を通して中を覗かなくても、うまくおもちゃを取り戻せるのだ。しかし、口が横にあるときには、そこから覗き込まねばならない。そのあとで、からだをまっすぐに起こし、透明な壁を通して中を見ながら、手を伸ばしておもちゃを取ることができる（もはや、不器用な戦略はとらない）。

最後に、生後11ヵ月から12ヵ月になると、どんなときでも、口を通して中を直接見なくても、おもちゃに手を伸ばすことができるようになる。間接的な視覚情報で十分に手の探索を行えるのである。

ダイアモンドは、この透明な箱の問題をアカゲザルの赤ん坊にも試してみたが、本質的に同じ発達の順序性があることを発見した。ただし、彼らの場合は、時間がずっと縮められていた。アカゲザルの赤ん坊の発達はずっと速かったばかりでなく（1・5ヵ月から4ヵ月の間）、彼らにおいては、人間の各段階が3つの段階に圧縮されていた。彼らは、物体が箱から半分はみ出ているときだけ取り出すことができるという、人間における最初の段階を経ることはない。彼らは最初から、箱の中にある目標物を取ることができたのだ。さらに、彼らは最初から、箱のまわりを歩き回って眺め、開口部から手を入れて食物をとることができた。これは、彼らの成功にとって決定的に重要なことだった。なぜなら、初めは彼らも、視線と同様にまっすぐに手を伸ばすという、人間の赤ん坊と同じ限界を見せたからだ。ときには、食物をとろうとして、かえって箱の奥深くまで食物を押しやってしまうこともあった。すると、人間の赤ん坊と同様にアカゲザルの赤ん坊も、食物がそこに見えることに抵抗できず、一番手近な透明の壁を通して食物をとろうとした。サルたちがこの問題を克服すると、人間の赤ん坊と同様に、「間接的な」視覚を通して手を伸ばす十分な制御ができるようになる前に、「不器用な」戦略の段階に入ったのだった。

これらの結果に対するダイアモンドの解釈は、ここでも、人間とアカゲザルの赤ん坊は、物体のよりよい理解を発達させているのではなく、環境中にある障害との関連で、無意識に動く手の動きをよりよく制御すること、とくに、直接的な刺激に反応して手を伸ばすことをよりよく抑制する能力を発達させているのだ、ということだ。

箱に直接手を伸ばしてしまうことを抑制する能力は、A‐Bテストの誤りを犯さなくなる年頃、人間ではおよそ12ヵ月、とだいたい一致しているので、ダイアモンド（1990b）は、種によってその速度は異なるが、赤ん坊の脳の中で、本質的な抑制能力が発達していくのに違いないと結論している。彼女は、この本質的な発達は、前頭葉の特定の部分で起きていると示唆している。なぜなら、その部分を切除したアカゲザルでは、A‐Bの誤りを克服することができず、間接的に手を伸ばしてとる課題が永久にできないからだ（Diamond, 1991）。

抑制と表象の発達

こんな素晴らしい研究結果を前にすると、霊長類の赤ん坊の心には、ごく早い時期から正しい物体の表象が整っているのだが、彼らには、それらの表象をうまく使いこなすのに必要な実行マシンが欠けているのだ、というダイアモンドの指摘は正しいと結論したくなる。この研究結果は、人間の生後5ヵ月以前の赤ん坊でも、手を伸ばすのではなく注視することでテストした場合には、物体の永続性の理解があるようだという発見とも、うまく整合するだろう。

別の解釈は、操作を実行する能力の発達は、実は、徐々に複雑になる表象を使って行動を制御する能力の発達なのであって、それゆえ、赤ん坊が世界を理解する方法自体に大きな変化が生じることに起因するというものだ。たとえば、透明な箱の問題を考えてみよう。これがうまくできるには、視覚から得られる情報を、より機能的なやり方で再表象（re-presentation）せねばならない。まず最初に、霊長類の赤ん坊は、自分自身のからだの位置を変えることによって、問題の見方を変える能力を発達させる。からだの位置を変えることによって、彼らは、自分が直接手を伸ばせる方向に目的物を見ることができる。これは、適切な情報を、文字通り感覚運動的に表象しているのだ。のちになると、赤ん坊は、横の開口部から覗くことによって、新しい状況の表象を獲得するのだが、直接に手を伸ばすかわりに、まずはその表象を心にとどめておいて、もとのからだの位置に戻り、最終的に実行に移すのである。最後には、彼らは開口部を通して直接に目的物を見ることはなくても、状況の正しい表象を作ることができるようになる。こういった表象が「感覚運動」的と呼ばれるのは、物体を自分が行う行動の観点から表象しているからである。

A‐B問題と透明な箱の問題は、実際の目的のための情報が、環境中にそのまま存在するにせよ、主体の心の中に隠れて作られているにせよ、表面的には与えられているとしても、それを表象することの重要性をよく表している。実際、行動を抑制したり、情報を足し合わせて覚えておいたり（作業記憶）することは、赤ん坊が行動に関するより適応的な計画を獲得する上で最重要な役割を果たしているに違いない。その意味では、それは、発達の過程で物体のより複雑な表象を獲得するための認知的道具なのだ。重要なのは、霊長類の赤ん坊では、彼らが世界を見る見方を変えることなしには、運動も記憶も抑制も発達することはできない、という点なのである。

最近、ハウザー（1999）がタマリンを用いて行った透明な箱の実験は、この解釈を強く支持するものだ。彼は、タマリンの場合にはおとなであっても、ダイアモンドが未熟な脳に特徴的なこととして描写した、透明な壁を通して直接、物体に手を伸ばそうとする行動が現れることを示した。これはどういうことかと言えば、この問題を解決するために必要な抑制能力は、旧世界ザルの脳になって初めて現れた、ということかもしれない。タマリンは不透明な箱を使った場合にはこの問題ができるのであり、それは、ダイアモンドのもともとの考えによれば、不透明な箱の場合には抑制の必要はないのであるから、この事実は、この解釈を支持するもののように見える。しかし、ハウザーは、タマリンたちが不透明な箱での経験を持ったあとでは、透明な箱に出会ったときに、問題が解決できるようになることを発見した。もしも彼らの脳が、直接に手を伸ばすことを抑制できないのであれば、透明な箱になってもやはり問題解決はできないはずだ。ハウザーは、タマリンが最初に問題解決できなかったのは、透明プラスチックの性質を理解できなかったからではないかと考えているが、これは確かに自然界にはない物だ。不透明な箱で経験をつむと、透明プラスチックの箱について、より正確な理解（表象）が得られるようになり、最終的に問題解決ができるようになった、ということだ。実際、タマリンは、壁面に縞模様の入っている透明プラスチックの箱でのほうが、問題解決が容易であった。縞模様は、透明プラスチックの固体としての性質を理解する役に立っていたのだと考えられる。

まとめると、注視時間の実験と、抑制と作業記憶に関する研究は、赤ん坊の物体の知識がどんなものかを明らかにしてくれはしたが、これらの結果は、物体の永続性に関する問題の解決能力は物体の理解の発達を反映しているという考えに矛盾するものではない。それよりも、作業記憶、抑制、そして、別々の情報の統合の発達は、物体をより複雑に、よりよく統合して表象するための道具であるのかもしれない。A-Bの誤りの究極的説明が何であれ（そして、最終的な説明は、一見したところ互いに矛盾するもろもろの発見を統合するものでなければならない。Bremner, 2001; Bogartz et al., 2000）、いくぶんは最初にピアジェが示唆したとおり、この現象は、物体を、空間と行動と他の物体との関連において、より複雑に連動させて表象する能力の発達と関係しているに違いない。比較研究のおかげで、このようにして物体を表象するのは霊長類に広く見られることであり、他の哺乳類が物体を見る見方とは異なるかもしれないことがわかった。そして、霊長類の間では、類人猿や人類などいくつかの種は、物体のより洗練されたレベルでの表象を手に入れたかもしれないのである。

実行的な知能――物体に関する問題の解決

物体の永続性は、ピアジェが記述した感覚運動発達の一つの側面にすぎないが、実行的な知能におけるいくつかの非常に重要な性質が明らかに現れた側面である。その一つは、問題解決装置としての性質である。感覚運動知能は、闇雲の試行錯誤や連合学習につきものの比較的ゆっくりした過程を経ずに、環境からくる挑戦に対して適切な反応を生み出す能力を備えた適応システムである。物体の行方を追うことは、実行的な問題の一例にすぎないのだ。

ヒト以外の霊長類に関するピアジェの観察を、物体の永続性以外の領域について行ってみると、それらも、一般的にはピアジェの発達スケジュールにのっとっていることがわかったが、その速度とどこまでできるかの度合いとはかなり異なっていた。決定的なのは、たとえ同じ種の中でも、それぞれの実行的知能の領域において、発達の速度とどこまでできるかとは同じではないということだ。ヒトの赤ん坊の感覚運動発達は、実行的な知能のあらゆるシステムがあり得べき黄金原則などとはほど遠く、単なる一つの特殊例にすぎないのだが、それは、ヒトのからだが霊長類全体のからだの形の黄金原則などではなく、霊長類というパターン中にたくさんある形の一つにすぎないのと同じである。

たとえば、ゴリラとヒトの赤ん坊を研究したレッドショー（1978）は、物をつかむという行動自体は

（前章で述べたとおり、これも決して簡単な行動ではないのだが）、ゴリラでは生後3ヵ月で見られるが、ヒトでは生後5・5ヵ月であることを発見した。物の支持体や紐を引っ張ることで、その先にある物体を手に入れるようなもっと複雑な行動は、ゴリラでは生後6ヵ月でできるが、ヒトでは生後8・5ヵ月である。ゴリラとヒトとの間のとくに驚くべき違いは、たとえば、遠くにあるおもちゃを手に入れるために這い這いしていくといったような、遠くにある物体をとる能力に現れている。ゴリラの赤ん坊は、生後4ヵ月ほどですでにそのような行動を見せるのだが、ヒトの赤ん坊は10ヵ月にならないとそれができない。マカクの赤ん坊がぎごちなく目的物に向かって這い這いしていくのは、たった生後1、2週間からである（Zimmerman and Torrey, 1965）。

目的物に向かって行くには、何らかの障害を迂回していかねばならないような、もっと難しい状況になると（たとえば、赤ん坊とおもちゃとの間に椅子があるなど）、ゴリラは、生後8ヵ月かそれ以前にそれを迂回して行くことができるが、ヒトの赤ん坊がそうできるようになるのは、生後12ヵ月あたりである。実際、レッドショーが用いた感覚運動の発達スケールによれば、人間の赤ん坊がゴリラの赤ん坊よりも進みが速いのは、一つの項目においてでしかない。それは、手の届かないところにある物体を、棒を使ってとることだ。ヒトの赤ん坊は、生後12ヵ月（障害を迂回して行くことができるようになる時期とほぼ同じ）で棒を使うようになるのだが、4頭のゴリラの赤ん坊のうち、研究期間内に棒を使う能力を見せたのは1頭だけであった。それは生後26ヵ月であり、人間の赤ん坊より1年以上も遅れていたのである！

ゴリラや他の類人猿の子どもが、ヒトの赤ん坊に比べて棒を使うようになる時期が遅いということは、ほかの研究でも確認されている（Parker and MacKinney, 1999）。私自身が動物園で行った、ゴリラの赤ん坊の発達に関する長期的研究でも、手の延長として棒を使う行動が最初に現れるのは、生後22ヵ月だった（Gómez, 1992）。ほとんどのサル類では、棒その他の道具使用行動は、一生のあいだ見られない。サル類で棒の使用が見られた稀な例では、それはおとなの個体である。キャプチン・モンキーは例外だろう。彼らは、生後18ヵ月ぐらいで棒を使う（Parker and MacKinney, 1999を参照のこと）。

それはともかく、ゴリラの子どもは、レッドショーの研究した赤ん坊が棒を使い始める時期（10ヵ月から12ヵ月）とほとんど同じころに、道具を別のやり方で使えるようになる。このころ、私の長期研究の対象であったムニという名前の雌のゴリラは、箱やほうきなどの物体を特定の場所に動かし、高いところにある目的物に届くようにするためにそれに登ることができるようになった。彼女は、箱を椅子がわりにし、ほうきを梯子がわりにしてよじ登った。たとえば、ドアの上のほうについている留め金をはずそうとするときには、ほうきを探しにいき、ドアのところまで持ってきてそれをドアの枠に立てかけ、留め金に手が届くところまで、ほうきをよじ登っていった（Gómez, 1999）。

ほうきは棒である（遠くにある物体を手繰り寄せるのに使う短い棒に比べれば、長くて、扱いも難しいだろう）が、ゴリラの子どもは、目的物を操作するための自分の手の延長として使うのではなく、移動の手段のひとつとして使う（図3-2）。人間の赤ん坊は、人間に固有の感覚運動の制限要因を持っているので、発達のもっとあとの段階になっても、ほうきをこのように使うことは困難、または不可能であるに違いない。このような制限要因は、純粋に肉体的なものなのだろうか（箱を動かすのに必要な力がない、棒をよじ登る技術がないなど）、それとも、認知的なものも含まれており、実際的な問題を考える方法が異なることの結果なのだろうか？　おそらく、ゴリラの子どもが、もっとずっとあとにならないと棒を手の

図3－2　ゴリラは、手で届く範囲を拡張するために道具を使う（生後24から26ヵ月）よりも先に、自分のからだが届く範囲を延長させるように道具を使う（登る）（生後10から12ヵ月）が、人間の赤ん坊では、その逆である。

延長として使うことに思い至らないのと同様、人間の赤ん坊も、発達のずっとあとにならないと、問題をこのように解決することに思い至らないのだろう。

箱や棒を移動の手段として使うことは、棒を手の延長として使うことよりも単純なのだろうか？　そして、ヒトの実行的な知能は、かなり初期のころから、より洗練されているのだろうか？　棒を使って物体を手繰り寄せるには、棒の先端を目的物との特定な関係の位置へと置き、その2つを接触させたまま、手前に引っ張らねばならない。箱や棒によじ登ることは、それに比べれば精密でない行動だが、よじ登るのは、この中で最終的な解決にすぎない。ゴリラはまず箱か棒を見つけてこなければならず（ときには別の部屋から）、それを目的物のところまで持ってきて、さらに重要なことには、それを適切な位置におかねばならない。ドアの枠に棒を立てかけるときであれば、それをよじ登ってもぐらぐらいしない、しっかりと置ける位置に置かねばならない。それゆえ、これらの行動は、棒を使って目的物を自分のところまで引き寄せる行動と比べて認知的に容易であるとは限らないだろう。棒を使ってコップの中からヨーグルトを舐める行動にしても、認知的に簡単であるように見えるが、ゴリラがこんなことをするようになるのは、ずっとあとになってからなのである。

一つの可能性は、ゴリラは移動能力の成熟が早く、力が強いし、足の親指にも対向性があることなどとあいまって、ヒトの赤ん坊と比べると、感覚運動の発達の様子がいくらか異なるのだということだ。ゴリラが物をつかんだり探索したりし始めるとすぐ（生後3、4ヵ月）、彼らは、歩いたり登ったりして物にたどりつくことができる。生後8ヵ月では、彼らは興味のある物に到達するために、迂回するルートがある限り、複雑な迂回をしたり、迂回してよじ登ったりするようになる。12ヵ月ごろになると、ゴリラは、物体を適切な位置に配置して、通り道の「橋」を作ることもできるようになる。

ゴリラが世界を表象する感覚運動のやり方は、初めは、目的指向的な移動という強力なアトラクターをめぐって組織されていくようだ。水平方向でも垂直方向でも、移動は、類人猿やサル類の赤ん坊が生まれて早い時期から感覚運動世界の支配的な要素となる。これが支配的であるのは相対的なもので、類人猿でも、手の延長としての道具使用はいずれは現れるのだが、このことは、類人猿とヒトとサル類とが、その発達の過程で物体の世界をどのように表象するようになるのかについて、重要な違いをもたらし得るだろう。一つには、手の延長として道具を使うためには、「手を伸ばす」という、それ自体は単純な行動の、正確な外的投影をもたねばならない。こういった投影こそ、類人猿が問題解決の状況におかれたときにもっとも苦手とするものなのだ。たとえば、棒を使って目的物を手の届くところに持ってくることができるようになったチンパンジーは、目的物の途中に障害物が置かれ、目的物を直接に手繰り寄せるのではなく、まずは障害物を軌跡から押しのけねばならないようになると、それを解決するのがたいへん難しいのだ(Köhler, 1927; Guillaume and Meyerson, 1930)。

ヒトとゴリラの赤ん坊が、棒のようなものを最初に使うやり方が違うことは、感覚運動系が異なれば、一つのカテゴリーの物体も異なって知覚されることを示す好例である。ヒトの赤ん坊は、手の延長として道具を使うようになっているが、ゴリラでは、移動を助ける方法として使うように仕向けられているのだろう。こういった制限要因、または指向性は、完全に固定されて決まっている必要はない。類人猿でもヒトでも、やがてはどちらのタイプの道具使用もできるようになるのであるが、そのもととなっている表象は、彼らの発達の歴史によってはっきりと決められているのだろう。

道具使用によって実際の問題を解決することに関連して、最終的な発達上のパズルがある。ゴリラが自然界で道具使用するところは、ほとんど見られていない（手の延長としても、移動の延長としても）。私たちの知る限り、ゴリラの道具使用は飼育下でのみ起こる。道具使用が観察されている他の類人猿や少数のサル類でも、似たようなものだ。* チンパンジー（そしてオランウータンの一部、van Schaik et al., 2003 を参照）は、野生状態で常習的に道具使用が見られる唯一のヒト以外の霊長類であるようだ。専門的な用語を使えば、野生類人猿と飼育類人猿との感覚運動「表現型」に見られるこの落差は、発達心理学と進化認知科学にとって興味深い問題であるが、それにはあとでまた戻ることにしよう。

物体を使って何かすることを発見する――霊長類による探索と調査

霊長類は物体を使って問題解決することを学習するので、この問題解決能力こそが、霊長類の実際的知能を作り上げる本質的な設計だと考えたくなる。知的な感覚運動系で、容易に見過ごされてしまいそうな性質について気づき、精密に記述したのもまた、ピアジェ（1936）の功績であった。それは、霊長類が、遊びや探索など、問題解決とは直接関係のないところでも、物体を使って行動を生み出す能力である。霊長類は、それ自体のために物を見たり触ったりするだけでなく、問題解決の状況以外でも、物を操作する

＊キャプチン・モンキーは例外かもしれない。

ことに興味を抱く。

霊長類研究におけるピアジェの初期の弟子の一人であるスー・パーカーは、アカゲザルの赤ん坊とヒトの赤ん坊の間の興味深い違いを発見した。アカゲザルの赤ん坊が物を操作することを始めるとき、それは、1回だけの行動からなっている。彼らは、囲いの中にある車輪を触ったり、野生では枝を叩いたりし、何らかの効果を引き起こす。それだけだ（Parker, 1977）。それとは対照的に、生後4、5ヵ月のヒトの赤ん坊は、彼らの行動が物体に対して引き起こした効果に非常に強い興味を持ち、そういう効果をじっと見ながら何度もその行為を繰り返すのである。ピアジェは、行動を何度も繰り返すこのパターンを、「第二次循環反応」と呼んだ。パーカーは、彼女のマカクの行動を、「第二次線形反応」と呼んでいる。表面的にはこの2つはよく似ている。物体に何かをし、効果を引き起こすのだ。しかし、行動を繰り返し、それを観察することは、物体と行動について子どもの霊長類がどんな表象を形成するかに対して影響を与えているかもしれない。こうやって何度も反応するおかげで、ヒトの赤ん坊は、自分の行為が物体に対して引き起こした効果と、その2つの関係について、より詳細な表象を作り上げることができるのかもしれない。

さらに、ピアジェは、こうやって繰り返しをしている間に、赤ん坊は、しばしば新しい効果を偶然に引き起こすことを発見した。たとえば、おもちゃを床に投げつけている間に、偶然それをねじることにより、ゴムのおもちゃから奇妙な音が出る。これがまた、赤ん坊におもちゃをねじる動作を繰り返させ、最終的にはそれが、「物体を使ってできること」のレパートリーの中に組み込まれるのだ。つまり、循環反応は、既存の行動と物体とについて学習する大事なメカニズムであるばかりでなく、新しいタイプの行動を発見するメカニズムでもあるのだ（Parker, 1993）。

これは、行動主義者が、盲目の試行錯誤によるオペラント学習と呼ぶものに似ていると思われるかもしれない。自分のレパートリーである行動を繰り返していると、偶然、報酬的効果が現れたということだ。しかし、赤ん坊の報酬は、食物でも、心地よさでも、おとなからのほめ言葉でもないことに注意しよう（ほめ言葉はたまにはあるかもしれない）。行為をすること自体、そして、物体に起こった結果を考えること自体が、ヒトの赤ん坊にとっては十分な報酬なのだ。好奇心、もっと専門的な用語で言えば、行動に内在する動機づけは、実行的な知能の重要な性質である。そして、第二次循環反応は、その第一歩にすぎないのだ。

ピアジェによれば、生後8ヵ月から12ヵ月ごろになると、赤ん坊は、自分の行動スキーマの中から次々といろいろな行動を物体に対して当てはめることにより（殴る、噛む、握りつぶす、など）、物体に何ができるかを体系的に探索することを始める。12ヵ月から18ヵ月になると、新しい物体に対して既存のいろいろなスキーマを試してみるばかりでなく、あたかも新しい物体に対して新しい方法を試してみようとするかのように、既知の動作を意図的に変えて試してみるようになる。ピアジェは、これを、ちょっとした実際的実験を行うことと描写している。たとえば、赤ん坊は、物体を異なる高さから何度も落としてみたり、異なる強さで物体を投げてみたりし、まるで、行動の変異がどのように物体の反応の変異を生み出すのか観察しようとしているようだ。また、この年頃の子どもに典型的なのは、物体を精密に連結してみることだ。一つの物体を別の物体の中に入れたり、他の物体の上に乗せたり、一つの物体で他の物体を押したりする。ピアジェはこれを、「第三次循環反応」と呼んだ。これは、道具使用の遊び版または探索版である。

ヒト以外の霊長類における、感覚運動知能のこの側面について研究した人はほとんどいない（実際、人間の赤ん坊に関するピアジェの初期の観察を再現したり、拡張したりした発達研究者はほとんどいないのだ）。霊長類に関する初期の研究のいくつかによると、自発的な物体の探索においては、サルと類人猿は、ヒトの赤ん坊よりもかなり発達が遅いらしい。問題解決のコンテキスト以外のところでの複雑な物体操作は、人間に固有であるのかもしれない（Vauclair, 1996）。実際、パーカーが示したように、アカゲザルは第二次循環反応さえ示さないのだ。彼らには、線形な反応しかない。さらに、彼らは、一回限りの行動を物体に対して行うが、その結果にはほとんど注意を向けないので、彼らは行動そのものに興味があり、物体に対する視覚的効果よりも、自己刺激と聴覚的効果に興味があるようだ。このことは、サル類がどのような物体表象を洗練させていき、物体と行動とがどのように結びついているのかを理解するのに影響を与えるだろう。たとえば、行動と物体との間のリンクに関してマカクが持つ表象は、手と物体との間の基本的な連結に焦点があり、物体がどう動くかの詳細、とくに、物体が他の物体にどのような影響を及ぼすかには、焦点がないのかもしれない。だからこそ、マカクの間では道具使用行動がほとんど見られず、道具使用行動を習得するのに、あれほど長い時間がかかるのかもしれない。

類人猿（そして、おそらく少数のサル類、とくにキャプチン・モンキー）は、この点ではマカクとは少し違う。ピアジェの観点から研究していた何人かの研究者は、初めのうち、ゴリラとチンパンジーで自発的な物体の操作はほとんど見られないと報告していたが（Vauclair, 1996）、最近の研究によると、類人猿は、循環的な物体操作をするようである。たとえば、人間の手で育てられたゴリラに関する私たちの長期的な研究で、私たちは、彼らが繰り返し物体を叩く、表面をひっかく、2つの物体を打ち合わせて音を出す、指で給水器を壊して水を出す、ドアを開けたり閉めたりを繰り返す、部屋の電気をつけたり消したりする、などのことをして、つねに自分の行動の結果に注意を払っていることを発見した（Gómez, 1999）。

　彼らはまた、既知の行動を連続的に物体にほどこすことにより、物体を探索する。たとえば、私たちのゴリラの一頭であるナディアは、生後12ヵ月のとき、プラスチックのおもちゃの太鼓をしゃぶり、自分の目の前に持って眺め、自分の胸にこすりつけ、それで床を叩き、また口でしゃぶって探索したが、おもちゃに対して何かをしたあとには、必ずおもちゃを見ていた。

　ゴリラの中には、第三次循環反応にまで達し、物体の組み合わせを構築するものもある。たとえば、ムニは、人間の赤ん坊が箱の蓋を開けるのを見たあとで、同じ箱に対して、何度も開けたり閉めたりする動作を繰り返した。蓋は非常にきっちりとしていたので、それをもう一度閉めるのは難しかった。すると彼女はすぐにもう一度蓋を開け、このサイクルを繰り返した。彼女の行動は、単純な繰り返しではなかった。彼女は自分の動作を変えた（たぶん、より効果的になるように）が、あれほど苦労して達成した、蓋を閉めるという動作を、何度ももとに戻してやり直したのだ。

　このような探索行動は、内発的な動機づけによる。ゴリラは、何か問題を解決せねばならなかったからではなく、物体自体を探索していた。食物を探索するときにも、その食物の物理的性質を探索することが目的のように見えることがあった（たとえば、リンゴをボールのように跳ね返してみる）。このような探索行動の多くは、箱の蓋を閉めるときのように、ある特定の目的をめぐって組織立てられているようだ。それでも、せっかくやり遂げた結果を繰り返しやり直すことは、これが単純な問題解決行動なのではなく、行動と物体そのものの探求であることを物語っている。

操作が繰り返し行われることは、その目的が、単純な成功や習熟にあるのではなく、その手続き自体を「研究する」ことであるのをうかがわせる。一つの可能性は、こういった操作の目的が、操作の有効性というよりは、そこから実際的な理解を引き出すことではないか、ということだ（Karmiloff-Smith, 1992）。行動それ自体に注意を向けることのできるこの能力は、行動の構造と、それが物体にもたらす因果関係について、より正確な表象を作り上げる助けになっているのかもしれない。カーミロフ＝スミスその他の発達理論家によると、ますます正確な表象を作り上げていく能力は、人間の認知発達の決定的に重要な特徴である。この重要な人間の特徴の進化的起源は、何種かの霊長類が見せる、問題解決の状況以外のところで、強い集中力をもって繰り返し行う探索的な操作に現れているのかもしれない。

物体を探索または調査しようとして操作すること（つまり、採食や闘争などの機能的な行動に準じるものとしてではなく）は、霊長類の特徴であるようだが、それは、好奇心や、物体に関して考えることと同様である。この霊長類に一般的な傾向の範囲の中では、探索の質にも量にも、種間で差異が見られる（Torigoe, 1985）。とくに実験を行っている霊長類学者の間でよく言われる冗談に、霊長類が興味を持つものは3つある、それは、食べ物、食べ物、もっと多くの食べ物だ、というのがある。実のところ、人工的な実験室でのテスト場面以外では、この冗談は、霊長類の動機づけの性質、ひいては霊長類の認知の性質を、本質的に見誤っているのだ。

まとめ

霊長類にとって、物体とは行動の単位であり、霊長類の素晴らしい適応である手というものを使っていろいろに操作することのできる、環境要素である。霊長類はまた、物体に対処するための認知的適応をも進化させてきた。それは、物体をつかんだり、動かしたり、隠したり、見つけたり、取り戻したり、失くしたりすることのできる、外的で永続的な実体として表象するシステムである。物体を理解するためのこれらのシステムは、さまざまな複雑さでいろいろな適応的行動を生み出すための、より大きな実行的知能のシステムの一部をなす。これらの実行的知能システムの性質のあるものは、すべての霊長類に共通であるらしい（これまでに研究された少ない数の霊長類に関する限り）。視覚的に置き換えても、物体が永続すると考えることなどが、その例だ。他の性質は、種ごとに異なる。たとえば、見えない物体の永続性や、道具使用行動などがそうである。この知能システムを統合しているのは、探索動機と好奇心の存在であり、霊長類は、これゆえに、問題解決の文脈以外でも手で物体を探索しようとするのだ。その結果、行動を生み出す柔軟なシステムができあがる。いくつかの基本的な動作単位を知的に組み合わせ、新しい行動を生み出す能力である。そして、この知能システムの鍵となっているのは、それが、物体と行動の表象によって働くということである。

第4章

物体間の関係の理解——因果関係

世界を、物体とその利用で表象させるのは霊長類の基本的な能力であるが、世界は、単に個別の物体でできているのではない。物体とその内容とは空間的に組織され、互いに関連を持っている。物体間の関係の基本的な性質の一つは、因果関係、つまり、物理的な物体が互いにどのように影響を及ぼしあうかである。

原因と行動

ある一つの物体がもう一つの物体を何らかの形で変化させた場合（または、私たち自身が物体を変化させた場合）、それは、これら2つの間に因果関係が成立しているからだ。たとえば、石が水面に落ちるとさざなみができる。サルが果物を引っ張れば、果物が枝から取れる。その同じサルが果物にかじりつけば、果物の形が変わる。物体はこの世界の中で、実にさまざまな因果関係の中におかれている。それは、私が今描写したような動的な因果関係だけではなく、倒れた木を支えている石や、果物をぶら下がらせている枝、物体を表面にとどめている机など、静的な因果関係もある。このような静的な因果関係の多くは、変化が起こるのを阻止するように働いているのだが、それらは、変化を引き起こす動的な関係と同じくらい重要なものだ。

物体と出来事との関係を因果という点から理解することは、何かが何かを生み出すという観点を含むだけでなく、いろいろな物体の中で、ある一つの出来事を別の出来事や物体に結びつける連結に焦点を当てることである。知能とは、これらの連結を操作する能力を通じて表現されるものだ。それは、何の変哲もない石を使って木の実を割ることから、強い力のある道具や自動車などをうまく使いこなすことまで、さまざまだ。知能と認知とは、実際に起こっていることであれ、可能性であれ、物体とエージェントとを因果的に結びついたものとして表象する能力に関するものなのだ。

2つの出来事が因果的に結びついていることを検知し、それを表象する能力は、2つの出来事の間の連合関係を検知する能力と同じではない。たとえば、呼び鈴が鳴ったら、ほとんど必ずドアのところに誰かが現れるとしても、私たちは、呼び鈴がドアのところに誰かを持ってくるのだとは考えない。しかし、私たちは、ビリヤードの机の上でのボールの衝撃は、他のボールの動きを生み出すのだと思う。それゆえ、私たちは、連合した出来事の中に、因果の連鎖という特別なやり方でつながったものがあるのだと知覚しており、この因果的連結は連合とは違うと理解している。

この区別は、ピアジェ（1936）が家庭で行った他の実験にも示されている。彼は、生後4ヵ月の自分の息子の足に紐をつけ、それをゆりかごの手すりに結びつけたのだ。試行錯誤によって彼の息子は、すぐに自分の足の動きとゆりかごの動きとの関連を察知した。ピアジェが紐をほどいても、息子は足を動かし続け、その効果をもたらした因果的連結がもうなくなったので自分の行為は何の効果ももたらさないということに気づかず、ずっとゆりかごの動きに注意を集中していた。しかし、生後10ヵ月ごろから、赤ん坊は、紐がつながっているときとつながっていないときとの区別がわかるようになった。選択を許されれば、彼らは、おもちゃにつながっていて、おもちゃを手繰り寄せることのできるほうの紐を選んだのだ。同じような研究で、トム・バウアー（Bower, 1979）は、乳児は、見えない光線を自分の足がさえぎったときにスライド映写機のスイッチが入ることをすばやく学習するのに、大きくなると、かえって学習が遅くなることを報告している。彼らは、初めのうち、自分の行為と効果との間に明らかな連結が見られないことに混乱してしまうのだ。少し大きい赤ん坊は、環境中における自分の行為と物体との間の因果関係を知ろうとするので、見えないところでの連結に基づいた、見かけ上は勝手に起こる偶然に、（少なくとも初めのうちは）どう対処してよいかわからないのである。

霊長類の心が、物体の操作に焦点を当てた上で、どれほど因果関係を知ろうとする心であるのかを研究するにあたって、霊長類の知的行動のプロトタイプと目されているもの、つまり道具使用を取り上げることにしよう。これは、道具を使わない直接の行動が、因果関係の理解を含まないという意味ではない。学者の中には（Dickinson and Balleine, 2000）、ラットの単純な連合学習でさえ、原始的な因果関係の理解が働いていると主張する人もいる。しかし、生物の因果関係の理解をより詳しく検討するには、行動と物体との間の正確な連結を利用したり、作り出したりする、もっと複雑な行動を研究する必要がある。そして、道具使用は、まさにそのような行動なのだ。*

道具を使って原因を理解する

テネリフェでの道具使用と知能

道具使用は、霊長類の知能に関するもっとも有名で影響力の大きかった研究の、主たるテーマであった。それは、ウォルフガング・ケーラーが、1914年から1916年の間にカナリア諸島のテネリフェで行った、チンパンジーの知能に関する実験である（Köhler, 1927）。ケーラーは、彼の飼育しているチンパンジーが、自分では直接届かないところにある食物をとるために箱や棒を利用することで、実用的な問題を解決する能力があることを報告した。たとえば、チンプが入れられている檻の前にオレンジと棒を置いておき、腕を伸ばしてもオレンジには届かないようにしておくと、チンプは、棒をとってそれをオレンジの

*道具使用は鳥や昆虫など、霊長類以外の種でも観察されている。たとえばハゲワシの中には他の鳥の卵を割るのに石を使うのがある。またキンカチョウは枝に隠れている昆虫を引き出すのに小枝を使う（Beck, 1980）。伝統的に、これらは道具使用の「本能的」事例、すなわち、種に特有で、比較的固定した行動パターンであると考えられていた。近年、もっと洗練された道具使用の例が鳥で報告され、この発見は、霊長類の脳とは系統発生的に非常に異なる脳における知的な道具使用と因果理解の可能性をもたらした。

ほうに伸ばし、それでオレンジを手繰り寄せたのだ。これは単純ではあるが、完璧な道具使用である。大きな囲いの天上にバナナをつるしておくと、チンプは、棒を使ってバナナを叩き落したり、もっと気の利いたやり方としては、高飛びの要領で棒を突き、それで跳ね上がって手でバナナを取ったりした。また、バナナの下に箱を持っていき、そこによじ登ってバナナを取ることもあった。

チンパンジーの中には、こんな単純な道具使用以上のことをするものもあった。たとえば、目的物がことさら遠くにあり、手持ちの棒ではどれも届かなかったとき、彼らは中空の棒を2本つなぎ合わせて非常に長い棒を作り出した。彼らはまた、いくつもの箱を積み重ね、より高い塔を作り上げたり、やるべき仕事により見合うように、道具の形を変えたりすることもあった。彼らのやり方は完璧からはほど遠く、ケーラーが課したもっと難しい問題は解くことができなかったが、チンパンジーは、彼らが欲しいものに達する手段を与えるものとしての道具の因果的可能性について、ある程度の理解を示しているように行動した。

ケーラーの解釈は、チンパンジーの道具使用はまさに知的であるというもので、彼の研究によって有名になった言葉を使えば、「洞察に満ちた」ものだということだ。彼が言いたかったのは、チンパンジーは、ただ単に単純な刺激と反応による連合で動いていたのではなく、盲目的な試行錯誤を繰り返していたのでもなく、道具と目的物との間の関係をある程度理解し、または知覚しながら行動していたということだ。ケーラーは、これを、素朴物理学、または実際的物理学と呼んだ。彼は自分の広範な観察をもとに、類人猿の素朴物理学は人間のそれと必ずしも同じではなく、もっと「弱く」、洗練されてもいないと、注意深く述べている。しかし、彼のおもなる結論は、チンパンジーの道具使用行動は、私たちが人間で「知能」

と呼んでいるタイプの行動を表しているということだった。

連合学習と知能または洞察

ケーラーの第一の目的は、チンパンジーの行動が、単純な連合学習では説明できないことを示すことにあった。つまり、棒や箱を使うことを、初めはまったくの偶然でうまくいったランダムな動きをゆっくりと繰り返すことによる、徐々に進むプロセスではないということだ。それより数年前に、心理学者のエドワード・ソーンダイク（Thorndike, 1898）が、ネコに関する一連の論文を発表し、大きな影響を与えていた。彼は、ネコが、純粋な試行錯誤によって問題箱から逃げ出す適切な方法を学習することを示していた（それはつねに、掛け金をはずしたりレバーを押したりするものだった）。それまでは、ネコやイヌがドアの掛け金をはずすことができるという、よくある逸話は、彼らがその機械の働きを理解していることを示す証拠だと考えていた人が多かった。しかし、ソーンダイクの研究結果は、これが盲目の学習の産物であり、機械の仕組みそのものに関する洞察は何もないことを示したのである。

ケーラーによれば、チンパンジーが単純な道具使用の問題に直面したとき、彼らはランダムな行動のような（たとえば、偶然目的物に棒が当たってそれが正しい方向に置き換えられるまで、可能な限り、棒を全方向に動かすなど）、盲目の連合学習を示すような兆候は一切見せず、徐々に解決に近づくということもない。そうではなくて、チンパンジーはしばしば、突然、解決を見つけるのだ。たとえば、棒の問題では、チンプは、まずは目的物に対して直接手を伸ばしてみたとしても、そこで突然この動作を中断し、棒を手に取り、その先を物体に接触させて自分のほうに引き寄せるのだ。これは、ソーンダイク（1898）がネコで描写した、役に立つ動作と役に立たない動作とをゆっくりとふるいにかけていくプロセスとは大いに異なっていた。チンパンジーは、問題の構造と、何が必要かに関して、洞察を持って行動したのだ。この洞察という言葉は、心理学ではしばしば誤解されてきた。多くの研究者が、ケーラーは、チンパンジーの行動を説明する認知的プロセスとして、この語を提案したのだと考えた（たとえば、Birch, 1945; Harlow and Harlow, 1949）。しかし、彼は単に記述のレベルでこの語を用いたのであり、通常の意味での知的な行動の同義語として、盲目の試行錯誤に頼るのではなく、状況の何らかの理解の上に問題解決する能力という意味で使ったのだ。その意味で、「洞察」とは、実行的知能または感覚運動知能と同じことを意味している。

ケーラーの研究は、彼の時代の心理学、とくに発達心理学に莫大な影響を及ぼした。研究者の中には、実行的知能の概念を受け入れ、それを拡張したものもいた。そこでピアジェ（1936）は、子どもがのちにより強力な象徴的、操作的知能を発達させる基礎として、実行的または感覚運動的知能の時期を描写したのだ。ヴィゴツキー（Vygotsky, 1930）にとっては、赤ん坊や子どもの知能は、初めのうちはチンパンジーのそれとよく似たものだが、のちにそれは言語によって、そして、2、3歳ごろに文化にさらされることによって、劇的に変化する（第9章を参照）。当時の有名な発達心理学者であるカール・ビューラー（Bühler, 1918）は、言語獲得の前に子どもが最初に道具使用を見せ始める時期をさす、「類人猿時代」という言葉を作りさえした。

しかし、チンパンジーの知能という考え、または、英語の翻訳がよくなかったこともあるが、「洞察」

として知られるようになった概念を、容易に受け入れない学者もいた。20世紀の前半には、チンパンジーの「洞察行動」の性質について、それが本当に知能なのか、盲目的な連合学習の特別に複雑な例なのか、激しい議論が闘わされた。

チンパンジーの道具使用における経験の役割

ケーラーに批判的な研究者は、彼の観察が含んでいる問題について特別に危惧した。彼が研究したチンパンジーは、4、5歳かそれ以上のときに野生から捕獲されてきた個体であった。それゆえ、ケーラーは、彼らが以前にどのような経験を持っていたのかを知らない。そこで、洞察的、または知的に見える行動は、実際には、彼らが野生で暮らしていた間に単純な試行錯誤によって盲目的に学習されたスキルを応用したにすぎないのかもしれなかった。たとえば、ビューラー（1918）は、野生のチンパンジーはつねに枝にぶら下がった果物を知覚し、それを操作しているのだから、ケーラーが行ったような実験状況で、果物と枝との間に基本的な連合を再生しようとするのは当然ではないか、と論じた。決定的な実験をする必要があった。実験室で生まれ、それ以前に棒を使った経験のまったくないチンパンジーで実験するのである。心理学者のバーチ（Birch, 1945）がそのような実験を行った。彼は、飼育下で生まれ、棒などない環境で育てられた、一群の子どものチンパンジーを手に入れた。彼らは、実験前にどんな条件反応も発達させることはなかったはずだ。時がきて、ケーラーが行ったのと同じような簡単なテストをしてみた。果物のかけらを彼らの手の届かないところに置き、そのそばに熊手を置いて、それで報酬を自分のほうに引き寄せられるようにした。どのチンプも、問題を解決することができなかった。

実験を続ける過程で、チンプたちに、棒を使う何らかの「過去の経験」を持たせてみた。数日の間、さまざまに異なる自然の棒（熊手ではない）を囲いの中にばらまき、彼らが自由にそれを操作することができるようにしたのだ。バーチは、チンプが自発的に行ったのがどんな操作であったのかを、詳しくノートに書きとめた。大事なのは、最後には全員が、棒を自分の手の延長として、他の物や他のチンパンジーに「触る」のに使ったということである。しかしながら、自分のもとに物体を引き寄せるために棒を使った個体は一頭もいなかった。こうして棒に慣れさせる期間を経たのち、チンパンジーに対し、以前と同じテストを行った。果物のかけらを彼らの手の届かないところに置き、その近くに、棒ではなくて熊手を置いたのだ。今回は、チンパンジーは苦もなく問題を解決した。彼らは熊手を取り、その端を果物につけ、報酬を手に入れるのに適切な手繰り寄せの動作を行ったのである。

この実験結果は不可思議だ。一方で、チンパンジーは、ケーラー的問題を解決するためには、棒に関する何らかの経験が必要なのは明らかだ。しかし、この経験は、行動主義的な正しい反応を彼らにもたらしたわけではない。彼らが棒で遊んでいる間、物体をそれで引き寄せるという行動は少しも習わなかったのだ。彼らがやったのは、目的物に触ったり、突き刺したりすることだけだった（それは、手繰り寄せる行動とは正反対に見える）。それでも、熊手の問題に直面するとすぐに、チンプは、何の試行錯誤の操作も経ずに、生まれて初めての手繰り寄せ行動を示したのだ。行動主義的解釈も、「生得主義」的解釈も、チンパンジーがどうやって熊手で手繰り寄せる行動を発達させたのかを説明できない。

バーチの研究結果は、チンプが状況を知覚する（または理解する）ことに導かれ、新しい行動を生み出したのだとする、ケーラーのもともとの考えに合致する。しかし、この実験結果は、こういう理解が、棒に関するあらかじめの知識と、それで何ができるかの知識なしに、単純な知覚から自動的に得られるものではないことを示している。実際、この結果は、ピアジェの感覚運動知能の概念のほうにこそ合致している。それは、新しい行動は、以前に持っていた経験と理解が両方ともに決定的な役割を果たして、既存の行動を組織だてて変容させるプロセスを経て生み出されるのであるが、それは、単純な条件づけや生得的なスキーマを単に応用したものとはまったく異なるメカニズムだ、というものだ。

操作する本能

チンパンジーの道具使用を、実行的知能で解釈するもう一つの重要な研究は、ポール・シラー（Schiller, 1952）によるものだ。彼は、チンパンジーに棒と箱を与え、食物の報酬は一切与えずにそれで遊ばせると、彼らは最終的に、ケーラーのチンプが問題解決状況で示したのと同じような数々の行動を生み出すことを発見した（棒で物に触る、箱の上に登る、箱を箱の上に積み上げるなど）。シラーのチンプは、何かに手を伸ばそうとしていたのではない。彼らは、使いたいように物体で遊んでいたのだ。

シラーは、チンパンジーが棒を使ったり箱を積み上げたりするのは、問題を解決しようという意図などなしに自動的に起こる、生得的、または本能的な運動パターンなのだと論じた。チンプが問題解決状況に直面したとき、偶然によってついには、ぶら下がっているバナナの下に箱を持ってくるなどの「正しい」パターンを見せるのは時間の問題だろう。そうすれば、箱によじ登って報酬を得ることができる。このような嬉しい偶然が十分な頻度で起これば、彼らは、バナナの下に箱を置くという条件づけの連合を獲得するであろうから、実際には盲目的な連合で正しい行為が生み出されたにもかかわらず、理解に基づいて行動したかのように見えるだろう。

シラーの解釈の問題点は、チンパンジーがそもそもどうやって、遊びながら棒と箱を使う行動を最初に始めたのか、というところにある。彼は、それはただの「本能」であり、チンパンジーはそういうことをするように生得的にプログラムされているのだと示唆した。しかし、他の研究者は、遊びや探索において自己動機づけられた探索を行うことは、本能的または自動的な反応とはほど遠く、複雑な実際的知能の特徴であり得るもので、おそらく、行動と、行動と物体との関係に関するより正確で柔軟な表象の形成が出現していることの兆候ではないかと考えた（第3章）。さらに、のちの野生および飼育下のチンパンジーの研究が明らかにしたように、彼らの物体操作と道具使用の種類の多さと柔軟性とは（そして、集団が異なればこれらも異なる）、それらを全部「本能」などというもので理解することは無理なほどだ。「本能」という言葉を、物体を柔軟なやり方で目的指向的に利用することを学習する生得的能力と理解すれば、それでもよいかもしれないが、シラーはそう考えていたわけではない。

チンパンジーの道具使用が、連合の習性では説明できないことは、自発的に道具使用をするわけではない霊長類を訓練した研究によって、さらに強調されることになる。

道具使用を習ったサルたち

動かそうと思う物体に棒を接触させねばならないこと、その接触はずっと保たねばならないこと、そして、自分が持っていきたい方向に棒を引っ張らねばならないことを理解するのは、あまりにも基本的なので、因果関係の理解と名づけるのははばかられるかもしれない。それでも、霊長類の中には、特別の訓練をされても、なかなかこれがわからない種類もあるのだ。たとえば、アカゲザルとニホンザルは、野生でも飼育下でも自発的に道具使用はしないが、熊手を使って手の届かないところにある食物を取ることを訓練することはできる（Shurcliff et al., 1971; Ishibashi et al., 2000）。しかし、訓練の手続きは、ゆっくりと一段階ずつなので、行動主義者が提案するような盲目的な試行錯誤のプロセスによく似ている。さらに、訓練されたサルの行動を見ると、道具と目的物との因果的な連結については、限られた理解しかないようだ。たとえば、自分と道具との間に置かれた食物を手繰り寄せることを学習したアカゲザルに、熊手を目的物のすぐ後ろには置かずにテストをする。サルは、引っ張る前に熊手の位置を変えることをしないのだ。彼らは、あたかもそうすれば食物もついてくると期待しているかのように、単純に熊手を引っ張るのである。そこで、道具と目的物との間の基本的な関係が理解できていないことが、ばれてしまうのだ（Shurcliff et al., 1971）。

ニホンザルも、最初は食物が熊手の手前にあるという「やさしい」課題を数百回こなしたあとには、熊手で食物を手繰り寄せることを学習するのだが、熊手を横に置くと、アカゲザルと同様、単に熊手を引っ張るだけの行動を示す。熊手をまず目標物のほうに動かし、それから引っ張るということを学習するには、さらに何回もの訓練が必要だった。そして、そのときでさえ、熊手が目標物の近くにはきたが、その後ろには置かれていないときにも引っ張ってしまうというような誤りを犯したのである。彼らは、道具をうまく使うためには、道具を目標物の後ろに置き、その次に熊手と目標物を接触させることが必要なのだとは理解しなかった。彼らは、ある特定の刺激の配置（道具が食物の近くにある）があれば、引っ張る行動が食物獲得をもたらす可能性が高いということを学習したのであり、彼らの行動は、連合学習のプロトタイプと描写できるだろう（Ishibashi et al., 2000）。

これらのサルたちにおける道具使用発達のプロセスは、自発的に学習し、物体の関係を柔軟に利用する能力を示すチンパンジーとは対照的である（Birch, 1945）。それでも、他の種の霊長類で、いくつかの利用可能な道具を彼らに選ばせるという異なるパラダイムのもとでは、何らかの因果的理解があることを示す証拠も示されている。たとえば、ハウザー（1997）は、タマリンは、鉤のついた棒があるとき、その途中に食物のあるほうの棒を引っ張り、食物が届かないところにある棒は無視することを、比較的すばやく覚えたと報告している（およそ120回の試行。手段と目的の問題に関して何の訓練もないサルにしては早い）（図4－1）。しかし、どのタマリンも、食物がそばにないほうの棒を間違って選んでしまった場合、棒を正しい位置に動かして食物を得ることはしなかった。このことは、このテストの因果関係の詳細を理解していないことを示唆しており、他のサル類で報告されているのと同様の、何らかの盲目的な学習によるのだろう。

しかし、実験者が変形させた新しいタイプの2つの棒を示した場合には、タマリンは、その機能で選ん

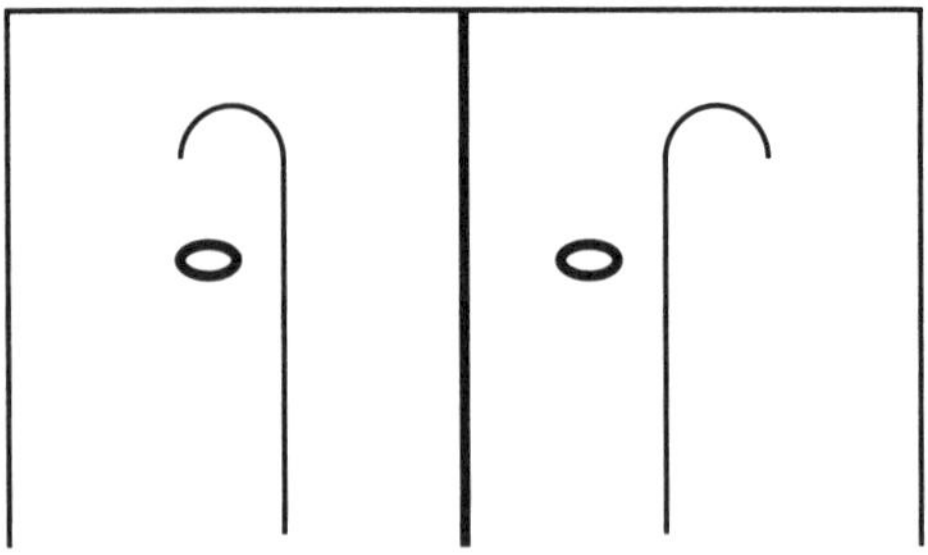

図 4－1　報酬を得るためには、どちらの棒を引っ張るだろう？　ハウザー（Hauser, 1997）がタマリンに行ったテストの一例。

でいるようだった。つまり、色や手触りなど、関係ない部分が変えられた棒は無視したが、形が変わるなどして適切でなくなった棒は避けたのである。さらに、いくつかの道具は、棒とまったく同じやり方で使うことはできるが（一回引っ張れば食物が手に入る）、タイプは非常に異なる道具であるが、もう一方は、先に調整が必要な道具であった場合には、タマリンは、一回引っ張ればすむ道具を選ぶ傾向があった。ハウザーはこの結果を、タマリンが、物体の表面的で不適切な性質ではなく、適切な抽象的性質をもとに行動することを学習したのだと解釈している。しかし、タマリンが、まず調整が必要な道具を選んでしまった場合には、まったくそれを有効に使うことはできなかった。彼らはそれを引っ張るだけで、報酬を得られなかったのだ。ここでも、彼らの因果関係の理解には、アカゲザルやニホンザルで見られるのと同様、重要な点で限界があることが示されているのだろう。一方で、タマリンが、一回引っ張るだけで十分な新しい道具を認識できるということは、道具の可能性のある物体の、因果的に適切な性質をある程度理解していることを示している。（ハウザーの手続きで実験すれば、他の種類のサル類でも、同じような理解は見つかるかもしれない。）こう認識することは、抽象的な表象による必要はないが、タマリンは、まったくどんな任意の性質とも単純に連合形成しているのではなく、状況の知覚を少しは精密なやり方で分析していることを示しているのだろう。チンパンジーができているほどには、その分析を、知的で適応的な行動に変換することができないだけである。（このことはまた、人間の赤ん坊で見られる知覚と行動のギャップを思わせる。第3章参照）。

同じ実験を、ほとんど物体と接触することのない環境下で育てた、生後4ヵ月から8ヵ月のタマリンの赤ん坊に行ってみたところ、ハウザーとピアソンとセリグ（Hauser et al., 2002a）は、赤ん坊がおとなとまったく同じに反応することを発見した。彼らは、一回引っ張っただけで報酬が得られるほうの棒を、有意に選択する傾向があったが、正しくない位置にある棒を正しい位置に調整することはまったくできなかった。彼らの解釈は、このような因果的性質を知覚する能力は、タマリンに生得的なのだろうということだ。一方で、ハウザーたち（2002b）は、手段と目的の問題に最初に直面したおとなのタマリンは、もっと経験をつんだタマリンに比べて、道具の色のような不適切な連合を形成しやすいことを発見した。このことは、生得的だと言われる適切な因果関係を検知する能力が、実は非常にもろいものであるか、それとも、のちの経験（またはその欠如）によって凌駕されるものであることを示している。

まとめると、自発的に道具を使わないサル類も、道具を使うように訓練することはできる。彼らの成績は、因果関係の理解は欠いているようで、行動とその結果との連合によって導かれたものであるらしい。より詳しく調べてみると（ハウザーの実験）、この連合はまったく盲目的でもないらしく、よりうまくい く配置とそうでない配置とを区別する、何らかの能力を伴っているようだ。それでも、このような弁別能力を支えている表象が何であれ、それを使って、道具と目標物との間の関係を変容させる、知的な行動を生み出すことはできないらしい。これらのサル類は、因果の肌触りを感じてはいるのかもしれないが、それを積極的に変えることはできないのである。

チンパンジーの「馬鹿さ加減」

ケーラーのような実験では、サル類の成績は、チンパンジーのそれと非常に対照的であるように思われる。しかし、チンパンジーに対するケーラーの研究のある側面は、一般にはほとんど注目されていない。彼の本は、チンパンジーの知性に関する本であるのと同じくらい、チンパンジーの「馬鹿さ加減」についての本でもあるのだ。彼の観察のほとんどではなくても、その多くは、チンパンジーが道具使用できなかった事態についてであり、チンパンジーが難しい問題を解こうとして犯した誤りの詳しい質的描写なのである。ケーラーは、一般的に言って、チンパンジーは「人間に匹敵するような知能」を見せると結論したが(Köhler, 1927)、類人猿には、人間のおとなと比べたときに、彼らの理解には重要な限界と違いがあると付け加えている。彼の実験の多くは、そのような違いと限界の描写に当てられている。

誤り、失敗、間違い

チンパンジーが棒の問題に最初に直面したとき、彼らが問題を解くことができたのは、棒と果物とが同一の視野に入っているときだけであった。たとえば、棒を檻の中に入れる、チンパンジーの背後に置くなどしたとたん、たとえはっきりと棒を見ることができても、また、問題を解こうとして歩き回っているうちに棒に行き当たっても、彼らのうちの何頭かはもうそれを使うことができなくなってしまったのだ。しかし、棒を目標物の近くに動かすと、その同じチンパンジーが、それを使って果物を取ることができるようになる。ケーラーも創設者の一人である、当時できつつあったゲシュタルト心理学の精神をもって、ケーラーは、問題解決のできるチンパンジーは、彼らの知覚野がいったん再構成されると、解決を「見て取る」ことができるのだと示唆している。この再構成は、目標物と道具とが同じ視野にあるときのほうが容易にできる。ケーラーは、この知覚の再構成とは何を指すのかはっきり述べてはいないが、前の章で論じたような、状況の表象を新たに作り上げるような認知プロセスを思い描いていた可能性はある。

ケーラーの実験の多くは、上に述べたような意味での「因果関係の理解」を探求したものであり、つまり、道具がどのようにしてその効果をもたらすかの理解についてである。彼のチンパンジーは、棒と目標物とを特定の方法で接触させねばならない（目標物の少し先に棒の端を置かねばならない、または押し付けねばならない）ことや、棒を特定の方向に引っ張らねばならないことなど、基本的な因果関係のいくつかはよく理解していた。しかし、彼はまた、他の因果関係は驚くほど理解されていないことも見出した。

たとえば、ある実験では、チンパンジーは、棒が輪で釘にかけられているのを見る。棒をそのまま引っ張っても動かないが、釘から棒をはずすには、輪を少し持ち上げるだけで十分だ。しかし、チンパンジーは、この特定の因果関係は「見る」ことができないらしく、釘に邪魔されて動かない棒を引っ張り続けたのだ。

ほとんどのチンパンジーはまた、針金の曲がりを直し、遠くのものに届くような長さと形に変えることもできなかった（彼らは、曲がった針金をそのまま使おうとしたのである）。同様に、棒を使うときにも、彼らは、途中に障害物があり、それをよけるには棒を引っ張る前に目標物を動かさねばならないときでさえ、自分と目標物との角度が90度以下でない限り、目標物を動かすのが非常に困難であった。

もっと有名なのは、チンプが箱を積み上げるとき、彼らが奇妙な平衡感覚を持っているというケーラーの発見だ。彼らは、正しい位置を探すために、積み上げた箱がとどまっているか、バランスが崩れるかという、自己刺激感応的フィードバックのみに頼っており、バランスに関して視覚的に得られる豊富な情報を無視したのだ。これとは対照的に、私たち人間は、箱の上に積み上げた箱が、手を離すと落ちるかどうか、直感的に「見て取る」ものである。チンパンジーは、物がどのように積み重なっているかには注意を払っていないようであり、その結果、とんでもない積み上げ方をしたり、非常に不安定な構築物を作ったりするので、それはしばしば崩れたり、チンパンジーが箱の上に乗ると、チンパンジー自身の体重で抑える効果があることでかろうじて保っているような事態が起こる。驚いたことに、チンパンジーは、どんなに長く箱にさらされ、この問題を解こうとずっと試し続けても、視覚的手がかりに注意を向けることは、ついに学習しないようだ。

逆説的だが、彼らがこうしてずっと間違った戦略をとり続け、経験から学ばないことは、彼らが自分の理解にしたがって問題解決をしているのであり、反応と報酬の単純な連合計算によっているのではないことの証拠だと受け取れる。問題は、チンパンジーの素朴物理学が「静力学」を欠いているらしいこと、もっと興味深いことには、彼らの静力学的感覚は、重さのバランスの分布に関する自己刺激感応的な情報という、まったく異なる表象に基づいているのかもしれないことにある、とケーラーは示唆している。

霊長類の心を知る窓としての誤り

ケーラーがチンパンジーの誤りに対してもともと持っていた考えは、誤りこそが、たとえ誤った理解であっても、彼らが状況の理解に基づいて行動していることを示しているという彼の信念であった。たとえば、チンパンジーがぶら下がっている果物を手に入れようとして、箱を壁に強く押し付けながら、その上に上ろうとしたなら、彼は馬鹿な誤りを犯しているのだが、同時にまた、彼は、問題の基本が理解できていることも示しているのだ。彼は、目的に近づくには中間のステップが必要なことは理解しており、彼と目標物との距離にかかわる問題を解決したのだ。残念なことに、箱を壁に立てかけるには箱を押し付けるしかなく、そのことを、箱に登ることと同時に行うことはできないのだ。

チンパンジーは試してみて間違えるが、彼らの試みは盲目的ではない。彼らは、状況の部分的な理解に基づいて行っているのだ。ケーラーは、決して成功しない戦略に基づいたこのようなおかしな間違いは、チンパンジーが、単純な条件づけによる連合や、人間がやっているのを見た問題解決法の目の子での模倣などによって行動していうのではないことを示す、もっともよい証拠だと示唆した。このような誤りは、独創的で創造的な類人猿の心があって初めて生み出せるのである。うまくいかなかった行動を、被験者の心を覗く窓とするというこのアプローチは、のちに、人間の赤ん坊の心を理解しようとする発達心理学者たちによって再発見されたのだった。

霊長類の因果関係の理解と誤解

チンパンジーは、霊長類の中では道具使用のプロトタイプであり、野生状態でいろいろな道具を使うほとんど唯一の霊長類であるが、他の大型類人猿であるゴリラ、オランウータン、ボノボも、飼育下ではしばしば道具使用を発達させ、彼らのやり方は、サル的ではなくてチンパンジー的である（その詳しい実験情報はあまり多くはないが）。しかし、少なくとも一種のサルは、自発的に物を道具として使用することを学習する。それは、キャプチン・モンキーだ。* たとえば、彼らは遠くにあるものをとるためや、管の中に押し込められたものをとるために棒を使う。ヴィッサルベルギとフラガシとサヴェッジ＝ランボー（Savage-Rumbaugh, 1995）は、管の中のものをとるタイプの問題で、チンパンジーとキャプチンがどのようにして問題解決するかを実験的に比較した。彼らは、両種ともに、中に閉じ込められた食物を取り出すために管の中に棒を入れるという簡単な問題を、同じように有能に解くことを見出した。しかし、キャプチンは、

＊ヒヒとシシオザルもまた、自発的に道具使用行動を発達させる（Beck, 1980; Westergaard, 1988, 1993）。

道具を使う前に少しそれを変形させねばならないときには、問題解決がそれほどうまくいかなかった。たとえば、紐で束ねた何本もの棒を与えられたときには、彼らはその束を丸ごと管の中に入れようとする、不可能な行動をしたが、チンパンジーは、まずは束をほどいて、一本の棒だけを使ったのだ。オランウータンとボノボも、同じ問題を与えられると、チンパンジーと同じように反応した（Visalberghi et al., 1995）。

それと同時に、ヴィッサルベルギとリモンジェリ（Visalberghi and Limongelli, 1996）は、毎回の試行でキャプチンは、最初に間違ったあと、棒の束を一見無目的にいろいろにいじり、最終的には紐がほどけることになって、最後にはその一本を使って問題を解決すると指摘している。実際、最終的に問題を解いたかどうかと、どれだけの時間がかかったかとだけでチンパンジーとキャプチンを比較すると、それほど重要な違いはない。問題解決するプロセスを詳細に分析して初めて、チンパンジーとキャプチンの違いが出てくるのだが、著者たちは、キャプチンがやっているのは盲目的な試行錯誤であり、うまくいくものが現れるまで、彼らはいくつもの操作を試してみているのだと解釈している。

この解釈は、短期的に見ると、キャプチンは、自分たちの成功から多くを学んでいないようだという事実によって支持される。同じ問題を繰り返し与えられても、彼らは、最初は束を丸ごと入れようとし、何度も何度も解決を再発見せねばならないのである。たくさんの試行のあげくに、彼らはようやく、試す前に束をほどいておかねばならないことをゆっくりと学習するのだが、これは、盲目的な試行錯誤から予測されるとおりの行動だ。

それとは対照的に、チンパンジーは、最初は解けない複雑な問題に直面すると、すぐに学習する。たとえば、Hの字型につなぎ合わされた3本の棒を与えられ、真ん中の横棒をはずさなければ管の中に入れることができない場合、彼らは、最初はH型の道具全体を入れようとする誤りを犯す。しかし、何回か試みたあとでは、彼らはもう誤りを犯さなくなり、つねにあらかじめ道具を改変するようになるのだ。

ヴィッサルベルギとリモンジェリ（1996）は、キャプチンとチンパンジーとは、因果関係を異なるやり方で表象していると考えている。チンパンジーは、彼らの行動と、棒、管、食物などの因果関係について、より詳細な表象を持っているのだろう。キャプチンには、これらの因果関係の理解がまったくないわけではない。彼らも明らかに目的指向的に行動しており、適切な要素のいくつかを選択しているのだが、棒と管の空間との間の正確な関係は、彼らが持っている問題の表象の一部とはなっていないらしい。

しかし、ケーラーが彼の先駆的な研究で示したように、チンパンジーも、正しい（間違ったというべきか）課題を与えられたときには、因果関係の理解ができないのだ。ヴィッサルベルギとリモンジェリ（1996; Limongelli et al. 1995）は、そういう問題を見つけた。それは、もっと径の太い管がしっかりした構造物に固定されており、その中ほどに落とし穴があいていて、食物を押し込めると落とし穴から落ちてなくなってしまうような問題である（図4-2）。この問題を解決するには、管の適切な端から棒を差し込み、食物が落とし穴に落ち込まないようにせねばならない。

3頭のチンパンジーは、まったくこの問題が解けなかった。2頭は、最終的には穴を迂回する方法を学習した（図4-2のB）。できなかったチンパンジーが、経験によって向上することはなかった。適切な因果関係を発見するのは、明らかに彼らの能力を超えていたのである。これができたチンプは、初めに誤りを犯したあと、このタスクについての新しい表象を学習したのかもしれない。動きの軌跡と、穴から落ちることの決定的な因果関係の理解だ。

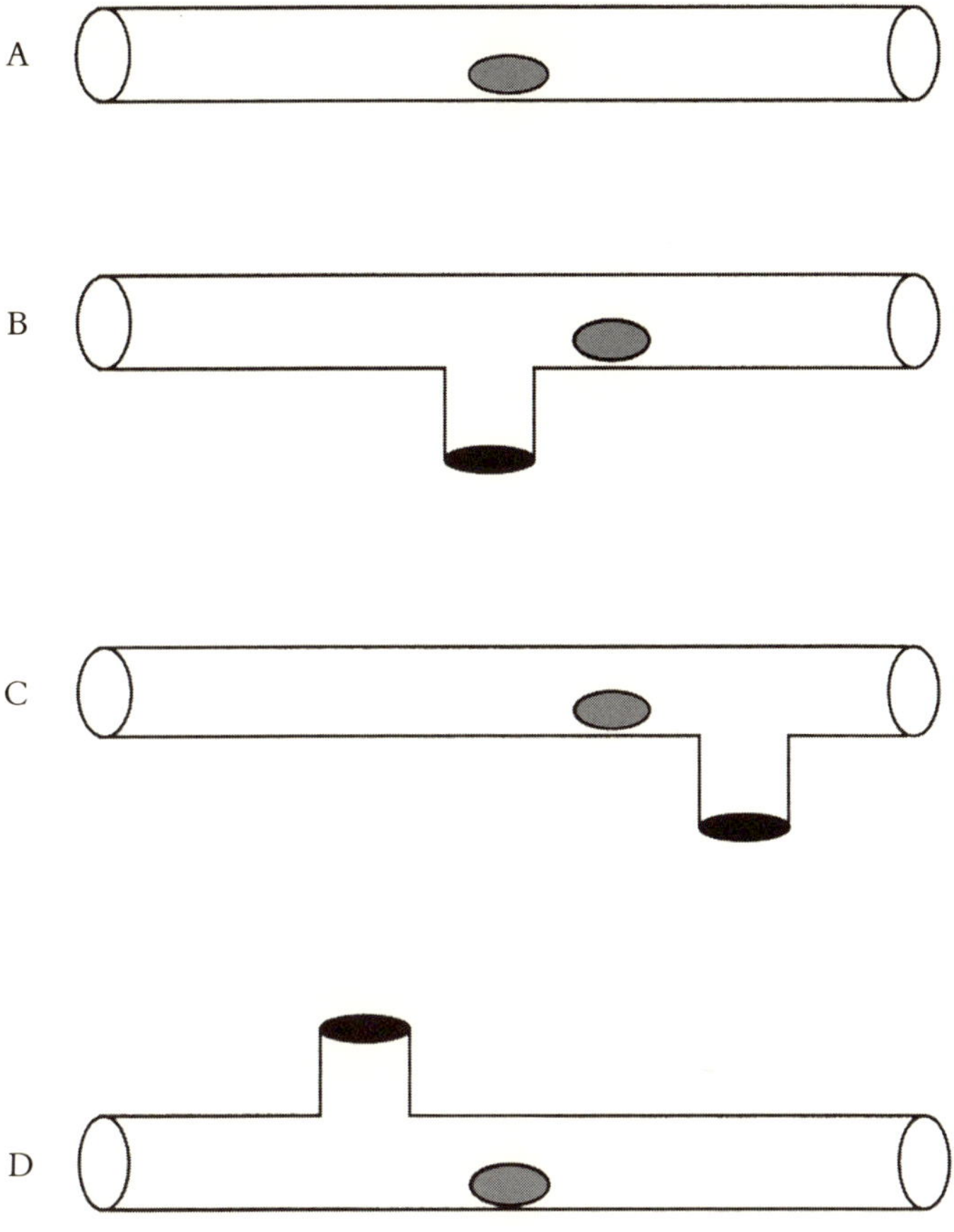

図 4－2　管と落とし穴の問題

A．棒を管のどちらの端から入れても問題が解決できる、単純な管の問題。

B．落とし穴のある管。特定の端から棒を入れなければ、報酬は落とし穴に落ちてしまう。

C．落とし穴のある管の変形。単純な連合による戦略かどうかを調べるためのもの。

D．管を回転させ、落とし穴が問題ではなくなったもの。

（Visalberghi and Limongelli, 1996 および Povinelli, 2000 を改変）

キャプチンも同じ問題を与えられたが、彼らの行動は、まったくの偶然のレベルであった。チンパンジーよりもずっと多くの試行を繰り返したあとで、最終的に1頭のキャプチンが問題解決を学習した。著者らは、この個体がBの問題に対する正しい戦略を学習できたのは盲目的な連合であり、この戦略がなぜ成功するのかを理解しているわけではないと考えている。実際、落とし穴の位置を変えた、新しい実験（C）を行い、遠いほうの端から棒を入れれば、今度は報酬が落とし穴に落ちてしまうようにしても、キャプチンは行動を変えなかったのだ。彼女は、前と同じように棒を差し込み、報酬を落としてしまった。そして、この問題を何度も繰り返しても、今度は、より柔軟な戦略を学習することはなかった。

それとは対照的に、うまくできた2頭のチンパンジーは、落とし穴の位置が変わった管での実験では、初めにほんの数回間違えたあとには、すぐに戦略を変えた。彼らは、報酬と落とし穴の相対的な位置関係を考慮しているようであり、著者らは、これは、物体間の適切な因果関係の理解が本当に成り立っていることを示していると述べている。

ヴィッサルベルギとリモンジェリの結論は、キャプチン・モンキーは非常に基礎的な因果関係しか理解していないので、盲目的な連合が成り立ちやすい管の問題しか解くことができないということだ。それとは対照的にチンパンジーの一部は、初めは難しい管の問題に惑わされたとしても、すぐに適切な因果関係に基づく表象を発達させるので、問題を解くことができる。しかし、誰もがこの解釈に同意しているわけではない。

因果関係の理解に関するチンパンジーの失敗

チンパンジーの因果関係の理解をさらに詳しく探るため、ダニエル・ポヴィネリ（Povinelli, 2000）は、もともとの管の問題を変形したものを使った。彼のチンパンジーが、ヴィッサルベルギとリモンジェリの場合と同様、落とし穴と報酬との相対的な位置関係を考慮して、落とし穴をきちんと避けながら棒を入れることを学習したあと、ポヴィネリは管を１８０度回転させ、落とし穴が管のてっぺんにくるようにした。これでは、落とし穴はもう無害である（図4-2D）。ポヴィネリの論理は、チンパンジーが本当にこの状況の因果関係を理解したのならば、今回はもう落とし穴を避ける必要はないと認識するだろう、ということだ。それでも、彼のチンプたちはつねに、いまや無害な落とし穴を避けるよう気にしながら一方の端から棒を差し入れたのだった。彼によればこのことは、チンパンジーが、キャプチンよりは複雑で詳細なものではあるにせよ、落とし穴と報酬の相対的な位置関係を、複雑で区別可能な刺激として連合的に学習しただけであり、なぜある行動は報酬をもたらし、他の行動はもたらさなかったのかを理解したわけではないことを示している。

この実験結果自体は、必ずしも彼の結論を支持するわけではない。なぜなら、チンパンジーがこのように「過度に熱心に」反応するのは、別に間違いではないからだ。しかし、ポヴィネリはこの実験を、チンパンジーの問題解決の限界としてケーラーが記述したことを再現し、拡張するための、一連の大規模な研究の始まりとして使ったのだった。彼の仮説は、何はともあれ、チンパンジーは世界の因果的理解をまっ

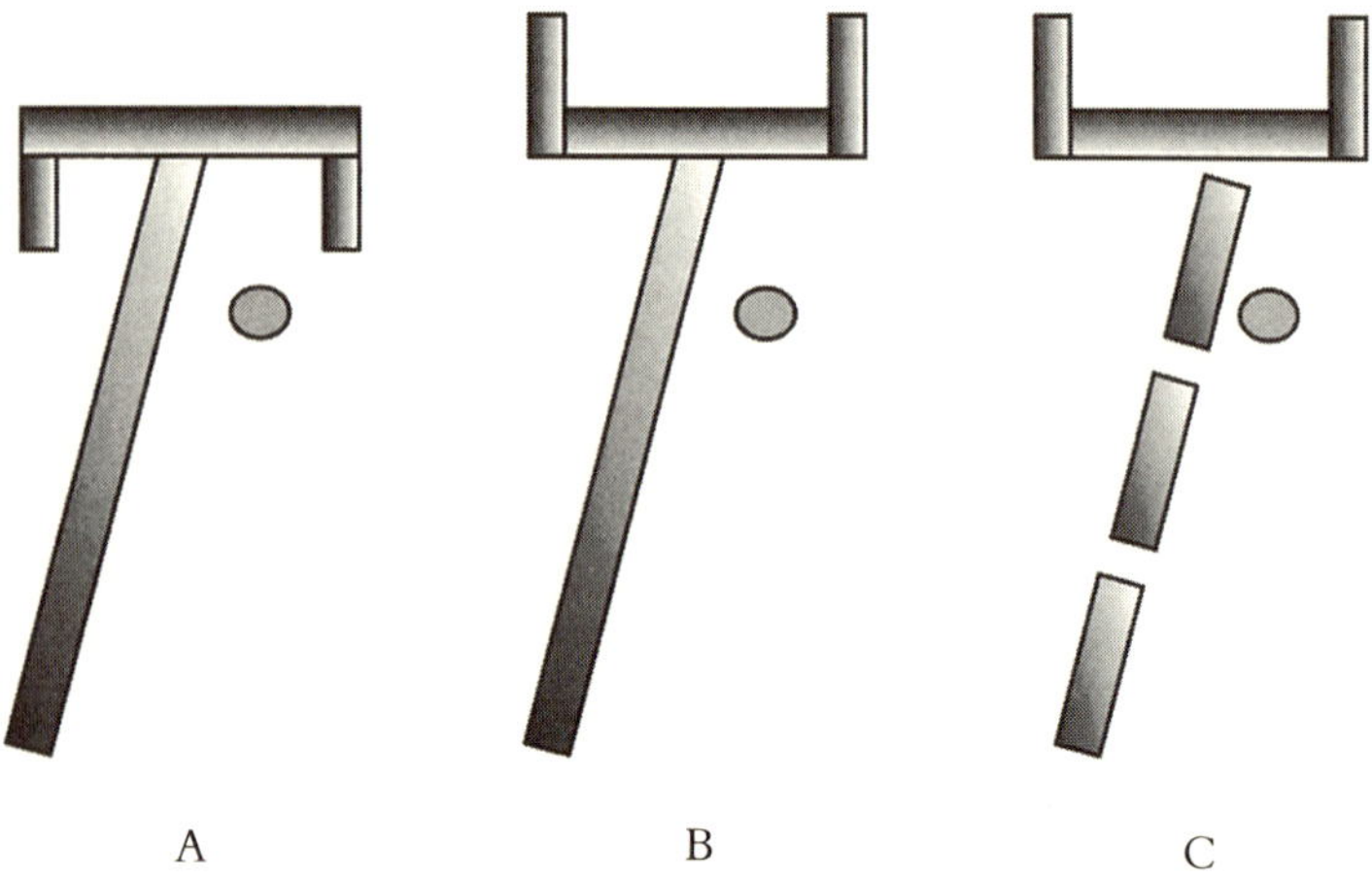

図4－3　チンパンジーの因果関係理解の実験に使われた熊手の種類。餌を引き寄せるために、チンパンジーはどの熊手を最初にとるだろうか？

（Povinelli, 2000 より）

たく欠いているのであり、真の因果的理解には、力や重力などの見えない実体をはっきりと表象することが必要だというものだ。彼は、物体に対するチンパンジーの行動は、物体の表面的な性質と、その典型的な反応との間の、比較的複雑な連合から成り立っていると考えている。たとえば、熊手を使っているチンパンジーは、熊手の横向きの棒と、目標物を引き寄せる効果との間の連結を理解している、つまり、熊手のその部分がどのようにして目標物を「捕まえ」、熊手を動かしている力を目標物に伝えているのかを理解しているような印象を与える。そうかどうかを確かめるために、彼は、チンプに2種類の熊手（一方は適切だが、もう一方は役に立たない）を与えてみた。その結果、彼らが選んだものは、熊手がうまく物を捕まえるかどうかの状況に関する深い理解によって導かれているのではないことがわかった。つまり、図4-3にあるような特別な形をした熊手の中から一つを選ばねばならないとき（歯のない、立てた熊手（A）、歯のない、上向きにした熊手（B））、彼らが最初に選んだときには、Aはまったく熊手としての機能を欠いていることは、理解していなかったのだ。しかし、彼らは、もう一つの違いは理解しているようで、全部がつながった熊手ではなくて、壊れた熊手（C）を選ぶことは滅多になかった。

もう一つの実験では、チンパンジーは、透明な自動販売機のような特別な装置に、丸い穴を通して棒を差し込んでリンゴを押し、外に転がらせることによってリンゴを取り出さねばならない（Povinelli, 2000）。チンパンジーはこの基本的な構図は難なくマスターした。しかし、この丸い穴には到底入らないような棒を含む、さまざまな棒の道具を与えられると、彼らは何回も間違いを犯し、穴から入れることがまったくできないような道具も使おうとしたのだ。とくに興味深いのは、このテストの一つの要素である。チンパンジーたちに、すぐに穴から入れられるようなまっすぐな端と、穴から入らないわけではないが非常に入れにくい、曲がった端のある道具を渡すと、彼らは、まっすぐなほうを柄として握り、曲がったほうを穴に入れたのだ。時間がたつうちに、彼らは、曲がったほうの端を、リンゴを押し出すのにより有効に使うことを学習していったが、まっすぐな端のほうを使えばどれほど楽かということは、ときどきまっすぐな端を実際に使い、そのときには2倍の頻度で問題解決ができたのにもかかわらず、とうとう認識しなかった！　この強化があっても、彼らの行動は変わらなかったのだ。

この結果が特別に興味深いのは、盲目の試行錯誤という仮説とは対照的に、チンパンジーが誤解している問題を解こうとしているときには、彼らはずっと間違った戦略に固執し、連合学習によって正しい表面的連合を学習することがなかったという点にある。彼らの行動は、盲目的な連合に導かれているのではなく、彼ら流の理解（誤解）の上にできあがっているのだ。

発達心理学では、このように表面的な一致に敏感でないことは、子どもの行動が、経験的な連合によるのではなく、おもに表象によって作られていることの証拠と考えられている（Karmiloff-Smith, 1992）。もしもこの同じ論理をチンパンジーにも当てはめるならば、彼らも、問題の因果的表象によって行動していると結論するべきだろう。たとえ、彼らの表象がたまたま誤っていたとしても、その傾向があまりにも強いので、表面的な一致によって行動するという、よりよい戦略が出てこられないのである。

ポヴィネリ（2000）は、ほかにも多くの実験を行ったが、その中で、彼のチンパンジーが多くの問題の因果的構造を十分には理解していないことを示した。その結果、彼らは、不適切な、役に立たない熊手を使う、物理的な結びつき（結び目）と、そうでないもの（バナナの上にロープがある）とを区別しないなど、「愚かな」行動を見せた。彼は、チンパンジーが、道具使用行動において理解と理解の欠如とを驚くべき組み合わせで持っているという、ケーラーの先駆的研究を再現し、それを拡張した。しかし、ケーラーとは違って、彼は、チンパンジーの失敗は、人間と類人猿の心に決定的な違いがあることの証拠だと考えている。類人猿とヒト以外の霊長類一般は、因果関係の深い理解、または真の理解がないのだが、人間は、おとなだけでなく2歳の子どもでも、質的に新しいタイプの概念、すなわち、観測できない原理や力の正確な表象をもって道具を使おうとしているというのだ。

人間の子どもが見せる因果関係の誤解

先の結論には、2つの仮定が含まれている。一つは、人間の子どもは、ポヴィネリ流の問題を与えられれば解決できるということ、もう一つは、そのような問題解決ができるためには、見えない実体に関する正確な表象が必要だということだ。しかし、このどちらの仮定も正しくないかもしれない。最初の仮定については、子どもに関する多くの実証的な研究が、発達の比較的遅くまで、子どもたちは道具の因果的性質を理解していないことを示している。たとえば、道具と物体との間の正確な因果的連結の理解を取り上げてみよう。ピエール・ムヌー（Mounoud, 1970）は、年齢の異なる子どもを対象に、道具使用に関する一連の研究を行った。一つの実験では、子どもは、瓶の中に入っている、先に輪のついたおもちゃを「釣り」出さねばならなかった。彼らにはたくさんの道具が与えられたが、その中には、ただのまっすぐな針金の棒もあれば、先が鉤状に曲がった針金もあった。驚いたことに、4歳から5歳の子どものほとんどは、適切な道具はどれかと尋ねられると、因果的により適切な先の曲がった針金ではなく、まっすぐな針金を好んだ。そして、曲がった針金を選んだときにも、それで輪を引っ掛けようとはせず、道具で物体を瓶の壁に押し付け、物体を引っ張り出そうとしたのである！　彼らは、この特定の因果的連結については、驚くべき理解の欠如を示した。5歳以降になると、子どもは、鉤のある針金を選んで正しく使うようになったのだが、まっすぐな、しかし曲げることのできる針金を渡されたときに、それで適切な道具を作ることはほとんどなかった。このことは、飼育下のカラスが自発的に針金を曲げて、問題解決に適当な形を作り上げる戦略を発達させたという最近の発見を見ると、なおさら驚くべきである（Weir et al., 2002）。カラスは、問題解決に何が必要なのかの洗練された因果関係を理解しているように思われる。

これとは違う研究で、カーミロフ＝スミスとインヘルダー（Karmiloff-Smith and Inhelder, 1975）は、子どもたちに、積み木を積み上げるように指示した。彼らは、3歳から3・5歳では、子どもはありとあらゆる不適切な位置に積み木を積み上げ、ときには、バランスがとれないのを補うために、自分で積み木のてっぺんを押さえることもあることを発見した。これは、チンパンジーが箱を積み上げるときの間違いを、スケールを小さくして再現したようでおもしろい。4歳になると、横木の上に積み木をのせるように言われたときに、一貫して安定な位置を探すことができるようになるのだが、初めから視覚的に安定している構造を選ぶことはなく、自己刺激的にどれが安定かを探るように積み木を動かした。これも、チンパンジーが箱を積み上げるときの行動とよく似ている。6歳になると、子どもは、最初から、対称な形に積み木を真ん中に置くことにより、すぐに問題を解決できるようになる。彼らは、バランスのよい位置を見つけるために、視覚的表象を使っていた。しかし、同じ子どもたちに、はっきりと非対称な積み木（一方の端にもう一つの積み木が接着してある）や、一方の端に見えないように重りが隠されている、特別に「奇妙な」積み木などを渡すと、彼らは、どんなに失敗しても相変わらず、これらの積み木を幾何学的な中心に置こうとし続けたのである。ここには、おもしろい発見がある。もっと小さい4歳児は、まったく同じ非対称の積み木を渡されると、何の問題もなく、自己刺激的な手がかりを使う方法で、バランスをとることができたのだ。非対称な積み木のときには、視覚的な表象は不適切になるのだが、カーミロフ＝スミスとインヘルダー（1975）が指摘しているように、こんな間違いを犯すということ自体、6歳児は何らかの

「動きに関する理論」(この場合は、どんな積み木もその幾何学的中心でバランスがとれるはずだという理論)にしたがっていることを示しているのである。彼らが、非対称な積み木が何度も落ちてしまうという経験から学ばないということは、さらに、彼らが、問題の因果構造に関する、不十分ではあるものの洗練された表象によって導かれているという解釈を補強するものである。それは、視覚情報が、自己刺激的情報を凌駕してコントロールを働かせる表象なのである。

もっとあとになって初めて、およそ8歳ごろ、子どもはこの問題を完全にマスターする。彼らは、普通の対称な積み木を真ん中に積み上げるが、非対称な積み木や、重りが隠された積み木のときにも難なく置き場所を修正する。彼らは、自分が何をしているかを言葉で説明し、奇妙な積み木の中には何かが隠されているに違いないというコメントも発する。これは、この問題を深く正確に因果的に理解している証拠だろう。しかし、これは長い発達期間ののちに起こることであり、その間に彼らは、より不正確な部分的因果関係の理解は示しているのである。

ヴィッサルベルギとリモンジェリ(1996)がキャプチン・モンキーとチンパンジーで行った、落とし穴のある管のテストは、人間の子どもにも行われている。彼らは、2・5歳までには、モデルを見せられれば、この問題の基本的な機械的構造を理解してはいるのだが(管の中に棒を入れねばならない)、ウォントとハリス(Want and Harris, 2001)は、彼らの理解は、少なくとも3・5歳になるまでは本当に因果関係の理解ではないと論じている。3・5歳で初めて、子どもたちの何人かは、棒を入れるべき適当な端を正しく選ぶことができるようになるのである。しかし、この子どもたちは、自分からこの問題ができるようになるのではない。彼らができるようになるために決定的に重要なのは、何をするべきかをおとなが教える（正しい端から棒を差し込むことの提示）ことばかりでなく、何をしてはいけないかを教える（間違った端から棒を入れたときの失敗の提示）ことでもあるのだ。成功した例だけを見せられた子どもたちは、正しい戦略を学習することができなかったのだ。

まとめると、人間の子どもの道具使用にはたくさんの間違いがつきまとっており、このことは、かなり年齢が進んでも、ある種の因果関係の理解は十分でないことを示している。しかし、だからと言って、子どもは7、8歳になるまでまったく因果関係を理解しないということではない。もっと小さいときには、因果関係の、より洗練されていない表象に基づく部分的な理解はある。同じようなことが、類人猿やサル類でも起こっているのかもしれない。彼らの誤りは、因果関係が何もわかっていないことを示してはいないが、不完全という意味でも、問題の特定の側面に偏っているという意味でも、因果関係の表象は部分的である。類人猿と子どもたちの中途半端な理解とは、問題の異なる側面への偏りであって、因果関係の理解に関して、人間と他の霊長類との間に劇的なギャップがあるというわけではないのだろう。

深い理解と浅い理解

道具使用に関するポヴィネリの実験が提起した二番目の問題は、こういった実際的な問題は、深い、正確な因果関係の理解を査定するのにどれほど適切であるかということだ。このような問題の解決は、本当に観察不可能な因果的力に関する、正確で高次な表象に基づいているのだろうか？　たとえば、熊手の問題とリンゴを取り出す問題の両方において、道具の適切な性質と対処しなければならない障害とは、どちらも完全に見ることができる。それは、単に特別の形である。このような実際的な問題を解くには、観察不能な変数を正確に表象する深い能力は必要ないかもしれない。見える変数に関するもっと基本的で実行上の誤解が、類人猿と子どもの失敗を説明するのかもしれない。

ヒト以外の霊長類には因果関係の理解があるのかどうかを議論している人々はしばしば、ケーラーの初期の業績の、主要な貢献の一つを忘れている。それは、実行的知能としての素朴物理学という概念である。知能や理解は、かつて、意識的であり、言語で正式に表現された思考だと考えられていた。しかし、ケーラーや、発達心理学者のピアジェやヴィゴツキーなどは、言語以前の思考を伴わない知能が、小さな赤ん坊やサルや類人猿に存在することをしっかりと示した。ケーラーは、物理的原理を暗黙のうちに、実行的に理解することをさして、「素朴物理学」という言葉を作った。たとえば、チンパンジーが棒を梃子に使っていることに関して、ケーラーは、梃子を使っている類人猿も普通の人間も、梃子の物理的概念の一部である、力、方向、仕事量という概念を知っている必要はない、と述べている。彼らは「素朴光学や素朴力学をもとに、このような道具の、実際的でしっかりした理解をしている」のであり、そこから、道具の適応的な使用が生まれてくるのだ（Köhler, 1927, p.53-54 ドイツ語版）。

ポヴィネリ（2000）が、類人猿には道具の因果関係の理解がないと主張するとき、彼は、因果関係の原理に関する、高次で正確な表象がないことを意味している。このこと自体はそれほど議論はない。これと反対のことを主張する人は、まずいない。問題なのは、因果関係の理解は、その明確な表象があって初めて可能になるという解釈である。明確な表象は人間に固有だと考えている研究者でも（Karmiloff-Smith, 1992）、暗黙の知識と明確な知識とは、発達上連続していると認めている人はいる。さらに、発達心理学のデータは、子どもたちが、明確さにおいて異なるレベルの表象を持っていることを示している（Karmiloff-Smith, 1992）。おそらく、すべてのレベルの明確さが人間に固有なのではないだろうし、暗黙のレベルにもいろいろな段階があるのだろう。そして、不明確な表象と明確な表象の間の違いは、それほどはっきりしてはいないに違いない。

観察された因果関係

霊長類は、自分が観客として見ているだけのときにも、因果関係が理解できるのだろうか？　たとえば、チンパンジーは、仲間のチンパンジーがどのように棒を使って食物を得られたのか、理解できるのだろうか？　そして、霊長類は、効果を見たときに、そこでは見られなかった原因を推論することができ、その原因が働いたところを見たときには、その効果を予測することができるのだろうか？

原因と結果の推論

デイヴィッド・プレマック（Premack, 1976）は、たいへんうまく考案された実験によって、この疑問を探求した。彼のチンパンジーの中には、プラスチック板で人工言語を教えられたものがいるので（第10章参照）、彼らに「質問に答えさせた」のだ。研究者が一連の「単語」（色や形の違うプラスチック片）を並べ、その間に隙間を作ったり、特別のプラスチック片(疑問符の機能を持つ)を置いたりする。これに答えるために、チンパンジーは、与えられたものの中から適切なプラスチック片や実際の物体を選び、隙間に置かねばならない。このようにして疑問に答える彼らの能力を利用し、プレマックはいくつもの実験を行ったのだが、プラスチック片のかわりに、彼らが実際に行うのでよく知っている単純な因果関係にかかわる実物を見せた。たとえば、まるごとのリンゴがあり、隙間があり(そこにプラスチックの疑問符が入る)、半分に割れたリンゴがある。それから、彼らに3つのものが見せられる。水の入った器と、鉛筆と、ナイフだ。チンパンジーは、いつもナイフを選んだ。彼らは、「乾いたスポンジ、隙間、濡れたスポンジ」では水、「何も書いていない紙、隙間、何かが書かれた紙」では鉛筆というように、他の例でも、つねに正しい道具を選んだ。プレマックによれば、チンパンジーは、因果関係を理解しているのだ。彼らは、自分の心の中で、この変化を引き起こしたに違いない正しい道具を推論できたのである。

チンパンジーのこの成果は、ナイフと切ったリンゴ、水とスポンジ、鉛筆と何か書かれた紙という、単純な連合に基づくものにすぎないと言いたくなるかもしれない。チンパンジーは、それぞれのことを自分で経験したことがあるのだし、単純に自動的な連合だけで適切な選択が思いついたのかもしれない。そこでプレマックは、同じ物体を使った同じテストではあるが、まったく新しく、どちらかというと突拍子もない因果的出来事を見せた(彼らの生活では、これまでに経験したことのないもの)。たとえば、「スポンジ、半分に切れたスポンジ」や、「リンゴ、字が書かれたリンゴ」などである。チンパンジーは、この奇妙な出来事をもたらしたはずの道具を苦もなく見つけた。さらに、一つの物体と一つの道具を見せられる別のテストでも、彼らは、適切な結果を選ぶことができたのである。

このことは、チンパンジーが表面的な連合だけで反応しているのではないことを示している。それでも、彼らが使っている表象を「連合」と呼ぶというならば、その表象は、道具とそれに「伴う」効果の、比較的抽象的なスキーマで構成されているに違いない。何を切るかにかかわらず、ナイフは「切ること」をもたらし、何に書くかにかかわらず、鉛筆は「マークすること」をもたらす、といったものだ。そして、これは、因果関係の基本的な表象であるだろう。

それゆえ、プレマックのチンパンジーは、因果の言葉で構成された出来事の、比較的抽象的な表象を持っているようであり、結果を見ただけで、彼らの心には正しい「説明」、つまり、そのような結果をもたらした原因、が浮かび上がったようだ。

この実験を、同じような出来事の経験はあるが、言語訓練を受けたことのないチンパンジーに行ってみたところ、彼らは正しい選択をすることができなかった。このことは、原因を推論する能力は、その出来事に関するより明確な表象を必要としており、それは、プラスチック片を使って物体や行為を指示することを繰り返し訓練されてできたことであるか、または、もっと単純に言えば、この問題が正しく解けるかどうかは、テストの形式に関してもっと訓練する必要があることを示しているのだろう。

他者が物体でやっていることの理解

先の実験で研究されていた因果のスキーマは、チンパンジーがいつも自分でやっていた行動に対応していた。しかし、別の実験では（Premack and Woodruff, 1978, b; Premack and Premack, 1983）、言語訓練されたチンパンジーの一頭であるサラは、自分でやったことはないが、他者がするのを見たことのある行動について、はっきりした表象を持っていることを示している。彼女に、スイッチの入っていないヒーターの横で震えている人や、電源の入っていないプレーヤーを動かそうとしている人の映像をテレビで見せる。それから、彼女に、何枚かの写真を見せるのだが、その中には、この状態を改善する可能性のある行為となり行為の写真が含まれている。彼女は、つねに、マッチの写真や、電源のコードが入っている写真など、適切な解決を示した写真を選んだので、よく知っている出来事に関する表象ばかりでなく、因果的に適切な部分を選択する能力もあることを示したのだ。

チンパンジーの視点から見た道具使用の、ケーラーの研究を再現するように設計された最後の実験では、プレマックはサラに、彼女の好きな飼育係が天井からぶら下がったバナナを取ろうとしてむなしくあがいているビデオを見せた。サラは、このビデオに対する正しい選択として、何のためらいもなく、その飼育係が箱によじ登っている写真を選んだ。

サラの選択には、まったく違う次元も含まれているようだ。ビデオの中の人物が彼女の嫌いな人間であった場合には、彼女は問題解決の写真を選ばず、箱から転げ落ちるなど、ひどい結果になる写真を選んだのだ。サラは、ビデオで今見たこととは関係なく、単純に、好きな人にはよい結果を、嫌いな人には悪い結果を選んでいたのだろうか？　プレマックによれば、そうではない。なぜなら、彼女が選ぶひどい結果は問題と関連しているので、そこで描かれている状況の問題点を理解しているのだ。たとえば、ぶら下がっているバナナに対処しようとしている問題では、彼女は、嫌いな人間がぐらぐらしている椅子から転げ落ちる写真を選んだのであり、その人が床をすべっている写真は選ばなかったのだ。

この結果は、チンパンジーが、手続きレベルで問題の解決を理解しているばかりでなく、この知識をオフラインで使い、このようなテスト状況でも使う何らかの能力があることを示している。この能力は、他のチンパンジーや人間が何をしているのかを理解するにはとても有効である。

まとめ——因果関係の理解

霊長類における因果関係の認知は、近年、激しく論争されてきたが（Povinelli, 2000 ; Visalberghi and Tomasello, 1998 ; Hauser, 2001）、人間以外の霊長類に何らかの因果関係の理解があるのであれば、それはどれほどで、どんな種類のものなのか、意見の一致はほとんどない。ここでは、私は、ある種の霊長類には因果関係を検出して利用する能力にかなりの柔軟性があることを、多くの証拠が示していると論じてきた。チンパンジーや、おそらく他の類人猿も、これまでに研究されているサル類よりはよく発達した、より詳細な因果関係の表象を持っているらしいが、この仮説を検証するにはもっと研究が必要だ。確かに人間の子どもは、物体の世界を因果の言葉で認識して表象する優れた能力を最終的には開花させ、世界の因果的な感触を利用するばかりでなく、理由を考え、説明を探し、なぜそういうことが起こるのかについて、自分自身の明確な理論を作ろうとする「小さな科学者」になる（Piaget and Inhelder, 1966 ; Karmiloff-Smith, 1992; Gopnik and Meltzoff, 1997）。しかし、それは、もっと単純なところから始まる長い発達過程を経てのことであり、その途中は、中途半端な理解や誤解に満ち溢れているのだ。ヒト以外の霊長類は、因果的知能の起源の理解、つまり、その基盤となる、物体どうしの機械的関係に関する暗黙の表象の理解の助けとなり、おそらく、それをより明確に思い出し、この知識をより広いコンテキストで用いることの起源を理解する助けとなるだろう。

ヒト以外の霊長類が、どれほど明確な因果関係の表象を持っているのかは、まだ結論が出ていない。なかには、因果関係の明確な表象は人間だけにしかないと譲らない研究者もいるが（Povinelli, 2000）、類人猿は、因果的に構造化された出来事の、ある程度明確な表象を操れることを示す証拠はある。このことは、力の概念や原因という概念そのもののように、因果の概念の明確な表象である必要はないが、世界について因果的な見方をするとはどういうことかの、より重要な核となる要素であるかもしれない。ここからますます明らかになってくる結論は、明確な認知と暗黙の認知とを峻別することは、霊長類の心の現実には合わないだろう、ということである。

第5章

物体の関係の論理

霊長類が因果関係をどのように理解しているかについて調べてみたので、今度は、物体どうしの異なる関係について考えてみたい。それは論理的関係であり、霊長類が、物体どうしの類似と違いとをどう理解しているか、彼らは物体を心の中でどのように組織化し、分類しているかという問題である。

同じと違う――世界にある物体を分類する

ほとんどの動物は、物体の間の類似と違いを検知することができ、弁別学習として知られているものにのっとって自分たちの行動を調整している（Pearce, 1997）。このことは、彼らの心の中では、いろいろな物がカテゴリーまたはクラスとして、つまり、何がリンゴであり、オレンジであり、果物であり、木であるかという、何らかの抽象的な概念にそって表象されているということなのだろうか？　彼らは、ある特定のリンゴと、「リンゴ」というカテゴリーとを区別できるのだろうか？

おそらく、すべてのヒト以外の霊長類と多くの他の動物とは、生後のかなり早い時期から、いろいろな刺激を区別することができる（たとえば、視覚刺激を前に見たことがあるかどうかで、よく見たり見なかったりする）。しかし、このことは、「リンゴ」、「三角形」といったカテゴリーや、赤ん坊が見せられたどんな物にも対応する表象を使わなくてもできることだ。サルや人間の赤ん坊は、ただ単に物理的なパターンに反応しているだけであって、それらがある特定の種類に属していると認識してはいないかもしれない。事実、心理学で影響力の大きかった概念は、カテゴリーの認知は言語と連動しており、明確なラベル付けを使って物体をクラスに組織化する能力がなければならないというものであった（Quinn, 2002）。実際、人間は、カテゴリーの複雑な階層システムを持っており、それによって世界を物体のクラスに組織化している。そして、それらは、「リンゴ」、「オレンジ」、「果物」、「食物」などなどという、明確な言語ラベルで同定されている。もしもカテゴリー化が言語によるものであるならば、それは、赤ん坊にも他の生物にも存在しないに決まっている。

それゆえ、ハーンシュタインら（Herrnstein et al., 1976）が、ハトが、「人間」、「木」、「水」などというカテゴリーをもとにした弁別問題に反応することができると示したことは、驚きをもって迎えられた。人間が写っているスライドをつついたときにだけ大幅に強化を与えるという、非常に集中的な訓練を行った結果、彼らは、まったく新しい、人間が写っているスライドと写っていないスライドとを正しく見分けて反応することができるようになったのだ。ハトは、スライドで見せられた人間の、特定の例を覚えていただけではなくて、彼らの行動を制御する、「人間」という表象カテゴリーを発達させたのだろうか？

このタイプの問題で、ハトその他の動物が見せる行動のおくに、どのような認知メカニズムがあるのかについては、長い間論争が続いている。研究者の中には、ハトは「人間」（または「木」、「水」など）という抽象的概念を発達させたわけではなく、集中的な訓練の過程で、たまたま、人間や木などのスライドにいつも写っている特定の特徴（たとえば、人間の写真のときにある赤い点、木の写真のときにある緑色のパッチなど）を同定することを覚えただけなのではないかと考える人もいる（D'Amato and Sant, 1988）。抽象的な概念を学習したのとは正反対で、彼らは、刺激の中のきわめて細かい特別のディテールを抽出し、ほかはすべて無視するという、超具象的な戦略を編み出したのではないかということだ。そうではなくて、よくコントロールされた実験では、少なくとも知覚のレベルでは、彼らは真にカテゴリーの概念を学習したのだと考える研究者もある（Pearce, 1997）。

それはさておき、カテゴリー形成に関する非言語的なテストは霊長類の心理学にも持ち込まれ、その結果は、霊長類はカテゴリーで表される刺激に即座に反応することを示していた。

ロバーツとマズマニアン（Roberts and Mazmanian, 1988）は、人間のおとなとリスザルに、抽象化のレベルが異なる3つのカテゴリーから像を選ばせるように訓練した。カワセミの写真とその他の鳥の写真、鳥の写真とその他の動物の写真、そして、動物の写真と、動物が写っていない写真、である。人間は、この3つのカテゴリーにすばやく正しく反応した。どちらかというと、人間には、より具象的なレベルのほうが難しかった（カワセミを他の鳥と区別する）。それとは対照的に、リスザルは、この3つのカテゴリーを学習するのにかなりの時間がかかったが、一番具象的なレベルが容易で、次のレベルが中間的に困難であり（鳥と他の動物）、高次なレベルがもっとも困難であった（動物と動物以外のもの）。訓練期間ののちに、人間とリスザルとにまったく新しい写真を見せると、人間は、どのカテゴリーでも正しく反応したが、リスザルは、カワセミとそれ以外の鳥という低次のレベルでのみ正しく反応した。さらに訓練をつむと、サルたちはやっとのことで、動物とそれ以外のものというカテゴリーを学習したらしい何らかの証拠を見せたが、中間的なカテゴリー（鳥とそれ以外の動物）では、ついに偶然の確率以上の正確さには至らなかったのである。

この研究から、サル類も何らかのカテゴリー化の能力はあるが、その能力は、そのままでは、世界の物体を非常に基本的な具象のレベルで分けることに限定されていることがうかがわれる。彼らには、それらのカテゴリーをより抽象化の進んだ上位概念のカテゴリーにまとめ、より複雑な階層的ネットワークにしていく能力は欠けているのかもしれない。

最近、ファーベル＝ソープとデローヌとリチャード（Fabre-Thorpe et al. 1999）は、別の観点から、こう結論づけるのは早すぎるかもしれないと主張した。彼らは、アカゲザルと人間のおとなとにまったく同じ一連のスライドを見せて、その成績を比較したのだが、「食物」と「食物以外」と、「動物」と「動物以外」という、実験者が誘導しようとしている上位概念から非常に多くの例を出してサルを（そして人間も）訓練し、訓練期間中につねに新しい物体を追加していった。こうして訓練すると、アカゲザルは、この2つの刺激の理解が驚くほど高まった。まったく新しい刺激を見せてテストすると、彼らは、サンプルの80パーセント以上で正しいカテゴリーを選択したが、これは実質的に人間と同じレベルであった。さらに、サルと人間とはともに、同じ「カテゴリー化の難しい」物体でつまずいたのである。

サルと人間の被験者に、モノクロの写真でテストしても（訓練中にはカラー写真を使っていた）、彼らの成績は本質的には変わらなかった。このことは重要である。なぜなら、以前の研究では、あるカテゴリーの写真にはつねにある特定の色が存在するなど、表面的な特徴をもとにして正しい写真を選ぶという「にせのカテゴリー化」の効果があったのではないかと言われていたからだ（たとえば、人間のすべての写真には赤い色が入っている、カワセミのすべての写真には、ある特定の色があるなど）。そこで、この研究結果は、このような批判があたっていないことを示すものである。

同じような研究で、フォンクとマクドナルド（Vonk and MacDonald, 2002）は、一頭のゴリラが、種のレベルでカテゴリーを区別できるばかりでなく（ゴリラか人間か）、動物とその他の実体の間にある、より高次で抽象的なカテゴリーも区別することができることを示した。ゴリラは確かに、中間的なカテゴリーの区別（霊長類か霊長類でないか）に困難を示した。彼らは、オランウータンでも同様な結果を報告している（Vonk and MacDonald, in press）。

赤ん坊が自発的に示す注意を測定するテストを用いた、人間の赤ん坊の研究では、生後4、5ヵ月の赤ん坊でも、ある種のカテゴリー的表象を持っていることが示唆される。あるテストでは、赤ん坊たちに繰り返し一つのカテゴリーのものをペアにした写真を見せる（家具など）。そして、彼らの注意が鈍ったところで、新しい家具と、家具ではないカテゴリーの物（自動車）とからなる写真を見せる。すると彼らは、新しいカテゴリーに属する物のほうを長く見つめる傾向を示したのだが、それはあたかも、何回も家具の写真を見せられたあとでは、彼らは、「家具一般」という何らかの抽象的な表象を持つようになったかのようであった。人間の赤ん坊は、どんな抽象化のレベルでも、このような原始的なカテゴリー表象をすぐにも形成するが、彼らは、「イヌ」、「鳥」、「ネコ」などの中間的なレベルでの表象形成がもっとも得意なのである（Quinn, 2002）。

このような実験は、ヒト以外の霊長類とヒトとの間に、興味深い違いがあることを示している。人間は、この世にある物体を、基礎的または中位レベルのカテゴリー（「イヌ」、「ネコ」、「鳥」）から始めてカテゴリー化する傾向があるが、サルや類人猿は、もっと具象的なカテゴリー（「アカゲザル」、「ゴリラ」）と上位レベルのカテゴリー（「動物」、「食物」）とに焦点を当てているようだ。このことは、言語が認知に及ぼす影響と関係しているのかもしれない。とくに、子どもが最初の単語を獲得するときに物に名前をつける効果である（Tomasello and Call, 1997）。しかし、言語獲得以前の小さな赤ん坊にも、中位カテゴリーに対するバイアスがすでに見られるということは、先の効果は逆向きであって、最初の単語を習うやり方が、このバイアスの影響を受けているということなのだろう。ヒト以外の霊長類で、自発的な注意を測定する技術を応用した研究が出るまで、はっきりした結論は出せない。

まとめると、霊長類ではさらに研究が必要ではあるが、霊長類は、物体をその外見の類似性を超えてカテゴリーに分ける何らかの能力を持っており、それは、人間が最近になって言語を持つようになったせいではないらしい。事実、この能力は、霊長類以外の動物も持っているかもしれない。おそらく、言語は、物をカテゴリー化する可能性を作り出したのではなく、この能力をより明確にし、複雑で階層的な抽象化のレベルに達するように助けたのである。

「同じ」を使ってテストする

ある生物の持っている表象がどれほど複雑であるかを調べる一つの方法は、彼らの表象を使って何かをさせることである。たとえば、ある刺激が他の刺激と同じであるかどうかに基づいて、彼らに意思決定をさせる。その一つの方法は、「見本合わせ」と呼ばれるテストだ。被験者に、たとえば緑色の四角形のような、何かを見せる。そして、それと同じ物体と、それとは異なる物体とのうちからどちらかを選ばせる(同じ緑色の四角形と赤い円形など)。もしも同じ物体を選べば報酬がもらえる(たいていは、正しい物体の下に餌が隠してある)。この方法は、20世紀の初めにロシアの霊長類学者、ナディア・コーツ(Kohts, 1923)が発明し、それ以来、霊長類の実験の標準的な手続きとなっている。もう一つの方法は、見本合わせをさせない異物学習で、見本とは異なる物体や、他の同じ物体の集合の中に一つだけある変わった物体を選んだときに報酬がもらえる。これらのテストでは、物体が同じか違うかに注意を払っていただけでは不十分である。被験者は、この情報を使って自分の行動を決めなければならない。

これまでに見たように、新奇な物体を見たがる好みは、人間の赤ん坊では生後4ヵ月ごろから、ブタオザルやアカゲザルの赤ん坊では生後1ヵ月ごろから、必ず見られる。しかし、報酬を得るために必要な行動をとる能力(新しい物体、または前に見た物体を触る)は、もっとずっとあとにならないと現れない。人間の赤ん坊では、生後1年ぐらいでこれを学習できるが、それはかなり長いこと困難な訓練を経たあとでだ。アカゲザルでは、長い訓練のあとで生後3ヵ月から学習できるが、2歳にならないとおとなのレベルには達しない（Pascalis and Bachevalier, 1999; Bachevalier, 2001）。

つまり、同じであることを検知することは、検知した類似性を使って、より明確な操作的行動を行うこととは別なのである。おもしろいことに、正しい物体の下に報酬を隠すのではなく、物体自体を報酬にした場合には（たとえば、そのおもちゃで遊ぶなど）、生後6ヵ月の赤ん坊では、新しい物体を取る好みが見られることがある（Diamond, 1995）。

異物学習として知られる課題では、同じか違うかを検出する能力を使うことにおける、さらに顕著な発達上の遅れが見られる。これは霊長類のテストの中ではもっとも難しいものの一つだ。この課題では、被験者に一度に3つのものを見せる。そのうちの2つは同じものだが、あとの一つは異なる。正しい反応は、違うものを選ぶことだ。毎試行ごとに新しい3つの物体が与えられる。この課題がどうしてこれほど難しいのかは明らかでないのだが、ハーロウ（1959）は、普通のアカゲザルは、「学習セット」のような難しい課題も2歳のときにはできるのに、違うものを選ぶ問題は、3、4歳にならなければできないことを発見した。

オーヴァーマンとバシュバリエ（Overman and Bachevalier, 2001）は、サルとまったく同じ手続きを用いて、いろいろな年齢の人間の子どもたちをテストした（1・5歳から8・5歳）。つまり、強化が異なるだけで、口頭でどんな指示も与えず、何が期待されているのかを示すどんな手がかりも与えなかった。その結果、7歳以下の子どもでは、これは非常に難しい課題であることがわかった。つねに異なる物体を選ぶことを彼らが学習するまでには、平均して76回の訓練試行が必要であり、小さい子どもは、100回の訓練のあとでもできなかった。これは、サルでの結果と同じである。

しかし、興味深いのはこの先だ。子どもたちに、このゲームの目的は、ほかとは違うものを選ぶことなのだと教えたとたん、彼らはすぐに理解したのだ。それはまるで、彼らができなかったのは物体を比較して区別するのに必要な認知のプロセスに問題があるからではなく、実験者が何を期待しているのか、つまりゲームのルールがわからなかった、ということのようである。

この発見は、いくつかの点で重要だ。まず、このことは、注意と認知を制御する上で言語と社会的交渉がどれほど強力であるかを示している（発達心理学者のレフ・ヴィゴツキーが主張したように）。第二に、このことは、言語を使わない長い訓練の間に子どもたちが学習していたのは、「同じ」、「違う」という概念ではなく、そのどちらかを選ぶという任意のゲームのルールであるということを示唆している。異物学習の課題は、物体を同じか違うかで弁別してカテゴリー化する能力を直接に測っているのではなく、そのカテゴリー化の能力を使ってゲームを行うために、隠されたルールを推論する能力を測っているのである。

非言語的な方法を使って、ヒト以外の霊長類の注意を適切な方向に向けさせることができたならば、どうなるだろう？　彼らは、すぐにも理解するだろうか？　それとも、このように注意を向けさせるのは言語を通してのみできることであり、それゆえに、またもやヴィゴツキー（1930）が指摘したごとく、言語を通して拡張される人間の認知に固有の特徴なのだろうか？

この疑問に答える研究が、チンパンジーを対象にダヴェンポートとメンゼル（Davenport and Menzel, 1960）によって行われた。おとなのチンパンジーは、3つの物体の中で一つだけ異なるものを選ぶと報酬が得られることを学習するには非常に長い時間がかかったが、学習とは異なる場面で、ただそれをいじって遊ぶためだけに、その同じ物体を与えられると、彼らは、まず違うものを選んで探索を始める傾向を示したのだ。このことは、生後6ヵ月の人間の赤ん坊が、その物体自体を報酬にしたときに示したことと似ている。新奇な物体を自発的によく見るという視覚的な注意は、新奇な物体を自発的により長く探索するという、手による操作に容易に移行するようだが、見本合わせと非見本合わせの課題を解くための道具として、この新奇さの表象が使えるようになるには、もっと時間がかかるのである。おそらく、人間の言語は、このような暗黙のうちの新奇性または同一性の表象を、より明確な表象にさせ、それを使って問題解決ができるようにさせているのだろう。

それゆえ、物体が同じか違うかを記録する、この同じだという表象は、霊長類が解かねばならない課題の複雑さによっては、とくに、この表象をどれほど明確に操作せねばならないかによっては、得られないときもあるのかもしれない。

同一性の概念

典型的な見本合わせの課題を最初に与えられたときには、サルも類人猿も人間の子どもも（とくに、口頭での明確な指示なしのときには）、そして、ハトのような他の動物も、見本と同じ物体をつねに選ぶようになるまでには、相当長い訓練が必要である（Thompson and Oden, 2000）。最初の見本合わせ学習ができたあとには、これらの各種の間に興味深い違いが出現する。まったく新しい物体のセットで新しい課題を与えられると、ハトはまた最初から学習し直さねばならない。ハトは、つねに「同じものを選ぶ」というのがこのゲームのルールだということを学んだのではない。そうではなくて、彼らは、以前の訓練に使われていた特定の物体に備わった、ある物理的な特徴どうしの間の微妙な連合関係を学習していたのだ。彼らは、物体間の同一性や相違性という関係に焦点を当ててはいない。それとは対照的に、霊長類にはこの関係がわかる。普通、サルたちは、見本合わせの問題をいくつも訓練されたあとでは、新しい物体を使って行われるどんな新奇な問題も最初から解くことができるようになるが、それは、同じものを選ぶのがルールなのだと、ついに理解したかのようである。類人猿と人間の子どもたちは、もっと優れている。たった一つの見本合わせ問題がわかったあとでは、もう、どんな新しい見本合わせ問題も十分できるようになる。サルと同様、最初の問題が解けるようになるには、ずいぶんと長い訓練が必要なのだが、それができさえすれば、問題に対する彼らの表象は劇的に変化する。彼らは、実際の物体が何であれ、同じ物体を選ぶのがルールだということを理解する（Thompson and Oden, 2000）。

　このようにして瞬時にわかるようになるのは、個々の物体の間の同一性を検知するのではなく、どんなものの間にも存在する、同一性という抽象的概念を表象する能力があって初めて可能となることだと論じられてきた（Thompson and Oden, 2000）。ハトは、個々の物体の間の同一性がわかるだけなのだろう（おそらく、もっと原始的な何かかもしれない）。それとは対照的に、類人猿は、同一という抽象的なカテゴリーを作り出し、それを使うことができる。問題は、最終的に新しい物体でも見本合わせ問題を解くことができるようになったサルたちは、同一という概念を獲得したのか、それとも、何か中間的な計算を行っているのか、ということだ。なんと言っても、サルが問題を解けるようになるには、さまざまな異なるものでたくさんの訓練をしなければならないが、類人猿と人間の子どもは、一つの問題を解決したあとには、素晴らしい学習力を見せるのである。

トムソンとオーデン（1996, 2000）、オーデンら（1988, 1990, 2001）は、サルの心と類人猿の心との間には、学習の早さだけでなく、本質的な違いが存在するという。彼らによれば、類人猿の心は同じか違うかということを認知できるばかりでなく、これらの関係を使って世界をカテゴリー化し、表象することができる。類人猿は、2つの物体の間の類似性を心にとめておけるばかりでなく、類似という概念自体が理解できるのだ。

この主張を裏付けるものとして、彼らは、生後1歳のチンパンジーに見本合わせの学習をさせる研究を行った。まず最初に、彼らは、一つのものをチンプに見せ、それと同じものと違うものに対する彼らの注視時間を測ることにより、チンプが、同じか違うかを認識できることを確認した。チンパンジーの赤ん坊は、つねに新しい物体のほうを長く見た（人間やサルの小さい赤ん坊と同じである）。

それから、チンパンジーの赤ん坊に一組の物体を見せる。それは、同じものが2つのときもあれば、違うもののときもある。実験のこの段階では、赤ん坊は、見るだけでなく、触りたければ触ることも許されていた。一つの試行では、彼らに2つの同じ物体を見せたあと（A＋A）、新奇で同じ2つの物体を見せる（B＋B）。別の試行では、新奇で異なる2つの物体を見せる（B＋C）。たとえば、最初の試行で2つの同じカップを見せたあと、二番目の試行では、2つの同じ四角形、または一つの四角形と一つの三角形を見せる。物体はつねに新しくなるが、関係はそうではない。この実験のみそは、以下の点だ。もしもチンパンジーの赤ん坊が自発的に世界を物体間の関係という点から見ており、物体そのものに注目しているだけではないのならば、あるレベルで彼らは、自分が見ているものを、単に「2つのカップ」というだけでなく、「2つの同じもの」というように表象しているはずだ。もしそうならば、2つの新奇で異なる物体のほうが、2つの新奇で同じな物体よりも「相違が大きい」はずであるから、より違いの大きいもののほうを注視するだろう、ということである。新しい物体が含まれているだけでなく、新しい物体間の関係が含まれているものだ。そして、その通りの結果が得られたのである。チンパンジーの赤ん坊は、新しい関係をもたらした物体の組のほうを、より長く見つめた。

また別の実験で、彼らは、自分たちのチンパンジーは、伝統的な見本合わせの課題（2つの物体の中から、先に出されたサンプルと同じものを選ぶ）を、たった1回の訓練問題でできるようになることを示した。このことから、チンパンジーは確かに、同じであるという概念を自発的に形成したのであり、それを使って自分の行動をコントロールすることができるが、サルは、この関係、またはそれと機能的に等価な何かを教え込まねばわからないのだと、彼らは結論している。

同じチンパンジーに、見本合わせ課題の「関係」版を行ってみると、結果は非常に異なっていた。サンプルとして、彼らに2つの同じ物体を見せる。それから、新しい2つの同じ物体と、新しい2つの異なる物体を見せ、そのうちの一組を選ばせる。正しい反応は、同じ物体の組を選ぶことだ。なぜなら、それこそが、サンプルと同じ関係を体現しているからである。チンパンジーの赤ん坊は訓練中にさまざまな手がかりを与えられても、まったくこの問題を解くことができなかった（実験者は、彼らが正解したときに強化を与えたのみならず、身振りで正しい答えに導くことまでした）。

この課題ができないことは、先の課題でよい成績を示したことと矛盾するように見えるかもしれない。しかし、注視先の課題で彼らは、新しい関係が含まれているほうの物体の組み合わせを、長く見たのだ。

の実験でチンパンジーが見せたのは、物体間の関係を考慮に入れる暗黙の能力であるが、物体の組を使った見本合わせの課題では、明確にこの比較を行い、操作的な反応を行うためにそれを使わねばならない。そして、必要とされる表象が明確なものでなければならない、というところに、問題の核心があるのだろう。チンパンジーは、同じという関係を検知することは確かなのだが、その明確な表象を作り出すことはできないのかもしれない。

概念と心の言語

チンプの赤ん坊が、明確な課題において関係性の見本合わせができないことは、研究者たちにとって驚きではなかった。その数年前に、デイヴィッド・プレマック（1976）は、おとなのチンパンジーでもこのような高度に抽象的な課題はまったくできないことを発見していた。本当に特別な一頭のチンパンジーだけが、関係性の見本合わせ課題ができたのである。それは、雌のチンパンジーのサラで、彼女は、プレマックが発明したプラスチック板をシンボルとして使い、見本に合わせさせるような特別な課題に反応する学習によって、広範囲な「言語」訓練を受けた個体だった。この学習でサラは、一つのサンプルと2つの物体を与えられるかわりに、直接に比較する物体を与えられ、それらが同じであればその間に一つのプラスチック板を置き、それらが異なるものであれば、その間に異なる一つのプラスチック板を置くように教えられていた。サラにとって、これらのプラスチック板がどれほど、人間の言語と同じように、「同じ」や「違う」を意味する「単語」となったかについては、第10章で論じよう。ここで問題なのは、このチンパンジーが、同じであると認知したときに、一つの具体的で明確な物体（プラスチック板）を使い、違うと認知したときには違うものを使うということを、教えられていたということだ。彼女は少なくとも、同じか違うかということに反応するための明確な方法を教えられていたのだ。こう考えると、サラは、プラスチック板という物理的な道具のみならず、同じか違うかという関係を明確に表象する方法である心的な道具を与えられていたことこそが重要なのであり、それゆえ、そのシンボルを用いて自分の計算の力を増すことができたのだ、と結論したくなる。レフ・ヴィゴツキーが生きていてこのことを知ったならば、彼はこの実験がとても気に入ったに違いない。

思考のためのシンボル・システムを学習することで、サラの心が全体的に向上したのか（「同じ」と「違う」以外にも、彼女はたくさんの象徴的な関係を教えられていた（Premack, 1976））、見本合わせ課題の効果は、これらの特定の概念のためのシンボル学習に特異的なことだったのかという問題は、まだ残っている。

トムソンとオーデンとボイセン（Thompson et al. 1997）の実験は、この問題を取り上げたものだ。彼らは、チンパンジーに、2つの同じ物体を見せられたときにはつねにある特定のトークンを選び、2つの異なる物体を見せられたときには、また別のトークンを使うように教えた。これは、サラの場合と同じような「言語」訓練であるが、この2つのシンボルらしきものだけに厳密に限られていた。チンプたちがこの課題をこなせるようになってから、「関係の間の関係」をみる課題を与えたところ、彼らは見事に合格したのだ。

関係の間の関係を表象するには、遠大な言語訓練を行ってチンパンジーの心の全体を格上げする必要はないのである。物体に対して明確な反応をするという部分的な学習と、それに伴う表象があれば、チンパンジーは、「チンパンジーの心の言語」での「同じ」を表象する彼らの自然の能力を超え、違うフォーマットで「同じ」を表象することができるようになるのだ。それは、最初は手で操作しているのだが、のちには、心の中で操作できるもののようである。彼らは、心の中に新しい微少言語を与えられたのかもしれない。

もちろん、もっと保守的な別の解釈も可能だ。たとえば、プラスチック板は、単語の本来の意味でシンボルと呼べるものではなく、単なる自動的な連合にすぎないのかもしれない。おそらく、チンパンジーは、「同じ」関係をみたときには特定のプラスチック板を思い出さざるを得ないのかもしれない（または、その板を選ばざるを得ないのかもしれない）（それは、彼らがその関係そのものを見ざるを得ないのと同じだ）。そして、彼らの手が自動的に動いて、同じ板の同じ避けがたい心的表象を思い起こさせる物体の組を選ぶようにできているのかもしれない。彼らは、同じという関係の表象に反応しているのではなく、物体としてのプラスチック板の心的イメージに反応しているのかもしれない。つまり、サラや、同じような訓練を受けたチンパンジーたちは、関係についての抽象的な思考を披露しているのではなく、アナロジーを理解することとはまったく関係のない、優れたイメージングの能力を示しているだけなのかもしれない。本当にそうだろうか？

おそらく、この節約的な説明は、結局は最初の説明とあまり変わらないだろう。このようにして心的イメージや行為が自動的に生成されること（とくにそのイメージや行為が、同じという認知と連合しているときには）は、人間の祖先が、物体間の関係をより明確な形で計算し始めるよう、進化によって身につけたメカニズムのモデルのようなものではないだろうか。それが、最終的には、この仕事をこなすための、より洗練されて効率のよいメカニズム、つまりは現代人の心を生み出したのだろう。

サルの論理、類人猿の論理

トムソンとオーデン（2000）の主張は、同じという表象を持つ能力は、チンパンジーの心には生まれつき備わっているが、サルの心には備わっていないというものだ。アカゲザル（最後には見本合わせの学習ができる）に、同じ物体の組み合わせと違う物体の組み合わせとを対比させ、新奇なものを選ぶようにするパラダイムでテストを行うと、彼らは、サンプルとは異なる関係を示す物体の組み合わせに注意を払ったり、それに触ったりする傾向はまったく見せなかった。研究者たちの仮説は、このような課題は、一方で、霊長類以外の心と霊長類の心との間の本質的違いを見せるものであると同時に、世界を関係性において表象する能力において、類人猿（少なくともチンパンジー）の心とサル類（少なくともアカゲザル）の心との間に存在する本質的違いをも示している、というものだ。ここで仮定されている認知的な違いを、第2章で述べた発見と結びつけてみたい気がする。それは、刺激を全体的に知覚するか、部分的に知覚するかの傾向の違いに関するもので、チンパンジーは、ヒヒやアカゲザルとは異なり、刺激をもっと全体的に分析する傾向があるという発見である。

最近、ワッサーマンとその同僚たち（Wasserman et al., 2001）は、サルの仲間であるヒヒを訓練して、関係性で見本合わせの課題を理解させることができることを発見した。彼らは、物体の組み合わせにかかわりに、コンピュータ上の大きな四角形の中に、16個の1センチメートル角の小さな四角い模様が対称に分布している図柄を使用した。各ディスプレイで、その模様は同じであったり、異なったりする。ヒヒが、80パーセント以上の正確さで同じ関係にある図柄を選ぶようになるには、4000回から7000回の試行が必要であった。そして、ディスプレイの中に現れる模様の数を8個以下に減らしたとたん、ヒヒはまったくこの課題ができなくなり、ある程度の正確さを回復するまでには、また訓練し直さねばならなかった。このことは、彼らが、実験者が要求しているものとは異なる処理戦略を用いていることを示している。トムソンとオーデン(2000)は、サルたちの心は、実験者が喚起しようとしているような関係の表象を行うことは無理なのだろうと示唆している。

まとめると、ハトとサルと類人猿とはみな、類似と相違を検知する能力を備えてはいるが、霊長類の心は、世界をこれらの観点から自発的に表象するように、よりよく調整されているらしい。さらに、類人猿は、物体間の関係をよりはっきりと見る能力を備えているようだが、彼らは、この知識を明確な形で使うことはできないらしい。

複雑な論理的関係の理解——保存

「同じ」という関係の中には、これまでに論じてきたものよりも複雑な例がある。そういったより興味深い関係の一つは、ピアジェが量の保存および数の保存と呼んだものに対応する。これは、人間の子どもが6、7歳にならないと完全には獲得できない概念である。量の保存と数の保存は、ある一定の物質の量または物体の数は、形を変えたり（果実をつぶすなど）、空間的な配置を変えたり（いろいろな果実を混ぜて置く）して表面的に変えても、実質的には同じであることを理解する能力である。量や数が変化するのは、量に関連した操作が行われたときだけである。果実を切り取る、付け加える、一組の物体にさらにもう一つを付け加える、取り去るなどの操作だ。

ピアジェと彼の協力者であるベルベール・インヘルダーは、子どもたちの保存の理解を分析する、単純な課題を編み出した（Piaget and Inhelder, 1966）。液体の量に関しては、実験者が子どもに、同じ量のジュースが入ったまったく同じコップを2つ見せる。両方のコップに同じ量のジュースが入っていることを子どもが認めたあとで、実験者がコップの一つをとり、子どもの見ている前で、中身を形の違うコップの中にあける。それは、たとえば、もとのコップよりも背が高くて幅の狭いコップだ。当然ながら、液体の表面は、最初のコップのそれよりも高くなる。そこで実験者は子どもにもう一度聞くのだ。両方のコップには同じ量のジュースが入っていますか、と。ピアジェは、6、7歳以下の子どもはたいてい、それでも同じ量のジュースがあるに違いないということがわからないことを発見した。彼らは、いまや背の高いほうのコップのほうにたくさんのジュースが入っていると主張するのだが、彼らの主張を正当化するのは、新しいコップの中のジュースの水面のほうが上にあるという明らかな事実である。だから、こちらのジュースのほうが多いに違いない。彼らの主張は論理的に矛盾していると指摘しても（実験者が、他の子どもは、新しいコップのほうが背が高いけれども、こちらのほうが幅は狭いと言っているよ、と教える）、子どもたちにはその意味がわからないようで、自分たちの解釈に固執する。この年頃の子どもたちは、量というものは形とともに変わるもので、水面の高さのような単一の次元とリンクしていると本当に信じ込んでいるようだ。

しかし、6、7歳になると、子どもたちはつねに正しい答えを言うばかりでなく、なぜ同じ量がなくてはならないかの理由も言えるようになる。もしも、何も取り去ったり付け加えたりしなかったのならば、以前と同じジュースなのだから同じ量があるに違いない、そこで、これをまた最初のコップに戻せば、同じ水面の高さになるだろうと、彼らは論じる。多くの子どもはさらに、高さの次元は狭い幅の次元で相殺されてしまうとまで説明し、量が同じでないと考える人間がいると聞いて驚くのだ！ 子どもたちの論理は、劇的に変化したようである（ピアジェの専門用語を使えば、前操作的論理から具体的操作論理へと変化したのだ）。

ピアジェとインヘルダー（1966）は、同じような保存の課題を、数、重さ、体積など、固体その他の物質でも行った。彼らが発見したのは、6、7歳以前の子どもたちは保存の概念がわからないが、7歳から12歳の間に、彼らの心が持っている論理に劇的な変化が起こることに応じて、すべてのタイプの保存がどんどんわかるようになるということだった。

ヒト以外の霊長類は、保存の課題にどのように反応するだろうか？ 彼らは、形が変わっても「同じ」であるという、高度に抽象的な関係を理解するだろうか？ ヒト以外の霊長類で、長い会話に基づく複雑なテストを行う難点といえば、もちろん、彼らに言語がないことである。それゆえ、ウッドラフとプレマックとケンネル（Woodruff et al., 1978）が、彼らのチンパンジー、サラが身につけた「言語」の技術を利用し、液体と固体の保存について簡略化したテストを行ったことは驚くにあたらない。読者は覚えていられるだろうが、サラは、「同じ」または「違う」という意味を示すプラスチック板を選ぶことによって、2つのものが同じなのか異なるのかを言うことができるのだ。最初の保存の課題では、サラは、2つの同じ容器の中に同じ量の液体が入っているのを見せられ、「同じ」か「違う」か、どちらかのチップを選ぶ。彼女は、すぐにも「同じ」というチップを選んだ。同じ容器に異なる量の液体が入っているのを見せられたときには、「違う」というチップを選んだ。

次に、彼女は、違う形の容器を見せられる。それには、同じ量の液体が入っているときもあれば、違う量の液体が入っているときもある。容器の形が違うので、液体の量が同じなのか異なるのかを判断するのは、たいへん難しかった。そして、確かにサラは、視覚的に得られる情報だけから、つねに正しい答えを見つけることはできなかった。ここで、決定的に重要な保存の課題にはいる。

サラはまず、同じ容器に入った同じ量の液体を見せられ（最初の実験の第一段階と同じ）、次に、ピアジェが子どもに対して行ったテストとまったく同じように、彼女の見ている前で、一つの容器の液体が、形の違う容器へと移し替えられる。それゆえ彼女は、実験の第二段階と同じ情報を得ることになる。形の違う容器の中に、同じかまたは違う量の液体が入っているのだ。しかし、今回は彼女は、液体が移し替えられる前には、同じ容器に同じ量が入っていたことを見ている。サラにプラスチック板を与えると、彼女は正しい判断をくだした。現在の液体の水面の位置にもかかわらず、もとが同じ量のときには「同じ」を、もとが異なる量のときには「違う」を選択したのである。彼女は、容器の形から得られる、現在の認知的情報に惑わされず、自分が以前に見たものと合致するように反応したのだ。研究者たちは、これで、チンパンジーにも液体の量の保存の概念があることを示せたと結論した。

彼らはまた、固体の量でテストしても、サラはよくできることを発見した。粘土のかたまりを、最初は同じ形（2つの同じ球）にしてみせ、次に、そのうちの一つを、サラの見ている前で違う形に作り替えた（ソーセージ型）。彼らは、固体の量についてもサラが保存の概念を理解していると結論した。

それでは、チンパンジーのサラの心は、人間の6、7歳の子どもの心と同じなのだろうか？　もちろん、そうであるとは言えない。一つには、厳密に言えば、ピアジェの保存概念とは、テストで正しい答えを選ぶというだけでなく（液体の量が変化していないと信じるだけでなく）、液体の量がなぜ論理的に同じでなければならないかを理解していなければならない。ピアジェの保存概念のテストには、正しい解答のみならず、正しい説明も必要なのだ。つまり、保存が必然であるとする論理的関係の明確な理解が要求されているのである。

事実、言葉による説明を必要としない、非言語的課題でテストすると、子どもたちは6歳前でも正しい答えを出すのである。たとえば、メーラーとビーヴァー（Mehler and Bever, 1967）は、2、3歳の小さな子どもでも、数の保存がわかることを示した。これは、量の保存と同じころに子どもがわかるようになるとピアジェが発見した、もう一つの心的操作である。ピアジェによる標準的な数の保存のテストは、次のように行う。まず、同じ数の物体を対称に並べた2つの列を子どもに見せ、そこに同じ数の物体があるかどうかを聞く。子どもが同じだと言ったところで、一つの列の物体を動かして間隔を狭くし、他方の列のほうが長く見えるようにする。これで、感覚的な対応はなくなってしまう。6、7歳以前の子どもは、こうしてはっきりと言語を使った手続きでは、それでもまだ同じ数の物体があるはずだということがわからないのが普通である。しかし、メーラーとビーヴァーが、2、3歳の子どもたちに、おいしいお菓子を不揃いな2列に並べ、どちらを欲しいかと聞くと、子どもたちには何のためらいもなかった。並べ替えたあとに全体が短くなったか長くなったかにかかわらず、子どもたちは、お菓子の数が多いほうの列を選んだのである。

ピアジェ自身、これは彼のもともとのテストと同じ保存の概念を測るものではないだろうと抗議している。一つには、メーラーとビーヴァーのテストは、「違うものの保存」であり（比べるべき量が、はじめから異なるのだ）、子どもたちが試されているのは、彼らの選択の論理的根拠を理解しているかどうかではない。ピアジェは、メーラーとビーヴァーが見出したのは、保存の概念と同じようなレベルの論理的理解を要求するものではなく、その原始的な要素、または前駆体のようなものではないかと示唆した。事実、同じテストをもう少し年上の子どもたちにやってみると（4、5歳）、彼らは、並べ替えたあとでより多いほうを選ぶことができなかったのだ。メーラーとビーヴァー（1968）は、ここで一度成績が悪くなることを、本当は保存の理解がなされているのに、それが「遂行」の問題で隠されてしまったのだと正当化しているが、この年上の子どもたちは、外見が変わることの論理に対する、より明確でシステマティックな理解を発達させている途中であり、課題の中に含まれるすべての要因を考慮に入れることはまだできていないのだ、と解釈するほうが妥当だろう。この、明確な理解の表象レベルでは、子どもたちは、まだ、外見によって量も変化すると本気で信じているのかもしれない（より複雑な表象が発達してくる移行期には、成績が悪くなることについてのより詳しい研究は、カーミロフ＝スミス（1992）が行っている）。

この議論は、サラにも当てはまるかもしれない。彼女の量の保存の理解は、年上の人間の子どものそれよりも明確ではなく、システマティックでもないだろうから、7歳児のきちんとした論理的理解とまったく同じではあり得ない。それでも、サラは、間違いに導く感覚的情報を補充する心的表象の助けによって、目の前に与えられた情報を超えて世界を認知する能力の、印象的な例である。

サラは特別で、おそらく言語訓練をしっかり受けていたために、保存の概念が理解できたのだろうか？ムンサー（Muncer, 1983）は、メーラーとビーヴァーのテストをチンパンジー用に改変し、シンボルの訓練ではもっとずっと限定的な訓練しか受けていないチンパンジーに対して行ってみた。彼が対象としたチンパンジーの一頭で、彼は、本質的にウッドラフとプレマックが発見したことを再現することができただけでなく、さらに、数の保存もできることがわかったのである。これは、サラがこのテストに必要な初期の段階のいくつかを完全にマスターすることができなかったため、プレマックとウッドラフがサラで十分にテストすることができなかった能力である。

もっと最近の実験で、コールとロシャ（Call and Rochat, 1996, 1997）は、メーラーとビーヴァーが行ったような「不等の保存」のテストをオランウータンに行ってみた。オランウータンたちは、容器が変えられたあとでも、量が多いほうのジュースを選ぶのはよくできたのだが、研究者たちの結論は、オランは、本当に保存の概念を持っているのではないということだった。それは、実のところ、多くの個体が、移し替える前に同じ形の容器に入っていた量を見せずに、大きさの違う容器（コップと管）を直接に与えられたときに、量の多いほうを選ぶことができたからだ。研究者の考えは、オランは、形の違う容器に入っている液体の量を推定するのが上手なのだろうということだ。それゆえ、このテストで測っているのは保存の概念ではなく、表面的な外見にかかわらず量を推定する能力だったのだ。

しかし、彼らの研究結果をよく見てみると、極端に形の違うものが容器として使われたときには、多くのオランが外見に惑わされ、量の多いほうのジュースを選ぶことに失敗していることがわかる。さらに重要なことには、オランのうちの少なくとも2頭は、標準的な保存のテストと同様に、まず最初に同じコップに入れられた量を見て、そのあとで移し替えられるところを見たときには、外見に惑わされなかったのだ。*

この成績は、ムンサーとプレマックとウッドラフがチンパンジーで得た結果と同じであるように見える。チンパンジーもオランウータンも、感覚的にはもはや得られない情報をもとに、純粋に感覚に基づく判断を変えることができるようだ。彼らはどうにかして、移し替えられる前に見たことを、そのあとで見たことと結びつけ、以前に見た情報のほうを優先させているのである。

それはともかく、コールとロシャは、オランウータンに本当の保存の概念があるとは認めたがらない。なぜなら、オランたちは、量の多いほうのジュースを一つの容器に移し替えるのではなく、たくさんの小さな容器に移し替え、その全体を一つの選択肢とするような別のタイプの課題は、できなかったからである。しかし、コールとロシャがこの課題を8歳の子どもたちで行ったところ、このタイプの保存の課題は年上の子どもたちにとってもたいへん難しいものであることがわかった。

まとめると、類人猿がこのような保存の課題を理解しているのかどうか、決めるのは難しい。彼らが、ピアジェ流のテストで7歳の子どもたちが使っているのと同じ思考過程を使っている可能性は、ほとんどないだろう。それでも彼らは、少なくとも、もっと小さい子どもたちが言語を使わない保存の課題に直面

*この結果にかんして、1996年の論文の図2と1997年の論文の図4を比較されたい。

したときに使っている表象プロセスに似たものを使っているのだろう。データが強く示唆しているのは、類人猿は、以前に得た情報をもとに、ある時点で得られる情報を乗り越える能力を示しているということだ。つまり、物体に関する判断と意思決定は、刺激に対する至近的反応や、静的な表象の記憶を超えて、複雑な表象による戦略を通して行われているということである。

自発的な物体操作の論理

これまでに取り上げた研究のほとんどは、比較的人工的な実験室環境で行われた、複雑な訓練をもとにしている。サルや類人猿で見出された、物体を分類してカテゴリー化する能力は、このような実験室環境から生まれた人工的産物に過ぎず、彼らが自発的に持つ興味や行動においては何の重要性もない、ということはあるだろうか？　完全に自発的な物体操作の分析に基づく多くの研究が積み重ねられてきた結果は、そうではないことを示している。

問題解決のコンテキスト以外でも、多くの霊長類は、手で物体をいじって探索するのが好きだ（第3章を参照）。新ピアジェ派の心理学者である、ジョナス・ランガーと彼の同僚たち（Langer, 1998, 2000a, b）は、この傾向を利用して、霊長類の心が持っている論理、彼らがどのようにして自発的に物体を一緒にするか、同じか違うかということをもとにどうやって物を他の物から区別するか、を調べようとした。ランガーは、認知を、物理的、論理的、数学的領域という3つの核となる領域に分類している。そして、ピアジェと同様に彼も、これらの認知の領域が最初に表れ出るのは、物体で何をするかという行為の中であると考えている。

物体を分類する

論理的な認知の一側面である、物体の分類を調べるために、ランガーとその同僚たちは、被験者に一組の物体を与えてみる方法を開発した。そのうちのいくつかは同じものであるが（2つの黄色い円筒）、あるものは部分的に同じであり（黄色と緑の円筒）、その他のものはまったく異なる（たとえば、赤い三角形の積み木と、長い黄色の円筒）。これら全部のセットを与えられたときには、人間の赤ん坊もチンパンジーの赤ん坊も、異なるものを取るのが普通である（たとえば、黄色い円筒と緑の三角形の積み木）。この段階では、彼らは決して同じものや似たものを取ることはしない。発達の第二段階になると、彼らは可能な限りの物体の組み合わせを選び、その選択には何の基準もないかのように見える。第三段階では、彼らは同じものを取って一緒にするようになり、ランガーが、一次の物体分類と呼ぶ傾向を見せる。次の発達段階では、決して同じではないが似たものを集めるようになる（たとえば、黄色いコップと緑のコップ）。これは、ランガーによれば、物体の細かな違いは無視し、全体の様子に着目して、より柔軟な分類ができるようになったことを示している。最後の第五段階になると、子どもは、同じ物体を平行してセットにすることを始める。たとえば、与えられたものの中から、4つの円筒を一つの山にし、その隣に4つの四角い積み木を一つの山にしたりする。ランガーはこれを、二次の物体分類と呼んでいる。なぜなら赤ん坊はもう、自分の行動を導くものとして単一のカテゴリーだけを使っているのではなく、2つのカテゴリーを同時に使っているからだ。彼らは、見せられた物体の集合に対し、心の中で2つの分類基準を同時に作動させて対処しているのだ。

人間の子どもとチンパンジーとは、物体の分類行動の発達において、まったく同じようにこの第五段階を通り過ぎるのだが、その速度は両者で非常に異なる。たとえば、チンプが同じ物体を一緒にする（第三段階）のは24ヵ月のときだが、人間では12ヵ月である。チンプが二次の分類に到達する（第五段階）のは54ヵ月のときだが、人間では18ヵ月である。これまでに調べられたサル類（キャプチンとマカク）は、決して二次の物体分類を発達させない。彼らは一次の分類しかせず、それも48ヵ月というかなり進んだ時期にならないとしない。さらに、キャプチンという少なくとも一種のサルでは、分類技術の発達は、チンパンジーやヒトの順番とは異なっている。彼らは、ランダムに選ぶところから始め（チンパンジーやヒトの赤ん坊のように、違うものを選ぶかわりに）、次に、異なるものを一緒にするようになり、そのあとでやっと、同一性や類似性に基づく分類へと変わっていくのだが、チンパンジーとヒトでは同一のものを集めるほうが先に起こるのに対し、彼らはそれを同時に行う。

自発的な分類に関するチンパンジーとヒトの発達は、発達の時期が異なるだけでなく、それぞれの分類タイプの絶対的な頻度と、相対的にどれが優勢かにも違いが見られる。たとえば、チンパンジーが54ヵ月で二次の物体分類を始めたときには、彼らのすべての分類の中で、この分類はほんの少しの割合しか占めていないが、人間の子どもの物体操作では、これが相当の割合に達する。

もう一つの違いは、ある特定のクラスに含められる物体の数である。サルは、最大でも3つか4つのものに限られるが、チンパンジーは5歳までに5個までのものを分類できる。もっと大きくなれば、この数字が増えるのかどうかは、まだわからない。それとは対照的に、30ヵ月の人間の子どもは、すでに8つまで分類でき、36ヵ月の子どもが作る分類の半分以上は、3つまたはそれ以上のセットの物体からなっている。しかし、チンパンジーでは、5歳まで2セットの物体に限られており、彼らの分類操作の生成率は、総じて低い（全操作の20パーセント）。

ランガー（2000a）は、チンパンジーの「論理」発達にとっては、初歩的な2カテゴリー分類が限度であると考えている。それに対して、子どもが物体を3つ以上のカテゴリーに分類する能力を持っていることは、もっとずっと遠大な結果をもたらすかもしれない。彼によれば、3つのカテゴリーを同時に扱うことは、階層的な分類へと導く可能性がある。つまり、一つの物体が、同時に2つのカテゴリーに属することがあるのだ。赤い四角形は、赤い物体の集合に属し、四角い物体の集合に属するだけでなく、もっと下位の、赤くて四角い物体のカテゴリーにも属する。このことは、また、基本の分類そのものが分類の対象となる、認知科学で再帰的構造と呼ばれているものを生み出す可能性があるので、赤ん坊は、物体に関してだけでなく、物体間の関係についても操作できるようになるのだ。このレベルの論理的認知を、チンパンジーは自発的には使わないというランガーの考えは、先に論じた発見とも一部合致する。それは、チンパンジーは「言語」訓練を受けない限り、物体のペアの間で「関係の見本合わせ」ができないという研究結果である。

認知の進化の原動力としてのヘテロクロニー

ランガーの発見の素晴らしい側面は、彼が論理的認知に対応するとしている物体の分類行動において、サル、類人猿、ヒトの間の発達速度のずれの方向が、ランガーが物理的認知としている、物体の永続性などの感覚運動概念において、ピアジェが見出したずれの方向と正反対だという事実である。第2章で見たように、サルは類人猿よりもずっと早く物体の永続性の概念を発達させ、類人猿はヒトよりも少し早く発達させる。それに対して、ヒトの幼児は物体の分類を類人猿よりもずっと早く発達させ、類人猿はまた、サルよりも早く発達させるのだ。

ランガーのより広い理論的枠組みは、すべての霊長類の新生児の脳は、何らかの核となる物理的、論理的、数学的概念を含んでおり、その最初の段階では、種を超えて本質的に同じだというものだ。しかし、種が違えば、これらの核となる概念が発達する速度も違えば、その程度も異なる。その結果、本質的には同じ「認知的種子」から、認知発達のプロセスを通して非常に異なる心が生まれてくることになる。ランガーにとって、感覚運動領域間の個体発生の非対称性、またはヘテロクロニーこそが、霊長類各種の間の認知的差異を説明する鍵となる、進化的・発達的要因なのだ。

ヘテロクロニーとは、感覚運動系の異なる側面の発達のタイミング（いつ始まるか、その速度など）に変化が起こることをさす（たとえば、論理的認知の指標としての物体の分類に対し、物理的認知の指標としての物体の永続性など）。生物学者はずいぶん以前から、形態の進化ではヘテロクロニーが重要な役割を果たしていると提唱してきた。種が違うと、手や顔などの器官の形が異なることは、胚発生の時期に、異なる要素の発達速度が違うことで説明できるかもしれない（McKinney, 1988）。

ランガーその他の研究者たち（Parker and McKinney, 1999 ; Antinucci, 1990）は、これと同じようなことが認知の領域でも起こっていると主張している。進化は、認知の異なる要素の発達速度とタイミングとが変わることによって起こっており、その結果できあがる知能の種類に劇的な効果を及ぼしているのかもしれない。ピアジェが人間の赤ん坊について述べたように、霊長類は、自分を取り巻く世界を活発に操作することによって自分自身の認知発達を作り上げていくのだろう。ランガーの言葉では、「種特異的な認知の特殊化は、もともと持って生まれたものではなく、発達の産物なのだ」（Langer, 2000a, p.368）。異なる発達領域の始まりと終わりのタイミング、速度、率などの小さな違いが、不可避的に、各種が達成できるものを制限している。発達それ自体は、どんな心でも自由に作り出せるわけではない。それは、各種が最初の時点で備えているもの（ランガーは、それは霊長類全部で本質的に同じだと考えているようだが）と、それぞれの発達要因が出現するパターンの違いの制限内で働くしかないのである。

ランガーの考えでは、このヘテロクロニーの進化によって、大雑把には、サル類の心、類人猿の心、人間の心の、3つの異なる心に対応する、3つの異なる認知発達のパターンができあがった。サルの心は、物理的認知の領域の発達が非常に速く、論理的、数学的認知の発達が始まるよりも前に起こる（ランガーは、認知が行為の構造に反映されるものと考えていることに注意）。類人猿の心では、各分野が発達するタイミングが変わり、物理的領域と論理的領域の発達が一部重なることにより、彼らは恩恵を得ている（彼らは、物体の永続性がまだ完全に発達しないうちに、一次の物体分類ができるようになる）。認知の物理的および論理・数学的側面が同期化していく系統的変化の、十分で長期にわたる恩恵は人間で起こり、人間では、各領域の発達の軌跡が完全に重複するようになったのだ。

これは、野心的で大胆な理論である。もちろん、これから多くの実証的研究や概念の精密化が必要だが、この理論は、認知の進化のメカニズムの問題を直接に提起しており、発達のパターンに起こった変化が鍵であろうと提言しているところが優れている。

霊長類の論理

霊長類の論理的認知のいくつかについて議論してきたが、彼らは、物体をその類似性と相違とに基づいて分類し、カテゴリー化することができることがわかった。しかし、それがどれほど階層的に複雑であり得るのかは、まだよくわかっていない。カテゴリーが認知できるのは、階層的なラベルづけのシステムである言語の産物だとする旧来の考えは、正しくないようだ。ある種のカテゴリーの認知は、霊長類にも存在する（そして、おそらく他の哺乳類や鳥類にもあるのだろう）。だからと言って、人間のカテゴリー的認知を拡張する道具として、言語が重要でないということではない。

異なる課題でテストすると（見本合わせ）、霊長類と霊長類以外、そして霊長類の各種の間で重要な違いが浮かび上がってくる。霊長類でない動物は、新しい見本合わせ課題になるごとに、また最初から学習し直すようだが、サルと類人猿は、「同じ」という概念そのものについて、何らかの学習が成り立つようだ。事実、チンパンジーは、物体間の関係に着目する自然の傾向を持っており、関係の関係にも反応することを学習できるようだ。しかし、これは複雑な論理的な作業であり、特別にシンボルの訓練をする必要がある。

サルと類人猿とが、物体の世界を論理的に見ることに関して、重要な自発的な違いがあるというさらなる証拠は、もっとずっと簡単な方法でも見つけることができる。彼らが自発的に物体を操作するところを観察するのだ。訓練や強化が何もなくて、自分のやりたいようにさせると、霊長類は、類似性や相違を考慮に入れた独自のパターンにそって、物体を取り上げたり分類したりする。霊長類以外の動物では、この簡単な方法によるテストが行われていないが、それは、これは手での操作を必要とする作業だからであり、これまでにテストされた霊長類はすべて、飼育下の個体である。霊長類が類似性を感覚する基本的な能力を使って行うことにおいて、他の哺乳類や鳥類との重要な違いを形作っているものが何かといえば、それは、手でものを取り上げるという行為自体と、それを、同じ、違う、似ているという概念のもとに分類することではないだろうか。このような能力を使って、他の物体への対処を組織化し、さらには、実際に類似した、または違う物体を分類することは、霊長類の心に、より明確なカテゴリー表象を作り出す効果があるのだろう。次にしなければならないことは、自発的に物体を分類することは、彼らの野生での日常生活でどれほどの役割を果たしているのかを知ることである。

第6章

世界の中の物体

霊長類が持っている物体の知識は、単に実験室での好奇心だけではない。世界を、物体、その性質、類似性、変形、そしてもっとも重要なのはその使い道で表象することは、霊長類の野生での生活の基本である。これまで、私たちは、物体に関する知識を、物体がどこで見出され、どう操作できるか、物体が、論理的および、コール（2000）がいみじくも「操作的空間」と呼んだ、物理・因果的な意味でどう関係しているかなど、小さなスケールの側面から検討してきた。しかし、霊長類は、彼らが実際に住んでいる世界の中で、物体がどのように組織化されているのかという、もっと大きな表象も持たねばならない。霊長類を取り巻く環境は、非常に複雑であり得る。それは、およそ数百平方メートルからなり（樹上性の霊長類が住んでいる垂直方向の次元を入れたら、何立方メートルになるのかは言うに及ばず！）、自然の物体が、多くの階層をなして存在する。樹木、川、岩、石ころ、坂、膨大な量の植物と昆虫、同種の仲間たちと、潜在的捕食者と潜在的な餌とを含む、さまざまな他の動物たち。霊長類は多くの時間を、食物その他の資源を探して生息域の中を動き回る。霊長類の心が上手に働いて立ち向かわねばならない基本的な仕事の一つは、自分自身の生息域とそこにあるさまざまな物体の適切な表象を持つことなのだ。

心的地図

野外調査をしている研究者たち（Garber, 2000）は、霊長類がその環境の中で、どこをどのように移動しているかの驚くほど精密な知識をもって行動していることに、しばしば強く印象づけられる。彼らは、あたかも自分が利用している地域の詳細で包括的な表象を持っているかのように動き回り、それを使って自分たちの動きを心的に計算しているかのようだ。彼らが毎日採食して移動する間、単に今ここで見えていること以上の、空間と物体の表象を心の中に持っているかのようだ。たとえば、タマリン、キャプチン・モンキー、チンパンジーといったさまざまな種類が、今目の前に見えている小さな食物資源を無視して、今は見えていないがかつて発見したことのある、もっと遠くにある大きな食物資源のほうへ行こうとする（Garber, 2000）。よりよい、より豊富な資源があることを知っている場所へ行こうとするというのは、ごく自然なことのように思われるかもしれない。しかし、それを知ること、複雑な環境の中にある適切な物体の配置について、詳細で正確な像を心の中に持ち、その知識を使って、採食に行く前にどこへ行くべきか考えるというのは、とても些細なことではない。

研究者の中には（Janson, 2000）、（コウモリのような、他の果実食の動物ではなく）霊長類が、採食に行くときに空間定位をするための複雑な認知能力を発達させねばならなかった理由は、サルや類人猿が、空中を飛ぶなどして、木から木へとまっすぐに移動することができないからだと考えている人たちもいる。しばしば、彼らは、次の場所へ行くためにいったん木を降りて歩いていかねばならず、ときには複雑な迂回ルートもとらねばならないので、霊長類の移動は、コウモリなどに比べると、エネルギーの点でより多くのコストがかかる。さらに、ほとんどの霊長類は社会性なので、どんな資源でもかまわないというわけにはいかない。彼らは、集団全体が食べていけるほどの大きな資源を選ぶ必要があるのだ。

広い自然公園で飼われているヒヒの集団を対象にした実験で、ジャック・ヴォークレール（Vauclair, 1990）は、彼らが、実験者が隠した食物の場所をどれほどよく覚えているかを調べた。公園の中には135個の石があり、そのすべてが隠し場所として使えた。ヒヒたちはその日常生活で、ときどき自発的に石をひっくり返していたが、それはおそらく、石の下に隠れている昆虫類を探していたのだろう（野生のヒヒはそうしている）。各試行で、ヒヒたちは、これらの石の中の4つに実験者が木の実を隠すところを遠くから見ていた。1分もたたないうちに彼らは公園の中に放される。これらの試行で、ヒヒたちは木の実の96パーセントを回収することができた（20回の試行では、彼らは木の実を見つけることができなかった）が、彼らが木の実を見つけるのは非常に早く、1試行あたり平均で47秒しかかからなかったのである。それとは対照的に、木の実がどこに隠されたかを見せられなかった場合には、彼らはその69パーセントしか回収できず、1回の試行に平均2分かかったのだった。確かに彼らは、石をひっくり返して探す習慣を持っているので、食物がどこに隠されたかの情報がなくても、かなりの成功率をあげることはできたのだが、食物の隠し場所を見た場合には、彼らの成績は有意によくなり、ほとんど完璧ですばやいものとなったのだった。

この問題を解くためには、ヒヒは、前の章で私たちが検討した多くの能力を駆使しなければならなかった。それは、物体の永続性の概念、空間的に個別の物体を、その外見で見通す能力、それらの表象をもとにして探索行動を組織化する能力、などだ。さらに、ヴォークレールのヒヒたちは、食物の量もある程度はわかっていたようである。なぜなら、いろいろな場所に異なる量の食物を隠した実験で、ヒヒたちは、たいてい、もっとも多くの食物が隠されている場所に行ったからである。

しかし、物体の認識に関するこれらの側面の統合のほかにも、ヒヒたちは、これらの知識の断片を、もっと大きな空間的枠組みの中に組み入れて組織化することが必要だっただろう。それは、物体と目印との相対的な位置関係を表現する、彼らの環境の心的地図のようなものである。このことは、霊長類の空間認知の研究で、中心的な課題の一つとなってきた。霊長類は、彼らのまわりの環境を示す心的地図を持っているのだろうか？　もしそうならば、それは何でできているのだろう？

マーモセットの空間認知

マーモセットとは、からだの小さな新世界ザルの一種で、かつては、原始的な霊長類の特徴を残している、どちらかというと洗練されていないサルだと考えられていた。時がたつうちにこの評価は変わり、最近では、彼らはその一風変わった生活様式に対する、数々の驚くべき適応を発達させたと考えられるようになった。他の多くの霊長類とは異なり、マーモセットは、たくさんの異なる場所に少しずつ生えていて、しかも、たとえ同じ茂みの中であっても熟す時期が少しずつ異なるような果実を探すという採食行動をしている。これが意味するのは、ある特定の場所の食物がすっかりなくなってしまうということはないので、将来またそこに戻ってくる価値があるということだ。このような採食パターンを最適化するには、マーモセットは、空間上の異なる場所に位置する、たくさんの小さな採食場所を、自分がそこを訪れた時期にそって複雑な形で表象しなければならないだろう。そうでなければ、彼らは、何らかのランダム・サンプリングの方法を使って、毎日十分な食料が手に入ることを祈るほかはない。

メンゼルとその同僚たち（Menzel and Menzel, 1979 ; Menzel and Juno, 1982）による素晴らしい研究によると、マーモセットたちは確かに自分たちの採食行動を組織化するために、空間と物体の表象を使っているようだ。これらの研究では、先に紹介したヒヒの研究と同様、彼らの自然の行動に近くするために、マーモセットの集団全体にテストを行っている。野生では、マーモセットは集団で採食を行うが、普通、若い個体が年上の個体についていき、年上の個体は、適当な食物を見つけるとみんなを呼ぶのである。

飼育のマーモセットの集団が、部屋の中で採食するようにさせられるのだが、そこには、試行ごとに次々といろいろな物体が蓄えられていき（あるものは食物とともに、別のものは食物なしに）、最終的には30もの物体になる。マーモセットたちは、新しいものが在所に導入されたときには、いつでもそれにシステマティックに対応した。もしもそれに食物が含まれていたならば、彼らは、翌日もそこに戻ったが、食物が含まれていなければ、翌日はそれを無視した。集団としての彼らは、新しい物体を同定し、そのうちのどれに食物があったかを覚える（実験の最後のほうでは、30もの物体があったにもかかわらず）驚異的な能力を示したのだった。実際、彼らの成績は、弁別学習をたった1回の試行で成立させるものといってよかった（霊長類を使った伝統的なテストの一つで、ある特定の物体が食物の存在と連合していることを学習する)。奇妙なのは、2つの物体のうちのどちらに食物が含まれているかを覚えていなければならない、典型的な実験室でのテストでマーモセットを個体ごとにテストすると、このゲームのルールは、以前に食物が含まれていたのと同じ物体を今回も選ぶことなのだと彼らが学習するまでに、数百回もの試行が必要だということだ。メンゼルとジュノー(1982)は、ある実験では、マーモセットが75パーセントの正答率で答えられるようになるには1000もの問題が必要であったが、集団全体でテストした彼ら自身の実験では、たった1回の試行ののちに75パーセントの確率で、以前に食物のあった物体のほうへ行ったと指摘している。

さらに、マーモセットは、以前に食物のあった物体を認識したばかりでなく、その場所をも覚えていた。先に食物があった物体の場所を、次の試行で変えてしまうと、マーモセットたちは、以前には食物はあったが今では空になってしまった場所に向かった。彼らは、あたりを見回して、食物コールを発することすらあった。このことは、彼らが物体の位置をコード化する能力があることを示しているが、彼らの探索が、自分たちの探しているものである食物の、何らかの表象によって導かれていることも示している。

先に食物が置かれていた物体を新しい場所に移してしまう、また別の実験では、その場所に、以前彼らが一度も食物を見つけられなかった物体を置いた。これらの試行の75パーセントにおいて、マーモセットは、以前の場所に置かれた、いまや食物のない物体のところではなくて、食物と連合していた物体が新しく置かれた場所に行ったのである。このことは、マーモセットの表象に可塑性があることを示している。彼らは、食物と一緒であった物体もその場所も、両方を覚えており、状況に応じて、そのどちらかを優先しているのである。

30個の物体がすでに置かれたところでのさらなる実験で、メンゼルは物体の分布を変えてみた。たとえば、2つの物体の位置を交換したり、一つの物体を取り去って、残り29個の物体のどれかと同じ物体に置き換えたりしてみた。これらの例では、マーモセットは、変えられた物体や、すでに知っているが新しい例である物体のほうに行ったので、その変化は理解しているようだった。このことは、彼らが、物体の外見が異なることばかりでなく、同じ種類に属する個々の物体の同定も理解していることを示唆している（第2章で述べたハウザーとケアリーの研究を参照のこと）。

それゆえ、マーモセットは、空間的位置においても、異なる位置に置かれた個々の物体においても、自分たちの採食環境の非常に詳細な表象を構築できるようである。この能力は、実験室での実験で示されただけではあるが、マーモセットの野生における採食行動について知られていることともよく合致するようだ。メンゼルの発見は、野生のマーモセットがランダムに採食しているのではなくて、彼らの自然環境の詳細な空間的表象を用いているのだろうことを示している。

チンパンジーの空間認知

先に述べたマーモセットの実験の一部は、4000平方メートルの屋外飼育場で飼われていたチンパンジーの集団に対してメンゼル（1971, 1973b, 1974）が以前に行った一連の研究をモデルにして行われたものだった。もともと、メンゼルは、食物を動機づけとしては使っておらず、チンパンジーが物体に対して持っている自然の好奇心を利用していた。10日にわたってチンプたちは、飼育場のさまざまな場所に20の物体が散らばって置かれているのを見つけたが、それらはいつも同じ場所にあった。テストの11日目になって、飼育場の中に新しい物体がランダムに置かれることになり（チンプたちが放される場所から見えるところに）、それが毎日追加されて、最後には30の物体が追加された。チンプを3頭ずつの組にして放したところ、彼らが新しい物体のところに行って探索を始めるまでに15秒以上かかることはまずなかった。

いくつかの試行では、以前の物体を新しい位置に移し、そこに新しい物体を置くこともあったが、物体を飼育場から取り除くだけの場合もあった。チンプたちは、すでに知っているものがどこかに移されてもそれほどの興味は示さなかったが、それらを探索する量は増えた。彼らは、以前のものがあった場所に新しいものが現れると、それが何であれ注意深く検査した。（しかし、かつて物体があり、今は空になってしまったところでは、特別な行動は観察されなかった。）それゆえ、チンパンジーは、食物という動機づけがなくても、新しい物体を検知し、物体の配置が変わることに、容易に気づくのだ。このことは、彼らが、自分のまわりの環境にある物体とその分布について、何らかの知識を持っていることを示している。

チンパンジーの空間表象の複雑さを研究するために、メンゼルは、最後には食物を動機づけの要因として持ち込んだ。彼は、1頭のチンパンジーを取り出し、その個体に、飼育場の中の16ヵ所の異なる隠し場所に16個の食物が置かれるのを見せた。チンプはそのあとで屋内ケージに戻され、ある時間がたったあとでまた放される。そのチンパンジーの反応はと言えば、ただちにこの16ヵ所の隠し場所を次々と訪れることであり、しかも、彼はそれを最適ルートで行った。つまり、各箇所から次の箇所へ行くときに、そこから最短の場所を選んで回ったのであり、それは、人間が食物を隠した順番と一致してはいなかった。それゆえ、チンパンジーは、単に食物が隠されるのを見ている間にたどった道筋を再現していたのではなく、

16個の食物がどこにあるかに関する何らかの表象に基づいて、自分自身の採食ルートを作り上げていたのだ。

さらに、隠されている食物の量と質に変化をつけ、ある場所にはよその場所よりも多くの食料、またはより魅力的な食料があるようにすると、チンプは、最初に最短ルートを通って一番よい場所に行った。それゆえ、チンパンジーは、食物の場所を覚えているだけではなく、この知識を、一貫していて空間的に組織化された表象に統合しているのである。メンゼルは、これは、空間の中で適切な物体がどのように分布しているかを示す詳細な地図のようなものであるから、「認知地図」と呼ぶにふさわしいものだろうと述べている。

メンゼル（1974）はまた、類人猿たちがこれらの認知地図をどのようにして築いているのかを示唆する、一連の餌隠しの実験における彼ら行動について、興味深い質的な描写をしている。チンプは、つねに第二の実験者の腕の中からこれを観察していたのだが、彼らは、食物自体にはそれほど注意を払ってはいなかった。彼らは、食物が隠されると（たとえば、食物の上に木の葉をかけるなど）、その隠し場所をよく見て、その場所からもっとも近いところにある大きな垂直構造（たとえば、大きな木など）をしっかり見ようと、実験者の腕の中から身を乗り出した。そのようなはっきりした構造物がないときには、隠し場所に焦点を当てたあと、単にそのあたり一般をめざした。チンプたちは、まず、食物のありかを、それが隠された地域にある小さな物体は視覚的な詳細との関係でより局所的に情報を蓄え、その次に、その局所的な場所が、飼育場という全体との関係でどこに位置するのかの、大きなスケールでの情報を蓄えているようだった。そうするために、彼らは、まずは目印となるものを見つけ、もしそれがなければ、一般的な全体像を採用した。

メンゼルによれば、チンパンジーの探索行動は、この印象に合致するものである。彼らは、普通、まずは食物の近くにある目印に向かって一直線に走り、食物がそこに隠されているのか、もう少し広い地域の中なのかによって、そこへまっすぐに行くこともあれば、少しペースを落として、あたかももっと局所的な手がかりを探しているかのように、狭い範囲を注意深く見回したのだ。彼らが誤るときには、間違った目印をめざしたからということはほとんどなかった。彼らは、食物が隠されている地域を概して正しく選ぶことができたが、その範囲の中では、本当の隠し場所と類似した場所を探す（違う木の葉の山）誤りを犯すことがあった。

認知地図を獲得する

チンパンジーは、各実験で彼らが食物の位置をコード化する背景となる複雑な表象を、どうやって獲得したのだろうか？　実験を始める前に、メンゼルは、チンパンジーを初めて新しい飼育環境に放したときに、彼らがどうやってそこを探索するのかを観察する研究を行った。おとなのチンパンジーは、最初から、高い木や建物、フェンスのある場所など大きな目印をめざした、広範囲にわたる、しかし比較的短い探索を行った。彼らは、それほどたくさんは動かなかったが、視覚的な探索に多くの時間を費やした。

それとは対照的に、3頭の集団で放された子どものチンパンジーは、もっとエネルギッシュにたくさん動いたが、比較的狭い地域に集中して探索を行った。彼らは、飼育場全域をすぐに探索することはしなかった。毎日少しずつ、まだ探索していない地域へと探索を広げ、最終的に全地域をカバーした。彼らの動きはランダムではなく、目印のわかりやすい場所との関連で起こっていた。毎日彼らは、すでに探索ずみの場所に戻り、まだ探検していないなわばりへの新しい探検をそこから始めたが、つねに木や新しいフェンスの部分など、次の目印に向かって動いていった。

日がたつうちに、子どものチンプたちは、どんどん気を許して動き回るようになり、木に登ったり、物体をいじったりという、より明らかな探索行動をたくさん見せるようになった。彼らの動きのパターンは、最終的には、あまり歩かずに目で見て探索するという、新しい飼育場に入れられたおとなのチンパンジーが最初の数時間で見せる行動と似たものになり始めた（それは40日後である！）。

探索のスタイルもその速度も異なってはいたが、おとなのチンパンジーも子どものチンパンジーも、空間の探索は、目印となる物体の探索から生じていた。このことは、チンパンジーはその空間的表象を、物体の表象から組み立てていることを示しているようである。空間とは、物体から発するものである、またはメンゼル自身の言葉を借りれば、「行動の空間は、つねに物体との関係で構造化されている」かのようである（Menzel, 1974, p.94）。

将来にわたっての物体の永続性

食物を隠してあとで取りに行く実験で、メンゼルは、食物が隠されるところをチンパンジーに見せない場合を、対照群の試行として使った。こうすることで彼は、あらかじめ情報がないときには、どれほど食物を見つけることができるのかを知ることができた。最初は、これはうまくいった。情報のないチンパンジーが食物を見つけるには長い時間がかかり、彼らが見つけるのは偶然でしかないようであった。しかし、ここで何が行われているのかにチンパンジーがいったん気づいたあとでは（つまり、各試行でどこかに食物が隠されていたのだ）、彼らは、何らかの手がかりに基づいて食物のありかを予測する、驚くべき能力を示した。メンゼルの描写によると、彼らは、すでに知っている物体のうち、最後に見たときから位置や方向が変わったものは何でも調べ、また、新たに予期せず現れた木の葉の山や地面に落ちた樹皮なども必ず調べた（とくに、それが木から遠く離れているときには！）。彼らは、物体の位置を覚えているのではなくて、それを推論するしかないような見えない物体のテスト、つまり、将来にわたる物体の永続性のテストでピアジェが研究したのと似たような、何らかの物体の概念を用いているようであった。

さらに、チンプは、食物が隠されるパターンにもすぐに気づいた。たとえば、彼が行ったいろいろな実験で、メンゼルは、1頭のチンパンジーだけに食物隠しの出来事を見せ、そのあとで集団全体を飼育場に放し、情報を持っているチンパンジーと持っていないチンパンジーの行動を比較した。いくつもあるフェンスの支柱の一つに、あるパターンで食物が隠された場合には、情報を持ったチンパンジーが3回続けてそこから食物を見つけたあとには、他のチンパンジーたちが、情報を持ったチンパンジーよりも先に次の支柱へと駆けつけそこを探した。このようにして彼らが、食物の位置と分布のパターンを知る能力は、次のような一連の実験でとくに目を見張る形で示された。そこには2つの食物の山が隠されるのだが、それぞれが飼育場の右半分と左半分と、チンパンジーたちが放される地点からは正反対の方向にある2点である。このテストを数回繰り返したあとでは（各回、食物の場所もその角度も異なる）、情報を持っていないチンプたちは、最初の山を見つけるとすぐに正反対の場所へと走るようになったのだ。彼らの正確さは驚くべきであった。彼らは、正反対の半分の区画のうち、正しい食物の場所から4、5メートル以内の範囲を探したのである！

何はともあれ、チンパンジーに関するメンゼルの研究は、彼らが、自分たちの毎日の環境に関して詳細で流動性のある表象を持っていることを示唆している。マーモセットでもそうであったが、このことは、チンパンジーが比較的広いなわばりを毎日巡りながら採食するという、彼らの自然の行動に合致している。これらの表象を「認知地図」と呼ぶのがどれほど正しいのかは、議論の多いところであり、それは、またあとで論じることにしよう。

物体探索のパターン

メンゼルのもっとも素晴らしい発見の一つは、「将来にわたる物体の永続性」と呼んだもの、つまり、それらしい手がかりから、隠された食物のありかを推論する能力である。ヘンミとC・メンゼル（Hemmi and C. Menzel, 1995; C. Menzel, 1996）は、さらにこの能力を飼育下のブタオザルで研究した。メンゼル（1996）は彼らに、異なる構成からなる採食場所を示した。そのうちの一つでは、食物を、目に見えるエッジにそってある間隔で隠した（たとえば、セメントの壁やガラスの仕切りに沿って）。別の実験では、食物を、似たような物の隣に隠した。たとえば、飼育場の中にあるすべての木箱の隣に食物を隠したが、木箱自体はランダムにばらまかれていた。また別の状況では、食物は、飼育場の中に見える構造とは関係なく、目に見えないある直線にそって、1から3メートルの間隔で地面に隠されていた（もし、何か目に見えるものの線があれば、それを横切っていた）。これらの条件に関して最初に何らかの手がかりを与えるために、最初の3回では、食物は目に見える状態で置かれていた。

ブタオザルたちは最初から、目に見える構造と、目印となる物体の見た目の類似を使うことができた。彼らは、最初の実験でも隠された食物のすべてを見つけることができ、その後も高い成績を保った。目に見えない直線に沿っての課題では、初めのうちは成績がとても悪かったが（それでもランダムではなかった）、数回の試行だけで、それにも向上が見られたのである。

探すのがもっとも上手だったのは、おとなのサルだった。1歳のサルでは、目に見える線に沿っての条件でしか、理解は見られなかった（目印のわきに沿って食物を探す）。目に見えるパターンから利益を得る能力は、最初の食物発見者が自分であるかどうかとは関係がなかった。チンパンジーと同様にブタオザルも、傍観者でもパターン化された探索をすることができたのである。

最後に、先の試行が完成されたあとで行われた対照実験では、目に見える垂直の目印にそって、一つだけ食物を目に見えるように置いた。ほかに食物を隠すことはしなかった。ブタオザルたちは、一つだけの食物があった壁の縁に沿って、むなしく食物を探したのである。このことは、彼らが、嗅覚などの他の手段によって、隠された食物を見つけようとしているのではなく、本当にその存在を推論していることを示している。

この研究は、ブタオザルもチンパンジーと同様に、空間の中における物体を複雑に表象する能力があることを示している。これは、環境の中にある目に見える構造の認知能力（または、物体の類似性）と結びつけて、実験室での学習実験で典型的に見られるようなゆっくりした連合学習に頼ることなく、組織的に食物探索ができるようにする、将来にわたる物体の概念である。さらに驚くべきなのは、目に見える３つの食物が直線上に並び、それが、存在するどんな目に見える構造とも合致しないときに、この完全に主観的な構造を利用する能力がブタオザルにあるらしいということだ。おもしろいことに、これらの場合に彼らは、目に見える食物を食べてしまったあとで、つまり、直線を構成する要素がすでになくなってしまったあとで行動したのである。ヘンミとメンゼル（1995）は、彼らが始めた動きをただそのまま続けているだけ、という説明はありそうもないと述べている。なぜなら、ブタオザルたちはすぐに行動したのではなく、すでに見つけた食物を食べるのにずいぶんと時間をかけた上、行動を続ける前にあたりを見回しさえしたからである。つまり、最低限でも彼らは、自分たちが計画している動きの方向を心にとどめておく能力を示したのである。

アケビの実と野生状態での認知地図

C・R・メンゼル（1991）は、野生のニホンザルにおける認知地図を研究するために、興味深い野外実験を行った。彼は、ニホンザルの通り道にチョコレート（比較的稀にしか出会わないが、彼らが好む食物）、または、もう季節はずれとなってしまったアケビの実を置いてみた。チョコレートを見つけたときには、サルたちはそれを食べたあとで、あたかももっとあるかどうか調べているかのように、チョコレートが見つかったあたりを手でいろいろと探ってみた。彼らはまた、その後の20分間にしばしばその場所に戻り、次の日にもやってきた。ときには、チョコレートが見つかった場所と似たような外見の地面も、探すこともあった。

それとは対照的に、アケビの実を見つけたときの彼らの典型的な反応は、その上にある枝や、近くの斜面を眺めることであり、ときには、非常に洗練されたやり方で遠くを探っているようでもあった（アケビの実は、木の比較的高いところになるものである）。さらに、彼らがアケビの実を見つけた場所をあとにしたときでも、彼らは、アケビのつるがからまっている木を調べることはやめなかった（ときには、アケビを発見する前にとっていたルートを大きくはずれても）。彼らは、アケビの枝を眺め、触り、それを調べ、まだ熟れていない実を試すことすらしたのだった。

季節はずれのときに、はずれた文脈でアケビの実を見つけたことで、彼らのアケビに関する知識が活性化されたのだ。第一に、彼らは、実が落ちてきたかもしれないつるはどれかを確かめようとし、次に、アケビのつるが実をならせるかもしれないという概念に導かれて、アケビのつるがあることを知っている、遠くにある木にまで行ってみることで、さらに多くの実を探しに行った。この例は、繰り返しの経験から得られたに違いない知識が（どの木がアケビの実をならせるか）、盲目の刺激=反応の連合とは非常に異なり、それらが適切な文脈で活性化されたときに、サルたちの行動を導く内的な表象から構成されていることをよく示している。多くの科学者たちが、心的地図、または認知地図について語るようになったのは、世界の中の物体をこのように表象することからなのである。

心の中の地図？

「心的地図、または認知地図」という言葉で研究者が何を意味しているのかは、必ずしも明らかというわけではない。一つの可能性は、心的地図とは、本当の地図とまったく同じ物で、適切な物体や目印となるものの相対的な空間的位置と相互の距離とを、記号化して全体的に表象したものであり、どの方向にどういうルートで移動するかを決めるときに心的に参照されるものだ、ということだ。もう一つの可能性は、実際に有効な空間認知は、これとは異なるタイプの表象で得られているということで、さらに興味深いことには、いくつかの異なる表象の組み合わせから得られるというものだ。これらの表象は、必ずしも、すべてのなわばりをイメージしたものからなっているわけではなく、特定の目印となる場所を記号的に表したものと、ある場所から別の場所へと移動するときに必ず行わねばならない、運動イメージの置換（アケビのつるがからまった大きな木に至る道筋、水たまりの後ろにある岩など）との組み合わせからなっているのだろう。これらの局所的な表象は、一つの全体的な地図になってはいないかもしれない。霊長類は、何らかの形で広げてみることのできる、空間の表象を持っているのかもしれない。全部を完全に広げてみることはできないので、部分ごとに見なければならないのだが、その各部は目的指向的な動きを実際に行うことによって（人間の場合には、それを想像するだけでもよい）活性化させられる、そんな折りたたみ地図のようなものだ。紙に書いた地図は、一般に霊長類が彼らの世界を動き回れるようにするために持っている心的な道具の集合をもとにして人間が使うようになった、新しいタイプの道具なのだ。しかし、地図は、霊長類が日常生活を送るために使っている自然の空間的表象を、そのまま反映したものではないかもしれない。それらは、私たちが地図だと思っている、静的で鳥瞰図的なものよりももっとダイナミックで、物体に基づいたものであるのだろう。

霊長類の空間的知識に関する最近の仮説のいくつかは、実際、それが多様で階層的な性質を持つことを強調している。たとえば、プーセ（Poucet, 1993）は、霊長類は、空間を表象するために、いくつかのシステムを混合して使っていると述べている。狭い範囲の空間については、詳細なユークリッド的表象を持っているのに対して、より広い範囲の空間については、大雑把なトポロジー的表象を持っているというのである（そこでは、いくつかの目印に対して重要な物体の相対的な位置関係だけが記録されている）。野生では、サルたちは、いくつもの焦点となる地点について詳細な表象を持っているに違いないが、それらの焦点となる地域が含まれている、より広い範囲の空間については、ごく一般的な概要しか持っていないだろう。サルたちは、一つの焦点地域からもう一つの焦点地域へと行くためには、比較的固定された少数のルートを知っているだけだが、それらの焦点となる地域の内部では、柔軟に、正確に、動き回ることができるのだろう。

ガーバー（Garber, 2000）はこの仮説を検証するために、野生のタマリンの毎日の移動を詳しく調べた。彼は、サルたちが比較的詳しい知識を持っていると思われる、焦点地域が存在する証拠を見出した。いったん、そのような地域に入ったあとでは、サルたちはきわめて多様なルートで彼らの食料源をなしている大きな果樹のどれにも到達することができた。しかし、そのような焦点地域から別の焦点地域へ移動するときには、結果はそれほど簡単ではなかった。サルたちは、ある地域からまっすぐ直線で移動し始めたが、いつも同じルートをとることはなかった。さらに、そのような移動をするときにはしばしば、直線的な移動の始めまたは終わりで、90度方向を変えることがあった。このような方向転換は、一つの焦点地域から別の焦点地域へ行く間の、特定の地点で起こっていた。一つの解釈は、サルたちは、自分たちの移動方向を決めるのにいくつもの局所的な目印を使っているので、一つ一つ覚えた道筋に完全に依存する必要はないのだ、ということである。

紙に書いた地図を理解する

霊長類が心的地図を使っていることについて述べたが、今度は、彼らが本当の紙に書いた地図を使うことを学習できるか、というおもしろい疑問を取り上げてみよう。本当の地図を使うには、2つの主要な認知能力が必要である。その一つが、記号を使う能力であることは明らかだ。しかし、見過ごされがちだが重要なもう一つの能力がある。それは、「小さな空間」の認知にかかわる能力だ。つまり、普段は比較的広い空間で使われている空間的表象を、小さな空間に当てはめる能力である。そのこと自体、非常に難しい課題であることは、次のような研究が示している。

小さな空間の認知

人間の子どもを使った実験で、ラスキーとその同僚たち（Lasky, 1980）は、次のようなゲームを教えた。板の上に置かれた2つのまったく同じ箱のうちの一方に、おもちゃを隠す。板の上には顔の絵が描かれており、それを「目印」に使うことによって、それとの相対的な関係の違いでのみ、この2つの箱を区別することができる。おもちゃを隠すところは、子どもたちの目の前で行うが、ここで、板の前にカーテンを降ろし、子どもたちの見えないところで板を回転させる。スクリーンが上がって、子どもたちは、この回転された「地形」の中で、隠されたおもちゃを探すように言われる。3歳と5歳の子どもたちは、板の上の顔を目印に使うようにと明確に指示された場合でも、最初は、おもちゃを発見することができなかった。やっと7歳になって初めてこの問題を解くことができるようになったが、それでも彼らの成績は完璧ではなかった。おもちゃを隠したあとで、板を彼らの目の前で回転させると、7歳の子どもは完璧に問題解決ができたが、3歳と5歳では、回転場面が見えないときよりも成績はよくなったものの、しばしば誤りを犯した。

ブランチ（Branch, 1986）は、これとまったく同じテストを、いろいろな年齢のチンパンジーに対して行ってみた。ただし、目印は顔ではなくて、板の上の四角い印の上に置かれた堅い物体（スイッチ）で、試行を始める前に、その目印に注意を向けさせる方法として、チンプは、まずそのスイッチを押さねばならなかった。チンプたちは（3歳という小さな子どもも含めて）、目の前で回転が行われた場合には、隠された食物を回収するのに何の問題もなかった。しかし、回転の際にスクリーンが降りてくるやいなや、おとなも含めてすべてのチンプたちがテストに失敗した。ブランチは、長期にわたるたいへんな試行錯誤学習の末に、見えないところで回転が起こっても問題が解けるように彼らを訓練することができた。それでも、最終的に問題が解けた場合でも、目標の位置を計算するのに、彼らが空間表象に基づく戦略をとっているのではないことを示す証拠がふんだんにあった。人間の子どもを対象とした最初の研究でも、チンパンジーに対するこの研究でも、研究者たちは反応時間の測定をしている。反応時間は、反応を起こす前にどれほど考えねばならないかを示す指標として使うことができる。ラスキーと同僚たちによる最初の研究(1980)では、見えないところで回転が起こったときに問題が解けたおとなや子どもは、見えるところで回転が起こった場合よりも反応時間が長かったが、このことは、どちらが正しい位置なのかを決めるのに、より長く考えねばならなかったことを示している。それとは対照的に、集中的に訓練されたチンパンジーたちは、回転が見えるときでも見えないときでも、問題解決までの反応時間に変わりはなかったのだ。彼らは、目標の位置を推測するために目印を使ってはいなかったのだ。おそらく彼らは、最初と最後の配置のそれぞれ可能な組み合わせに対して、直接反応することを学習していただけなのだろう。

チンパンジーと7歳以下の人間の子どもとは、それゆえ、このような小さな空間での課題の解決が困難である。子どもたちは、やがて回転しても理解できるようになるが、チンパンジーはそうならない。しかし、その一方でチンパンジーは、3歳でも、見えるところでの回転の問題を正しく解くことができるのだが、3歳と5歳の人間の子どもでは、それは難しい。この領域における困難さは、大きな空間スケールでのチンパンジー(および他の霊長類)の印象的な解決能力と好対照をなしている。メンゼルの研究では、チンプたちは、飼育場内のあちこちにばらまかれた16個もの食物を、いったん飼育場から出されたあとで戻ってきたときでさえ、全部回収することができたのだ。実際に彼らがたどった道筋（そして、つまりは彼らが目印をどこから見ることができたか）は、成功とは関係がなかった。

板を回転させる課題がなぜこれほど難しいのかの一つの説明は、目印のついたこの小さな空間が、それ自体の目印を持った、より広い空間（実験室）の中に埋め込まれていることだ。それに対して、メンゼルの研究では、主要な目印がつねに温存されている、単一のよく知り尽くした空間があるだけである。チンパンジーが、小さな空間における物体の配置を把握するのが同様に困難であることは、これ以外のさまざまな課題で報告されている。たとえば、異なる2つの物体のうちの一つに食物を隠し、彼らが見ていない間にこれらの物体の配置を変えてしまうような課題で、彼らはいつも重大な誤りを犯す。しばしば、チンプは間違った物体のほうをとるのだが、どうやら彼らは、食物の位置と物体の同定とを混同しているらしい（Forbs and King, 1982）。メンゼルが使ったような大きな場面で、このような誤りが起こることは稀である。

三次元の地図を使う

小さな空間の理解が困難であるとすると、チンパンジーは地図を使うことはできないだろうと予測される。なぜなら、地図を使うには、小さな空間を認知して理解せねばならないだけでなく、そのあとで、物理的に異なる空間で動かねばならないからだ。プレマックとプレマック（1983）は、子どものチンパンジーに地図を使わせようとする、いくつもの優れた実験を行った。基本的な手続きは、本物の部屋に隠された食物の位置に関する情報源として、部屋のミニチュア・モデル（ミニチュアの家具も備えてある）を使うのである。彼らは、チンプに、ミニチュアのバナナがミニチュアの箱の中に隠されるのを見せた。それから彼らは、チンプを、対応する箱の中に本物のバナナが隠されている、本物の部屋に連れて行った。チンプの解くべき課題は、ミニチュアの部屋で得た情報を頼りにバナナを見つけることだ。しかし、チンプは、ミニチュアの部屋に地図としての価値があることを理解できなかった。彼らは本物の部屋をランダムに探したのである。プレマックらは、一つずつ集中的な訓練を行っていった。まず始めに、2つの同じ通常の部屋を使う（一つの部屋のある特定の場所に餌が隠されている）。チンプは、もう一つの同じ様子の部屋を探すことを許される）。チンプは、この問題は解くことができた。そこで、少しずつ、最初の部屋を小さくしていき、食物を見つけるためのガイドとして、小さな部屋を大きな部屋のモデルとして使えるようにさせていった。しかし、彼らの成績は安定しておらず、うまくいくかどうかは、モデルの部屋を、本物の部屋とまったく同じ角度から見せることにかかっていた。モデルをほんの少しでも回転させると、彼らの成績は、偶然のレベルにまで落ちてしまった。すでに見たように、チンパンジーは、同じ大きさの空間であっても、見えないところで回転が行われるとわからなくなってしまうのだ。チンパンジーたちが、モデルを部屋の「地図」とする、ある程度の理解を発達させたのか、それとも、この問題に何らかの別の方法で対処していたのかは明らかでない。

ジュディ・ドローシュ（DeLoache, 1995）は、この問題設定を、うまく児童心理学に持ち込んだ。彼女は、子どもたちに、四隅に4つの物体または家具が置いてある大きな四角い部屋を見せ、そのあとで、それに対応する4つのミニチュアの物体が置いてある、まったく同じミニチュアの部屋の模型を見せた。子どもたちに、この2つの部屋がまったく同じであることに注意を向けさせ、そのあとで、彼らにゲームをさせた。ミニチュアのおもちゃ（小さなアヒル）を、ミニチュアの部屋にある一つの物体の中に隠す。彼らの課題は、大きな本物の部屋に隠された、大きなアヒルのおもちゃを探すことである。人間の子どもは、3歳であればこの問題を解くことができたが、2・5歳では解けなかった。大事なのは、大きな部屋でおもちゃを見つけることのできなかった2・5歳の子どもも、モデルの部屋でミニチュアの物体がどこに隠されていたかは、よく覚えており、大きな部屋で大きな物体を探すことができなかったあとでも、ミニチュアを発見することはできたということだ。さらに、2・5歳の子どもの中には、この課題には大きな部屋と小さな部屋があるというのではなくて、部屋は一つしかないのだが、何か魔法を使うことによって、その部屋を大きくしたり小さくしたりすることができるのだと言われたときには、本物の部屋で目標物を見つけることのできた子どももいたのだ。このことは、大きさが違うことによって2つの部屋の類似性を認識すること自体に困難があるのではなく、この2つの空間の間の地図上の関係を理解するのが困難なのであることを示している。実際、ドローシュ（1995）は、この課題は、記号と指示物の関係の性質に関する、何らかの「表象的洞察」の獲得、または、物体を「二重に暗号化」する能力（ミニチュア・モデルを、それ自体で物体として扱うだけでなく、本物の部屋の記号としても扱う）の獲得の指標となるだろうと論じている。

最近、ボイセンとクールマイヤー（Boysen and Kuhlmeier, 2002）は、この縮尺問題を再び霊長類学に持ち込み、何らかの言語訓練を受けた、実験室での課題の経験のある何頭ものチンパンジーに行ってみた。

最初の研究では、人間の子どもに対して行われた標準的手続きにしたがって、2頭のチンパンジーを、4つの物体が置かれた本物の部屋に連れて行く。その外には、対応する物体の置かれた、対応するミニチュアの部屋のモデルがある。目標物は、清涼飲料水の缶で、モデルの部屋には、そのミニチュアが隠されている。チンプは、ミニチュアの部屋でそれが隠されるのを見たあとで、本物の部屋を探すように言われる。シバという名前の雌のチンパンジーは、8試行中7回で、まっすぐに正しい隠し場所に行ったが、他のチンパンジーは1回の試行で成功しただけだった。2回目の実験では、7頭のチンパンジーがテストされたが、今回のモデルは、4ヵ所の隠し場所のある屋外飼育場であった。3頭のチンパンジーは、モデルを使うことができた。そのうちの1頭は、またシバであったが、今回の正答率は55パーセントだった。もう1頭のよくできたチンプは、プレマックの研究対象であった霊長類研究の有名人、サラである。彼女は、チンプとしては高齢の38歳だったが、若い仲間をさしおいて65パーセントの正答率を示した。4頭のチンプは、モデルから得られる情報にはまったく目もくれなかった。屋外飼育場に出されると、彼らは、目標が見つかるまで、4つの隠し場所をシステマティックに探していった（いつも同じものから始めた）。

うまくできたチンパンジーは、明らかにモデルから何らかの情報を抽出することができており、その情報を、より広い空間での探索の手引きとしていた。しかし、彼らは本当にモデルを他の空間の地図と理解していたのだろうか、それとも、何か別の方策をとっていたのだろうか？　隠し場所として使われた4つの物体は形も色も異なっていたので、チンパンジーは、モデル全体の地図としての関係を理解することなしに、単に、個々の物体の適切な性質を突き合わせていただけなのかもしれない。たとえば、彼らは、ミニチュアの目標物がミニチュアの黒いタイヤの中に隠されるのを見る。そして、屋外飼育場に放されると、単に黒い物体のところに直行したり、同じような形のもののところに行ったりしていただけなのかもしれない。

この可能性を確かめるために、研究者たちは、縮尺モデルの課題の新しいバージョンを考えた。そこでは、物体の個別の性質を対応させる戦略の可能性を統制することができる。隠し場所として、彼らは、異なる物体を使うかわりに4つの同じ物体を使い、それらが、モデルと屋外飼育場とでまったく同じ相対的位置を占めるように置いた。こうすれば、チンパンジーの探索行動は、モデルにおける物体の相対的な位置という情報だけでしか誘導されなくなるので、小さな空間と大きな空間との関係に関して、何らかの全体的な理解にのみ基づいていることになる。こうしたところ、どのチンパンジーも、偶然のレベル以上の確率で目標物を見つけることはできなかった。そのうちの3頭は、純粋に偶然というより少しはましな成績をおさめる傾向を見せたが（25パーセントではなくて、およそ50パーセント）、とても褒めたものではなかった。それでも、すべての個体の実験結果をすべて集めて統計検定すると、彼らは、最初の試行では、偶然よりも少し高いレベルで目標物を見つけているようだった。このことは、50パーセント以上の正答率を示した3頭のチンパンジーは、結局のところ、モデルが提供している何らかの空間的情報を利用していたのかもしれないことを示していると解釈することもできる。おそらく、モデル全体の理解を用いて、探すべき物体の明確な図像を得ていたというよりは、飼育場の右に行く、左に行くといった、もっとあいまいな情報を引き出していただけなのだろう。

別の条件では、個々の物体の個別性はそのままにし、飼育場内におけるそれらの相対的な位置が、モデルのそれとは異なるようにした（4つの異なる物体があるのだが、それらの間の相対的な位置関係が異なる)。この課題では、チンパンジーたちは、集団としてはずっとよい成績をおさめたが、物体の特性も空間的情報も両方が得られる標準的課題のときよりは、やはり成績が悪かった。

本物の物体とミニチュアとを完全に相似にするのではなく、物体の個々の特性だけを同じにした場合には(たとえば、モデルにはミニチュアの黒いタイヤがあるが、本物の空間には、黒い箱(色の特性は保たれている)または赤いタイヤ(形の特性が保たれている)がある)、チンパンジーの成績はさらに悪かった。このことは、彼らが単に色や形の連合だけで問題を解いているのではなく、少なくとも、ミニチュアと本物との間の全体的なマッチングを行っていることを示している。つまり、彼らは、かなり大きさの異なる物体間の対応を理解することができるということで、小さな空間の理解と同様、地図を理解するための前提となる能力は持ち合わせていると言えるだろう。

縮尺モデルの課題を使った同じような実験は、人間の子どもに対しても行われている。結果は、非常によく似たものだ。まったく同じ物体を用いた場合には、子どもたちは、なかなか課題を解くことができない。彼らは、空間的な情報だけを使うのは困難なようである。物体の様相はそれぞれ違えて、空間的な配置を変えた場合には、標準課題とほぼ同じくらいの成績をおさめることができたが、それでも、少しばかり成績は悪かった(Solomon, 2001)。このことは、通常の条件における子どもたちは、両方のタイプの情報を同時に利用していることを示している。彼らは、物体がどこにあるかと、どんな物体であるかとの双方に着目しており、これらの手がかりのどこかが欠けると課題がより難しくなるのだ。チンパンジーも似たような反応を示すことは、類人猿と人間が、空間の中にある物体の位置を表象するやり方は、ともに、空間の情報と物体の様相の情報との両方を結びつけたものであることを示している。チンパンジーが空間をシンボルで表した地図が理解できるのかどうかとは独立に、この類似性は成り立ち得る。事実、小さな子どもが最初にこの課題を解くことができたとき、彼らが本当に何らかの「表象を使った洞察」に基づいて地図をモデルとして利用していたのか、物体の見本合わせのような、何かほかの戦略に頼っていたのかは、明らかではないのだ（Perner, 1991）。

全体として、クールマイヤーとボイセンが得た結果は、チンパンジーは探索活動のために「モデルを情報源として利用する」ことがある程度はできるものの、必ずしもこの能力は、人間のおとなが地図を使っているときと同じように、「モデルと本物の飼育場との間の対応関係を理解」した上での能力であるとは限らないことを示唆している。

霊長類が持っている、空間の中の物体の表象

野生の霊長類が、自分たちの遊動域に関する正確な心的地図を持っているかのように行動し、彼らが、食料、水、その他の資源を知的に探索するよう、毎日の動きを計画するにあたって、その地図を使っているらしいということは、しばしば報告されてきた。飼育下、または野生における実験でも、霊長類が、彼らの環境に関する、洗練された詳しい表象を使っているらしいことは確認されている。彼らは、目印や、重要な物体に起こった変化を認識し、食物の場所を記憶し、最適な食物探索を行うことができる。しかし、彼らが使っている表象が、全体的な空間の描写の中に、目印や物体の分布が正確に記されているという意

味で、文字通りの「認知地図」であるのかどうかは明らかでない。メンゼルがチンパンジーで行った研究の定性的描写によれば、むしろ、それは、どうやって一つの場所から他の場所へ移動するか、そこで何が見つかるかの表象である、実用的な地図なのだろう。このような実用的な表象には、空間の知識も組み込まれているかもしれないが、おそらくそれは、抽象的で輪郭のはっきりした、客観的なものではないだろう。それよりも、霊長類は、自分たちの環境を動き回る間に得た空間的な図柄、自分たちの動きに役立つシーンのショットの集合を利用しているのであり、それらのすべてを一緒に考察することはできないのだろう。

このことは、人間の毎日の定位行動にも当てはまるのかもしれない。どちらの方向に行こうか決めるとき、私たちは、心的地図を使っているという幻想を持っているかもしれないが、本当のところ、私たちが定位のためにおもに使っている手続きは、断片的な実用的スケッチであり、実際に動くときにそれらをつなぎ合わせているだけなのかもしれない。

まとめ——霊長類と物体の世界

ここまで、霊長類がどのようにして、物体を使って知的なことをするように学習するのかを見てきた。とくに手と目という彼らの形態的適応は、自分の見たものと触るもの、そして、することとを制御する認知的道具の複雑なセットがあることで補われている。そのセットの中身は、物体を同定し、個別に認識し、それらを空間と時間の中でとらえ、物体の物理的、論理的関係のいくつかを検知して利用する能力であり、もっとも重要なのは、彼らの世界を構成している物体を、探索し、発見し、操作する計画を作り出して、実行できるようにさせる能力である。これらの認知能力のセットは、連動して働くことにより、物体の世界の表象を生み出すことを可能にしている。これらの表象は、手や目自体のような、お仕着せの適応ではなく、進化の中でもっとも強力な道具である、発達の産物である。霊長類は、物体を見て、触って、手で操作し、これらの情報のすべてを、個々の感覚表象を超えて統合するように動機づけられ、半ばそのように神経系が作られているのである。

この発達は、進化の産物でもあり、個体の学習の成果でもある。動物学者のピーター・マーラー（Marler, 1991）の造語を使えば、霊長類は、「学習する本能」を進化させたのだ。そして、彼らがその本能の導きのもとで学習する本質的な事柄は、空間の中に張り巡らされた物体のネットワークとして世界を表象することである。

霊長類の脳は、物体を個別の単位として表象し、その空間における位置、それらが関係しているさまざまな方法を表象する（同じか違うか、一緒か別か、内側か隣どうしか、因果関係があるのかないのか、などなど）。さらに重要なことには、霊長類は、これらの認知的な材料のすべてを、行動のための複雑な表象の構築のために使うことができる。それを助けているのが、作業記憶、抑制制御、意図などという認知的道具のセットであり、それらの性質や変異については、まだ理解が始まったばかりにすぎない。

もちろん、物体の世界は、環境のおよそ半分にすぎない。他の半分は、霊長類の心を知る知識の対象としての霊長類自身であり、次の章の主題は彼らである。

第7章 顔、身振り、鳴き声

複雑な社会集団は、霊長類の生活の鍵となる性質の一つだ。そこで、私たちは、霊長類の社会認知的能力のいくつかについて、つまり、環境の重要な要素としての自分たち自身に対応するために霊長類が持っている認知的適応について分析する必要がある。まず初めに、コミュニケーションのシグナルを取り上げてみよう。

霊長類が物体に対して何かをしたいとき（たとえば、果物を食べるなど）、彼らはその物体に触り、機械的な動作を及ぼす（それをつかむ、口に持っていく、噛む、など）。しかし、霊長類が他の霊長類に何かしたいとき、たとえば、一緒に遊びたいときには、非常に異なる行動をせねばならない。彼らは、遊びの顔、姿勢、音声など、コミュニケーションのシグナルを出さねばならない。コミュニケーションのシグナルは、他者がその認知を通じて、自分のしたいことをしてくれる（または、しないように抑制する）ことで、進化的に淘汰を受けてできあがったパターンである。コミュニケーションのシグナルは、物体との接触や物体どうしの間にある機械的な結びつきとは大きく異なるたぐいの因果関係に依存している。コミユニケーションとは、力学的な力の伝達ではなく、情報を伝達することなのだ。

霊長類は、驚くほど豊富な種類のコミュニケーションのシグナルを持っている。彼らはたいてい、異なる行動や、自分たちの間でとり得る異なる関係（遊び、求愛、配偶、威嚇、攻撃、なだめ、捕食者の脅威、食物探し、食物の発見など）と連合した、個別の鳴き声を持っている。彼らはまた、いろいろな顔面表情も持っていて、音声と一緒にこれらもしばしば使われる。さらに、彼らは、鳴き声や顔の表情と連動した姿勢や身振りも持っている。霊長類の複雑な社会生活は、複雑で、いくつもの感覚を使ったコミュニケーションで支えられているのだ（Snowdon et al., 1982 ; Seyfarth, 1987 ; Hauser, 1996, 2000）。

昔は、霊長類の顔面表情や音声によるコミュニケーションには、複雑な認知能力は必要がないと考えられていた。人々は、これらのシグナルを、情動を表出するために自動的に起こる、本質的には本能による、決まりきった行動パターンだと思っていたのだ（Seyfarth, 1987）。この見解は、サル類の鳴き声が脳の「原始的」な部分で制御されていることを示した実験によって強められた。そうであれば、それは任意に操作できる表象的なものではないことになる（Myers, 1978）。

だからこそ、霊長類の一種である人間が、鳴き声、顔面表情、姿勢のほかに、まったく新しくて特別に効果的なコミュニケーションの手段である発話というものを持っているというのは、なおさら驚きなのだ。発話はもっとも人間的であり、心的能力の中でももっとも優れた認知能力である。どうしたらこれほど洗練された能力が、知的に洗練されていないコミュニケーション形態から進化することができたのだろうか？

言語は本当に、見かけどおりに人間に固有なのだろうか？　それとも、霊長類のコミュニケーションの中にも、人間の言語コミュニケーションへと続く痕跡が見られるのだろうか？

この問題に答えるために、いろいろな人たちが異なる戦略で研究を行った。なかでももっとも過激なアプローチの一つは、飼育の類人猿に厳格な教育をほどこし、言語能力を直接に教え込もうとするものである。本書でもすでに、このようにして言語を教えられた霊長類が登場しているが、この話は、あとでまた取り上げよう。ここでは、自然状態であれ飼育下であれ、類人猿やサル類が自発的に行うコミュニケーションに焦点を当て、それらが人間の言語その他の洗練されたコミュニケーションとどのように似ているのか、異なるのか、という点から分析してみよう。

ベルベット・モンキーの単語と世界

霊長類の音声、顔面表情、身振りは、他の動物のそれと同様、直接に情動の支配下にある本能的なコミュニケーションの形態だと考えられてきた。たとえば、捕食者が存在すると、霊長類は自動的にある感情的反応（恐怖）を喚起するので、このことが情動的表出を引き起こし（恐怖の音声と顔面表情）、おそらく、危険を回避するような何らかの行動も引き起こすのだろう。この連鎖反応は、脳の皮質下の部分で制御されており、それゆえに完全に任意ではないと考えられていた。そのあたりにいた他の霊長類は、その音声を聞き（もしも発声者の十分近くにいれば、その顔面表情や姿勢も見えるだろう）、それがまた、対応する恐怖の感情と警戒を自動的に引き起こすので、彼らは適切で適応的な反応ができるのである（Seyfarth, 1987; Cheney and Seyfarth, 1990）。他の音声は、遊びまたは親密な感情を表したり、不安（母親から引き離された子どもが感じるような）を表したりといった他の目的のために選択されてきたのであり、なかには、深い森の中で採食している間に、互いに近接を保つというだけのためのものもあるだろう。ここで仮定されているのは、これらのコミュニケーションを行うには、洗練された認知機構は必要ないということだ。動物の音声やディスプレイは、複雑な認知的表象などは必要がない、完全に原始的な脳のネットワークに基づくもので、進化のかなり古い時期の発明だと考えられていた。人間の単語とは違って、これらの音声や反応は、情動を喚起し、情動状態によって喚起されるのであって、世界の表象によってではないのだ。人間の単語も、情動に結びついているところもあるが（たとえば、抑揚など）、それは第一に指示的情報を伝達するものである。つまり、物体や世界の出来事についての情報であって、そのようなものや出来事を自分で経験していない人に、それを知らせるものである。これ以上に認知的なものはない。

霊長類の自然のコミュニケーションに関するこういった仮定のすべては、1980年代に、心理学者のチェニーとセイファース（1990）が、アフリカのサルであるベルベット・モンキーに対して行った野外実験によって打ち砕かれた。ベルベットは人間の遠い親戚であり、われわれとは進化的に2000万年ほど離れている。彼らは、異なる状況で発せられる異なる音声を持っていたのだが、それは指示的内容を含まない、単なる情動のシグナルだと思われていた。

そう思っていたので、最初にベルベット・モンキーを体系的に研究した人は、ベルベットが捕食者に脅かされたとき、それがどんな捕食者なのかによって異なる音声を発声することに気づかなかった。ベルベットの世界はきわめて危険である。ハウザー（2001）は、子どものベルベットのおよそ70パーセントが、成熟する前に死ぬと推定している。そのほとんどは、捕食者に食べられてしまうのだ。この不幸なサルたちは多くの捕食者の好物であるのだが、その捕食者は、何種類かのワシ、ヒョウ、何種類かのヘビ、人間は言うに及ばず、ときにはヒヒに食べられてしまうことさえあるのだ。それゆえ、警戒の音声は、彼らにとって特別に大事である。このサルたちが、捕食者を発見したときに使う音声を進化させ、自分の親戚を含む集団のすべてのメンバーが逃げられるようにしたとしても、進化的には納得のいく話だ。

伝統的な考えでは、捕食者を見つけたサルは怯えて恐怖の声をあげる。それを聞いた集団の他のメンバーが、彼らも怖くなり、それまでしていた活動をやめてあたりを見回し、捕食者を発見して、最初に警戒音を発したサルにしたがって逃げるということだ。警戒音で伝達されたのは、恐怖の情動である。

チェニーとセイファース（1990）は、しかし、ベルベットが、それぞれのタイプの捕食者に対してつねに特定の音声を発するのみならず（一つはヘビ用、もう一つはヒョウ用、もう一つはワシ用で、おそらくもう一つ人間用もある）、彼らが、捕食者が何であるかによって完全に異なる行動をとることにも印象づけられた。もしも捕食者がワシであれば、一番よい逃げ方は草むらの下に入り込むことだ。もしそれがヒョウならば、草むらに逃げ込むのは最悪である。まさに、そこにはヒョウが隠れているだろうからだ。さらに、藪の中にはパイソンがいるかもしれない。ヒョウから逃げる最良の方法は、木に登ることだが、ワシが自分たちをねらっているのであれば、それも危険な場所である。ワシは、簡単に枝の先からサルをさらっていってしまう。最後に、もしも捕食者がヘビであれば、ベルベットたちはたいてい後ろ足で立ち上がり、ヘビに注意をそそいで、何か威嚇する行動をとる。捕食者のタイプとサルの行動との間に正確な対応関係があることに対する唯一の説明は、警戒音を聞いた彼らが怯えるばかりでなく、発声者を見てその個体の逃走行動にしたがっているのか、非常にすばやく捕食者を見つけ、その姿に反応しているかなのだろう。

チェニーとセイファースは、彼らがただ単に捕食者に対する恐怖を伝えているだけなのならば、なぜ彼らは異なる音声を持っているのだろう、と考えた。音声が実際に、恐怖を引き起こした捕食者は何かに関する指示的情報を伝えている可能性はないのだろうか？　チェニーとセイファースは、この考えを検証する画期的な方法を考案した。本当の状況でサルたちが自然に発した警戒音を録音し、それをコンピュータで処理して雑音を廃し、その長さと強度とを一定にした。そして、見えないように隠したスピーカーから、本当の捕食者はいないところで、特定の警戒音を再現する野外実験を行ったのだ。彼らの仮説は単純である。もしも警戒音が、特定ではない恐怖の状態を伝えているだけなのならば、サルたちは興奮し、活動を中断し、スピーカーのほうを見るだろう（それは、草むらに注意深く隠してある）。そして、とくにどれというわけでもない逃走反応を示すだろう。それは、もともとその警戒音を録音したときのような、その捕食者に対する適切な逃走反応を引き起こすことはないに違いない。

実のところ、サルたちは、警戒音に対応した捕食者にぴったりとあった反応を示したのである。ヒョウに対する警戒音を聞いたときには、彼らは木に登った。ワシに対する声を聞いたときには、彼らは草むらに入って空を探した。ヘビに対する警戒音のときには、彼らはすぐに二本足で立ち上がって地面を探したのだ。サルたちは、それぞれの警戒音に適切に反応したのである。サルたちは、実際に捕食者が何であるのかを、警戒音から知っているのではなく、異なる本能的な逃走行動の種類が、異なる恐怖の種類と結びついているだけだと反論することができるかもしれない。この解釈に対しては、彼らが空を見上げたり、地面を探したり、本当に捕食者を探しているようだという事実がある。警戒音は、その捕食者についての何らかの表象を活性化しているようであり、サルはその表象に基づいて行動しているように見える。警戒音が指示するもの、つまり、仲間のサルに対して警戒音を発せさせたに違いない捕食者を、積極的に探しているようなのだ。ベルベット・モンキーは、原始的な「単語」を使って指示的なコミュニケーションの萌芽を行っているように見える。

ベルベットでさらに研究を続けると、他の音声にも指示性が見られることがわかった。たとえば、サルたちは、ベルベットの他の集団を見つけたときにも、集団に向かっていったり、遠ざかったりするときに特別の音声を発した。音声がサルの心に目標物の表象を喚起するのだという仮説は、彼らが音声に「慣れ」、地平線やスピーカーの方角を見る反応をやめるまで、何回も一定の音声を聞かせる（たとえば、他のサルの集団を検知したときの声）という実験によって支持された。その時点で、まったく新しいタイプの音声を流す。この音声は、慣れてしまった音声とは非常に違うタイプの音声だが、サルたちが、まったく同じような状況で使っている（見知らぬ集団を発見した）声なので、先の音声と基本的に同じ指示物であると考えられる。サルたちは、この新しい音声に対しても何の反応も示さなかった。しかし、まったく異なる意味を持った新しい音声を流すと（集団から遠ざかる）、その音声が聴覚的には似たようなものであっても、適切な方向を見たのである。興味深いことに、サルたちは誰の声かもわかっていた。異なるサルが発した同じ音声の録音を流すと、聞き手たちは、「話し手」が誰かが違えば、そのメッセージをもう一度聞く価値があると思っているかのように、また興味を示したのである。これらの研究は、ベルベット・モンキーは、音声の物理的な構造ではなく、確かに音声の「意味」を聞き取っているのであり、それぞれの音

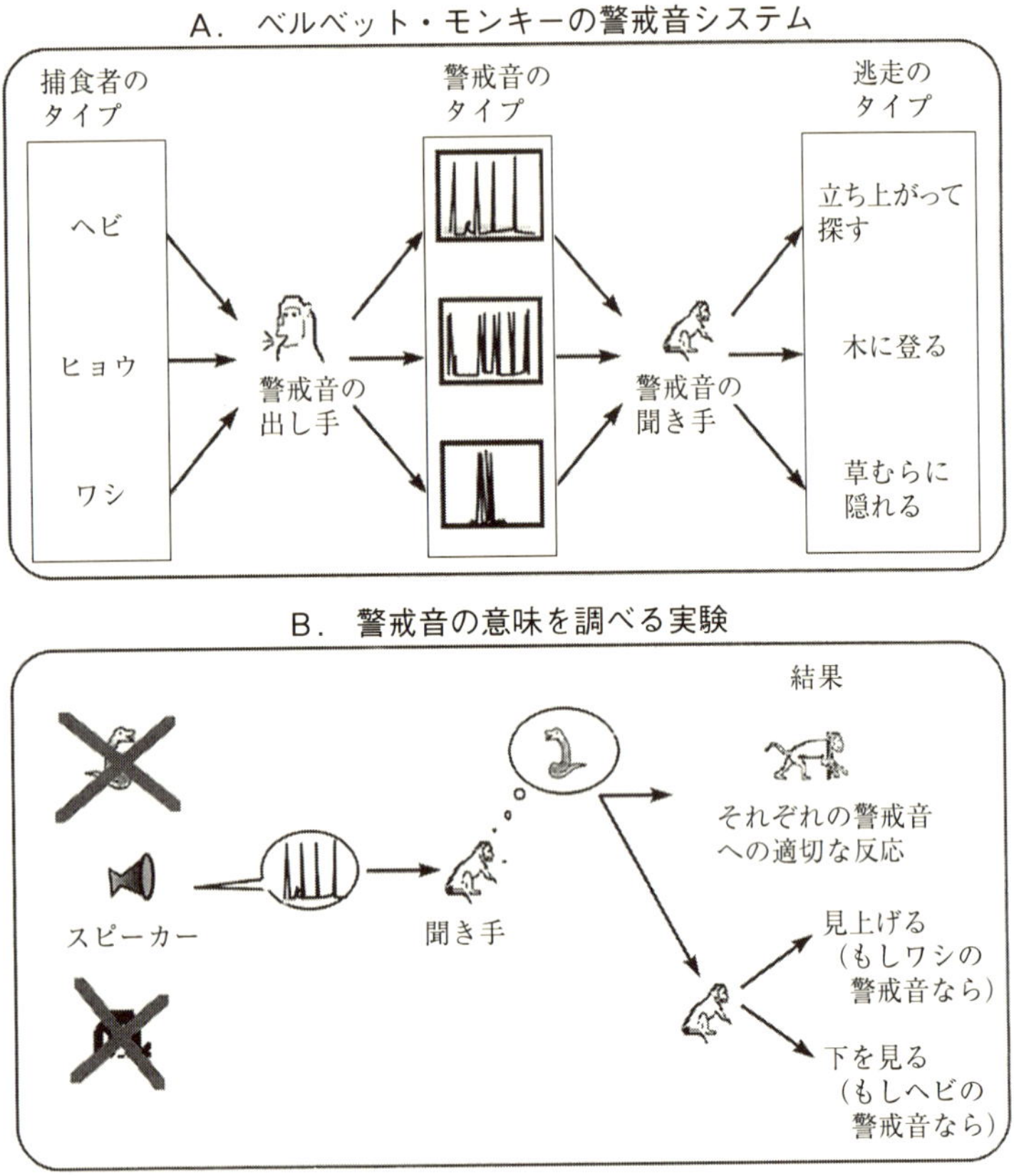

図7−1　A．ベルベット・モンキーが使っている警戒音。異なるタイプの捕食者は、聴覚的に異なる警戒音と、行動的に異なるタイプの逃走反応とを喚起する。

B．本当の捕食者が存在せず、モデルの逃走行動もないところで、警戒音自体が聞き手に適切な反応を引き起こすことを示した野外実験。

声に連合している一般的な指示物とは別に、音声を発した個体が誰であるかも重要な役割を果たしているような、より広い図柄を表象しているのだということを確証している。このことは、サル類の社会関係について私たちが知っていることと合致する。彼らの社会関係において、相手が誰であるかはたいへん重要なのだ（Smuts et al., 1987）。

ベルベットの「単語」を学習する

ベルベット・モンキーのコミュニケーションのような特徴的なシステムは、どこから出てきたのだろう？セイファースとチェニー（1980）は、ベルベットの警戒音は、興味深い発達過程を経て学習されることを発見した。警戒音の形態が生得的であることは間違いない。他個体との接触なしに動物園で育ったサルでも、それぞれの音声を発することができた。しかし、彼らが最初に警戒音を出したときには、子どものサルは、その意味がわかっていないようだ。少なくとも、その意味のすべてを理解してはいない。彼らは、鳥その他のものが空を飛んでいると、とくに区別することなく、ワシの警戒音を自発的に発する傾向があるのだ。彼らは、飛んでいるどんな鳥にもワシの音声を発し、ときには、危険のまったくない木の葉が宙を舞っていてもそれを発するのだ。彼らは、適切な鳥に対してのみ発声するよう、抑制することを学習せねばならず、それは集団の他のメンバーの反応に影響されるのだろう。先に述べたように、ベルベットは声の主を認識できるので、聞いた声を発したのが誰なのかがわかる。そこで、彼らは、その警戒音を出したのがおとなか子どもかがわかる。赤ん坊が発した場合には、彼らは普通、逃走に入ったり同じ警戒音を繰り返したりする前に、あたりを見回して本当に捕食者がいるのかどうかを確かめるのだ（警戒音を聞くと、それを繰り返すのが普通である）。そこで、おとなが、害のない鳥が空を飛んでいるのを見つけると、逃げることはしないし、警戒音も発しない。しかし、本当に危険なワシが見つかると、彼らは赤ん坊の出した声を繰り返して逃げる。こうして赤ん坊は、彼らの発した音声が適切であったかどうかで異なるフィードバックを受けるので、最終的には適切な指示物に限ることを学習するのだろう。

彼らが、初めのうち音声を「過剰に一般化」して使う現象は、人間の子どもたちが最初に単語を習い始めたときとよく似ている。彼らは、たとえば「イヌ」という単語を、四足で歩く毛の生えた動物なら何にでも当てはめ、単語の厳密な指示範囲を徐々に学習していくのである（Karmiloff and Karmiloff-Smith, 2001）。ベルベットと、人間の子どもが単語を学習することとの一つの重要な違いは、ベルベットの赤ん坊では、最初の拡張した意味が生得的に与えられているようだが、人間の発達は、最初は「過剰に厳密な」意味から始めることだ。すなわち、赤ん坊は、「イヌ」という言葉を、特定のイヌや特定の毛むくじゃらのぬいぐるみだけを指すのに使い、のちに意味論上の飛躍を起こして、過剰な一般化に進むのである。このことは、ベルベットと人間が音声や単語を学習するのに使っている認知システムは、それぞれ異なる可能性があることを示唆している。

ダイアナ・モンキー

ベルベットに見られるような指示的な音声は、最近、他のサル類でも記述されている。たとえば、クラウス・ツーバービューラー（Zuberbühler, 2000a, b, c）は、空中の捕食者（ワシ）と地上の捕食者（ヒョウ）に関する指示的音声を、ダイアナ・モンキーとキャンベル・モンキーでも発見した。この2種類のサルは、象牙海岸のタイ森林の同じ地域に住んでいる。彼らは混群を作って採食し、多くの時間を一緒に過ごしている。彼らが共有しているもう一つのものが、捕食者である。2種類ともワシとヒョウの餌食になっているが、両種ともそれらを指し示す特別な音声を持っている。ダイアナ・モンキーのワシに対する音声とヒョウに対する音声とは、キャンベル・モンキーのそれらとは非常に異なる。それでも、ヒト以外の霊長類におけるバイリンガルの例だと言いたくなるのだが、彼らは、互いに相手の種の音声の意味を理解しているようなのだ。ツーバービューラーは、彼らが、自分自身の種の音声プレイバックにも、他種のプレイバックにも、ともに反応をすることを見出した。

彼は、この事実を利用して、ダイアナ・モンキーの音声の「意味性」を検証した（それがどれほど聞き手のサルの心に指示物の表象を喚起するのか、そのような表象によってサルの反応がどれほど制御されているのか）。彼は、ダイアナ・モンキーがワシの叫び声を一度聞くと、あたかもワシを見たかのように、ワシに対する警戒音を出すことを観察した。それから数分の間、彼らはしばしば警戒音を出し続けるが、やがてそれほど頻繁ではなくなり、5分もたてばやめてしまう。そこでもう一度ワシの叫び声を流しても彼らは注意を払わず、それ以上の音声も出さない。

この興味深い反応を利用して、ツーバービューラーは次のような実験を行った。彼は、ダイアナ・モンキーのワシの警戒音を1回流し、5分後にワシの叫び声を流した。そうしたらサルたちは、ワシの叫び声が2回あったのとまったく同じ反応を示したのだ。彼らは、最初にワシの警戒音を聞いたあとには何回も警戒音を発したが、5分間でどんどんその頻度は減少し、ワシの叫び声のプレイバックを聞いたときには（聴覚的には、ダイアナの警戒音とはかなり異なる）、みんながそれを無視したのである。同じことは、最初にキャンベル・モンキーのワシの警戒音を聞いて、そのあとでワシの叫び声が聞こえたときにも起こった。しかし、ヒョウの警戒音が最初に流れ（それがダイアナのものであれ、キャンベルのものであれ）、その5分後にワシの叫び声が流れたときには、サルたちは、ワシに対する警戒音を出したのだ。ツーバービューラーの結論は、サルたちは音声の表象を持ち、その意味に反応しているということである。

タイ森林にはチンパンジーが住んでおり、その生息域の一部はダイアナ・モンキーのそれと重なっている。チンパンジーは、ときおりダイアナ・モンキーを狩猟して食べるので、彼らにとっては危険な生き物だ。チンパンジーの集団を見つけると、ダイアナ・モンキーは黙って逃げてしまう。彼らは、チンパンジーに対する警戒音を持っていない（それは、それでよいのかもしれない。なぜなら、チンパンジーは集団で狩をするのが上手で、犠牲者を一本の木に追い詰めてしまうので、サルの1頭が声を出すと、彼の位置がわかってしまい、退路を絶たれるかもしれないからだ）。ダイアナ・モンキーがチンパンジーの声を聞いたときも同じだ。彼らは自分たちでは一切声を出さず、静かにチンパンジーから遠ざかる。しかし、チンパンジーの音声で、ダイアナ・モンキーの集団（チンパンジーと生息域が重複している集団）が反応するものが一つある。それは、チンパンジーの警戒音だ。ツーバービューラーが研究を行ったタイ森林の地域では、チンパンジーは、ヒョウを見つけたときにしかこの音声を発しない。ヒョウは、チンパンジーにとってもダイアナにとっても同じく危険な捕食者である。ダイアナ・モンキーがそれを聞くと、彼ら自身のヒョウに対する警戒音を発して反応する。そこで、彼らは、チンパンジーの音声の指示物を理解し、それに応じて自分の音声を発しているようだが、それは彼らがチンパンジーの鳴き声の意味を学習するだけの十分な経験があるときに限られる。

サルの失敗

サルたちは、これまでに論じてきた例から示唆されるほど、つねに賢いコミュニケーターではない。たとえば、ベルベット・モンキーは、（経験をつんだ人間の眼から見れば）ヘビが地面を這った間違いない跡から、ヘビの存在を思い浮かべることができない。ベルベットは、このような跡が藪に向かっているのを見てもヘビの警戒音を出さないばかりか、藪に近づくことをやめるわけでもないので、この明らかなヘビの跡から、本当にヘビの存在の可能性を考えることはできないようだ。彼らはまた、木の上に新しい死骸があるという、ヒョウが近くにいることを示す、これも（人間の目には）間違いようのない兆候を無視する。そして彼らは、聞き手が危険の存在についてすでに知っているときでも、指示の音声を抑制することはないらしい（Cheney and Seyfarth, 1991）。彼らは音声を発する前に、聞き手がそもそもいるのかどうかは気にしている。もし一人だけの場合には、彼らは声を出さず、ただ危険から逃げることに専念する（Cheney and Seyfarth, 1990）。

このように、サルの心には指示的な限界があるようではあるが、霊長類の音声コミュニケーションが情動のシグナルでしかないという仮説がもはや支持されないのは確かだ。適切な分析を行えば、彼らの音声の多くは、適切な環境の物体に関する指示的情報を担っていることがわかる。サルたちは、彼らの心の中にその指示情報を表象し、真の指示はないにしても、それに基づいて行動することはできるのだ。

彼らの音声について、「指示的」、または「意味的」という言葉を使うことには、議論がないわけではない。これを避けるために、チェニーとセイファース（1999）のような研究者は、ベルベット・モンキーや他のサルに関して彼らが主張しているのは、サルの鳴き声があたかも指示的であるかのように働いているという意味で、「機能的な意味」なのだと強調している。このことは、彼らの指示が人間の持つ意味と同じだということではない。それは、同じ認知メカニズムによって生み出されているのではないかもしれないし、彼らの「意味」は、私たち人間が単語の意味として理解しているものとは、大きく異なるかもしれない（Hauser, 1996; Gömez, 1997も参照）。サル類の音声の背後にどんな表象メカニズムがあるのかは、今後の課題である。

霊長類以外の種での指示的音声

ここで自然に浮かび上がってくる疑問は、人間にもっとも近縁な親類である類人猿に、これと似たような指示的な音声コミュニケーションはあるのかということだ。驚いたことに、これまでに知られた証拠から見る限り、チンパンジーも含めた大型類人猿には、ベルベット・モンキーやダイアナ・モンキーのそれに匹敵するような指示的な音声のシステムはないようだ。チンパンジーも音声は持っていて、そのうちのいくつかは警戒音であり、その他は、食物を見つけたときなどに発せられるが、それらがベルベット・モンキーの「単語」のように働いているのかどうかは明らかでない。最近の研究（Crockford and Boesch, 2003）

によると、タイ森林のチンパンジーの音声の中には、ごく限られた特別な状況でのみ発せられることから、指示的な音声の候補となるものがあるらしい。しかし、チンパンジーたちが、本物の指示物がなくてもプレイバックされた音声にどのように反応するかについての適切な実験は、まだ行われていない。

しかし、「意味を持った」音声は、サル以外の種でも確かに見られる。驚いたことに、リスとニワトリ（洗練された認知の候補としては、まずありそうもない）は、空中の捕食者と地上の捕食者に対して異なる警戒音のシステムを持っている（Macedonia and Evans, 1993）。このことは、意味を持つ音声は、知能や霊長類流の洗練された認知とは関係がなく、脊椎動物にどれほどの生態学的圧力がかかっているかに決定的に依存していることを示しているのかもしれない。少なくとも2種類以上の捕食者がいて、それらから逃れる方法が互いに両立しないときには（空中の捕食者と地上の捕食者が、普通はそうであるように）、その種は、指示的な音声を進化させるのかもしれない。

類人猿がおそらく意味のある音声を持っておらず、他の脊椎動物にはそれが見られるので、人間の言語の起源に関して、サルの音声コミュニケーションのシステムは適切でないように思われるかもしれない。それでも、脊椎動物の脳が、ある特定の生態学的圧力に対して見せる典型的な反応は、機能的に意味のある音声の進化であるという事実は、人間の発話の起源に対して不適切などとはとても言えないだろう。私たちの祖先のホミニッドは、まず最初にそのような原始的な指示的音声を進化させ、それらがずっとあとになって、他の認知システムとの予期せぬ組み合わせにより、発話になったのかもしれない。

シンボルのない指示

もしも本当に類人猿にはベルベット・モンキーのような指示的音声がないのだとしたら、彼らは指示的なコミュニケーションを理解できず、周囲の環境中にある目標物について伝達することはできないのだろうか? 証拠の示すところによると、そういうことはまったくなくて、類人猿は指示的コミュニケーションができるばかりでなく、ある意味では、サル類の意味論的音声よりもずっと人間のコミュニケーションに近い、特別に有効な指示的コミュニケーションを持っているのだ。

ここまで、「意味的」という言葉と「指示的」という言葉を互換的に使ってきたが、それは区別することができる。「意味的」とは、単語やシンボルが含んでいる、またはそれに特別に結びついた意味をさす(「ヘビ」は、「ヒョウ」や「ワシ」とは異なる意味を持つ)。単語はそれ自身の意味を持っているので、それは物体(または動作、出来事、想像上のもの)を、たとえそれらがそこになくても「指示する」ことができる。しかし、指示の本質は、他者の注意を特定の目標物に向けることのできる能力である。そして、このより基本的な意味においては、指示のために単語はいらない。私がヘビをことさらに指し示せば、私の指差し行為には「ヘビ」という意味はなくても、あなたの注意をヘビに向けることができる。私の指差し行為は、木、リンゴ、花など、他のどんな物体をも指示することができる。

これは、指差しというしぐさの極端に有効な性質である。個々の単語はもっとずっと限られた意味しか持っていないが、指差しは、非常に多くのことを指し示す（他者の注意をそちらに向ける）のに使うことができる。もちろん、単語を使う利点、とくにそれを文章にしたときの利点は、指差しのしぐさでできるよりもずっと多くの事柄を指示でき、それを、この場所の現在という制約から完全に独立にできることだ。この意味では、意味的な指示は、非シンボル的なものよりも確実に有効である。しかし、象徴的言語は、指示の最高峰を演じるには理想的なのだが、他者の注意を環境中の目標物に向けさせる指示という基本的な行為は、単語やシンボルなどなくても獲得できるのである。*

この、シンボル以前のタイプの指示的コミュニケーションは、言語獲得前の子どもに発達するようだ。ほとんどの子どもは、一つの単語を使えるようになる前でも、身振りによって意思を伝達することができ、彼らが単語を発達させる最初の段階は、しばしば、指示的身振りを伴っている（ものの名前を言いながら、同時にそれを指差す（Bruner, 1975））。

言語以前の子どものコミュニケーション

ベイツ、カマイオーニ、ヴォルテラ（Bates et al., 1975）は、人間の赤ん坊が最初に指示的身振りを発達

*多くの言語学者や哲学者は、「指示」という術語を、ここでの私の使用法よりももっと複雑に（象徴使用と言語を前提にして）用いている。ここでは、他者の注意を目標に向ける行為という、この言葉のもともとの機能的な意味に立ち返るのがより有効だと思う。

させる様子を詳細に記述した。生後9ヵ月から12ヵ月になると、赤ん坊は、環境中にある外界の目標物についての伝達を始める。彼らは、手のひらを開いて腕を伸ばし、物体を自分のほうに手招きする動作をすることによって、好きなおもちゃをとってくれと要求することもある（研究者はこれを、「プロト命令形」のしぐさと名づけている）。また、光や、自分の注意をひいた出来事に対して、指を伸ばして指し示すこともする（「プロト叙述形」のしぐさ）。重要なのは、こういう動作はしばしば、赤ん坊がかわるがわる、物体と、そのしぐさを向けている相手であるおとなを見ることを伴うことだ。実際、赤ん坊のしぐさがその人に向けられているということは、赤ん坊がかわるがわるそちらを見るからわかるのである。ベイツとその同僚たち（Bates, et al., 1975）は、この基準、物体を見て人間を見る、もっと正確に言うとその人間の目を見ること、「アイ・コンタクト」と呼ばれていることをすることが、初期の意図的なコミュニケーションの基本であると述べている。子どもは、おとなの注意を正しい目標物に向けるという自分のしぐさが成功しているかどうかをチェックし、同時に、自分自身の視線を、一緒に見て欲しい焦点を明らかにする、さらなるしぐさとして使っているようだ。*

*人間の赤ちゃんは初期の、非言語的な発声を伴うしぐさを持っている。人間の言語以前の発声行動の豊かさはそのしぐさのほうが目に付きやすいため目立たないが、初期の発声は注意の方向づけと後に注意の接触と呼ぶものの機能に重要な役割を果たしていると思われる。

「言語以前」のゴリラの赤ん坊のコミュニケーション

１９８０年代に私は、とくにゴリラの赤ん坊が、先に述べたような言語以前の人間の赤ん坊と同じような身振りによるコミュニケーションをするのかどうかを確かめようとして、長期的な研究を行った（Gómez, 1990, 1991, 1992）。対象は、野生の孤児のゴリラ（生後8ヵ月から10ヵ月）で、動物園で人間の手によって育てられていた。彼らは、さまざまな物体やおもちゃに触れており、哺乳瓶でミルクを飲む、おしめを取り替える、お風呂に入る、外を散歩する、知能テストを受けるなど、人間の保護者とさまざまな交渉を持っていた。このような飼育環境は、いくつかの言語訓練実験で使われたものと同じであるが（第10章を参照のこと）、私たちは、どんな人工的サインも教えなかった。私たちは、ゴリラが自発的に人間とのコミュニケーションをどのように発達させるかが知りたかったのである。*

彼らは、確かにそれを発達させた。まず、彼らは、外的な目標物なしに、面と向かった関係の中で身振りを発達させた。たとえば、飼育係に抱いてもらおうとするときにその人に向かって両手を伸ばす、ということだ。人間の子どもも同じようなことをするが、身振りの形は少し違っている（Lock, 1978）。しかったことだ。

*この長期研究の後半で、ゴリラたちにいくつかの手話とプラスチック片の「単語」を教えようと試みた。しかし訓練は限定的なもので、彼らはあの「言語的」類人猿たちに比肩するような象徴的なしかたでは、手話の使い方もプラスチック語の使い方も学んだようにはみえなかった。第10章参照。

し、抱き上げてくれと求めることは、これまでに論じてきたような意味で指示的とは言えない。それは、ゴリラ自身以外の環境中の目標物に対して、人間の注意を再定位することを含んではいない。

人間の赤ん坊は、生後9ヵ月から12ヵ月で指示的な身振りを始める。私たちのゴリラが指示的身振りを見せたのは、もう少しあとだった。生後18ヵ月から20ヵ月になってやっと、私たちに操作して欲しい物体を手渡したり（ねじを巻く必要のある機械のおもちゃ）、欲しい物のほうに手を伸ばしたり、手をとってその人をその場所へ連れて行ったり、もっと特徴的なのは、その人の手をとって、欲しい物のほうに持っていったりした（図7-2にそのいくつかの例を掲げた）。

おもしろいことに、ゴリラもこれらの身振りを人間の赤ん坊で描写されているのと同じ、注意の共有のようなものと組み合わせて行った。彼らは、こうして身振りをしている間にその人の目を見つめ、ときどき、彼らの視線を、その人物と興味のある物体とにかわるがわる向けた。しかし、人間の赤ん坊とは違ってゴリラは、指で指し示す動作を発達させることは決してなく（人差し指を伸ばす）、目標物に対して人間に何かをさせようとしているとき以外は、他の方法で人間に物を見せようとすることもほとんどなかった（たとえば、彼らは、飼育係の前に物を持ってくることもできたはずだ）（Gómez et al., 1993）。

それゆえ、ゴリラの自発的なコミュニケーションは、人間の赤ん坊のそれと類似してもいれば、異なってもいた。物を差し出したり、欲しいものに腕を伸ばしたりといった、いくつかの基本的なしぐさや、互いの目を見るといった、共同注視のしぐさを伴うことなどでは類似していた。しかし、それが要求、または「プロト命令形」の機能に限られているらしいことは異なっていた（Gómez et al., 1993）。人間の子どもは、ただ物を指し示すだけのために、「プロト叙述形」と呼ばれる機能のために身振りを使う。さらに、

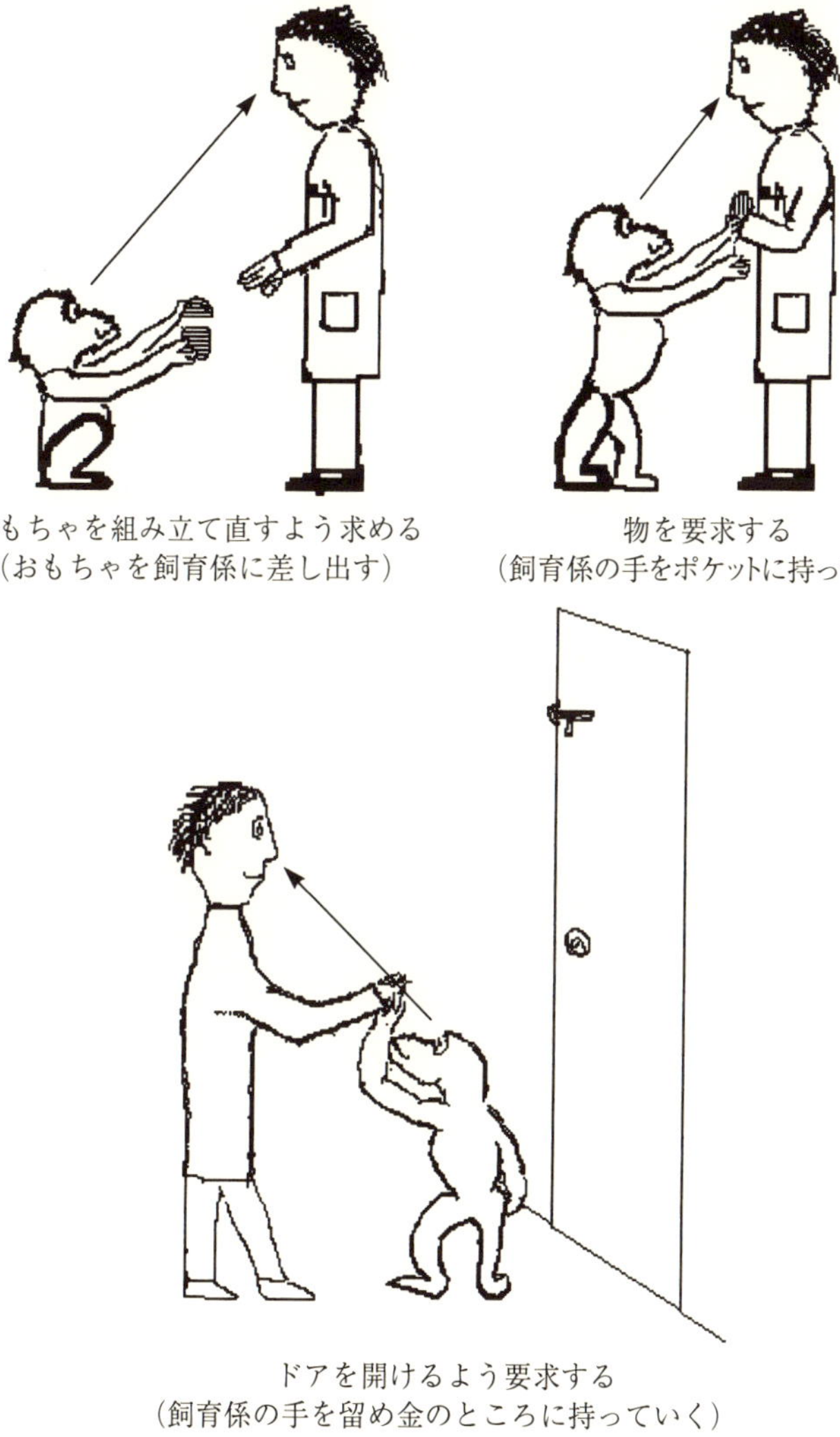
おもちゃを組み立て直すよう求める
（おもちゃを飼育係に差し出す）
（飼育係の手をポケットに持っていく）

図 7－2　人間に育てられたゴリラが人間とやりとりするために用いた、指示的な身振りの例

人間の赤ん坊は、伸ばした指で物を指し示すという、指示的コミュニケーションのために特殊化した身振りを持っているようだ。人間の子どもが普通は指差しを使う状況では、ゴリラは、もっと突拍子もない「接触身振り」を使う。たとえば、飼育係のポケットの中に入っている食べ物が欲しいときには、彼らはその人の手をとって、ポケットのほうに持っていくのだ（図7-2）。彼らはまた、どこかへ行きたいときにも、しばしば飼育係の手や手首をとった。手をとる身振りは、発達途上の子どもでは稀であるが、学習障害のある子どもや、とくに自閉症の子どもではしばしば見られる。しかしながら、自閉症の子どもが他人の手をとる身振りをするときには、その人の目は見ないのが普通だが（Phillips et al. 1995）、私たちのゴリラは、他人の手をとって、その人の目も覗き込むのだった。

コミュニケーションの中の共同注視の要素は、比較的はっきりしていない。自由な相互作用をしている赤ん坊は、しばしば、相手の注意を調べることなしに身振りをすることがある。しかし、典型的には、相互作用のどこかの時点でそのようチェックをするものであり、おとなが反応してくれなかったり、普通と違う反応が返ってきたり、予期せぬことが起こったときにはとくにそうだ（Bates et al. 1975）。たとえば、2歳の子どもは、おとながその子に物を渡そうとしていて、最後の瞬間に不意にそれを引っ込めたりすれば、すぐにおとなの目を見るものだ。このことは、子どもがその人の意図を検出しようとしている証拠だと解釈されてきた（Phillips et al. 1992）。それとは対照的に、自閉症の子どもは、そのような状況になっても、相手の目を見ることはほとんどない。彼らは、ずっと物体への注視を続ける。チンパンジーは、普通の子どものように反応する。彼らは、食物を引っ込めるような予期せぬ意地悪にあうと、すぐに視線を向けてくる（Gómez et al. 未出版）。

目を合わせることは、小さな子どもや類人猿のコミュニケーションの中で、なぜこれほど重要なのだろうか？　このことは、私たちのゴリラの一頭がどのようにして指示的な身振りを発達させたかを詳細に検討するときに、議論の助けとなるだろう（Gómez, 1990, 1991; Gómez et al., 1993）。

ゴリラにおける要求の発達

私たちの対象の一頭であるムニにとってしばしば問題となったのは、鍵のかかったドアであった。彼女が育てられている屋内エリアを閉ざしているドアは、いつも留め金がかけられていて、留め金は、彼女が箱やほうきに登らない限り届かない高所にあった。そこで私たちは、彼女の問題解決の能力を研究するために、鍵のかかった部屋に入りたいという彼女の興味を利用することにした。生後10ヵ月のとき、彼女は、閉じられたドアを開けるために道具を使う能力の萌芽を見せ始めた。彼女は、箱をドアの下まで動かし、それに登って留め金に届いたのだ。私たちが行った実験の一つで、ムニは新しい解決法を示して私たちを驚かせた。私たちが期待していたように箱を探しに行くかわりに、彼女は、ノートをとっていた実験者の一人に向かうと、彼の白衣の裾を引っ張り、最大の力をこめて彼をドアのほうに引っ張っていったのだ。実験者は、引っ張られるたびにそちらに行くことにした。ムニは、実験者がドアの前に到着したところで止まった。いったんそこまでたどりつくと、彼女は文字通り彼のからだによじ登り始めた。彼女の注意は、到達しようとしているドアの留め金と、登ろうとしている実験者のからだとに二分されていた。彼女は、一瞬たりとも実験者の目を見ようとはしなかった。彼女はついに留め金に届き、ドアを開けた。

このころ、外にある目標との関係で人間を使おうとするときにはいつでも、彼女は人間を物体として扱った。ある時には、彼女は、飼育係が寝ているベッドの上にある窓に到達しようとしていた。彼女は、彼の脚を持ち上げて壁に立てかけ、それに登ろうとしたのだ。

これらの行動は、指示的コミュニケーションとは呼べない。ゴリラに目標があり、目的志向的行動をとっているのは確かだが、行動はコミュニケーションにはなっておらず、このゴリラは物理的な物体を操作するのと同じように人間に対して行動しており、彼女の視線によるチェックも、人間の目に対して向けられてはいない。

このころのムニは、人間とコミュニケーションをとる交渉を持っていたので、外的な目標がないときのこの対照はなおさら驚きであった。たとえば、彼女は、腕に抱き取って欲しいときに身振りを使うことができたが、そのときには視線の接触が伴っていた。彼女が他者に特定の方向に動いて欲しいときや、特定の行動をとって欲しいときなど、外的な目標について伝達せねばならないときには、彼女のアプローチは変わった。そういうときには、彼女は、コミュニケーションのスキーマを使うことができず、物体を使うスキーマに頼るしかなかったのだ。

これは興味深いことだ。なぜなら、ゴリラにおけるこのコミュニケーションの問題は、2つの行動の連鎖をつなぐ必要から出てくるのではないからである。彼女は、ドアの下に箱を持っていき、留め金に手が届くようにするなど、そういうことはできるのだ。彼女の問題は、人と物体とを特別に結びつけるやり方にある。生後8ヵ月以下の人間の赤ん坊でも、まったく同じ問題が観察されている。彼らは、面と向かったコミュニケーションはでき、そこでは視線の接触、顔面表情、音声などをおおいに使う。しかし、彼らはこれらの「主体間の」行動を、物体を対象にした実際的な行為と結びつけることは、まだできないのだ。それはまるで、物体の世界と人間の世界とが、彼らの心の中では分離しているかのようである（Hubley and Trevarthen, 1979）。人間の赤ん坊で、人間と物体とを結びつけられるようになるのは、道具を使う能力の出現とだいたいにおいて一致している（生後1年目の終わり）。このことから、初期の指示的コミュニケーションが、道具使用と同じ能力の基礎の上に成り立っていると主張する研究者もいる。なんといっても、コミュニケーションとは、自分の目的を達成するために他者を道具として使うことと定義できるのだから（Harding, 1982）。しかし、私たちのゴリラの研究が示唆するところでは、物体を道具として使って他の物体を操作する能力だけでは、指示的コミュニケーションには十分ではない。ムニは、まだ他者の注意を物体に向けることができないころでも、すでに道具を使うことはできたのだ。実際、彼女は他者を道具のように使っており、その結果は、指示的コミュニケーションとはほど遠いものであった。子どもたちにおけるコミュニケーションと他の認知能力との相関が詳しく調べられると、意図的なコミュニケーションと道具使用との間の関係は薄いことが明らかとなった（Bates, 1979; Sarriá and Rivière, 1991）。

他者をエージェントとして扱う

ムニが最初に他人のからだを道具として使おうとしてから数ヵ月後、彼女は戦略を変え始めた。ドアの問題では、彼女はいまや人間に近づいて、その人が自分から動いてくれることを期待しているかのようにやさしく彼を引っ張り（以前のようにどこでもつかんで引っ張るかわりに、手か手首を引っ張るようになった）、ドアにたどりつくと、腕に抱き上げてくれと要求し、腕の中から留め金に手を伸ばしたり、人間が留め金を操作するまで待ったりするようになった。後者の場合には、人間と視線を合わせることはなかった。ムニはただ、その人が行動してくれるのを待っていただけだ（何かするとしたら、その人の目ではなくて手を見た。そこが、目標物に対して行動をしかけると期待されるからである）。人間が行動するのをムニが待っていたということは、彼女が、外的な目標と人間との関係を新しい見方で見始めたことを示唆している。おそらく、物体との関係において、自分自身で行動することのできる「目的志向的に動けるエージェント」としてみるようになったのだろう。ある意味で、彼女は、その人に目標をすでに「指示」していた。しかし、彼女はまだその人の行動を物体に向けさせていただけであり、彼の注意を向けさせていたわけではない。この意味では、これは指示の非常に弱い例であり、コミュニケーションとはとても呼べないものだった。

他者を主体として扱う

他者の注意が視野の中に入ってくるのは、まだその数ヵ月あとだった。およそ1歳半になったとき、ムニがドアを開けて欲しいときには、誰かに接近し、その人と視線を合わせ、その人の手を取り、ときどきその人の目を見ながらやさしくドアのところに連れて行った。およそ2歳のときには、彼女はそうしてから、いったんドアにたどりつくと、その人の目を見たり、その人の目とドアの留め金とを交互に見たりしながら、その人の手を留め金に持っていった。いまや、彼女は、環境中にある目標物に他者の行動を向けさせているのとは別に、要求のしぐさをする前、その間における、その人の注意を調べているのだ。前の月には、彼女の注意は、留め金と人の手とに向けられていたのだが、いまや彼女は、他者の目がこの手続き全体の中の適切な要素であることに気づいているようだ。目は、手と違ってその人の行動の一部ではないので、ゴリラはいまや他者を自動的に動くエージェント以上の何かとして表象しているのだと推論される。一つの解釈は、ゴリラがこうやって視線の接触を求めるのは、注意の接触を求めているというものだ。社会交渉では、これは、一人の主体を他の主体に結びつける適切な因果的リンクである（それに対して、物体の操作では、決定的な因果的リンクとなるのは物理的な接触である）。ゴリラは、エージェントの注意をひき、それを保っていることが、要求の重要な一部分であることを理解しているようである。

この時期から、ムニは、外界にある目標物と、視線の接触のような面と向かった行動とを統合することができるようになった。実際、「注意の接触」は彼女にとって（他のゴリラにとっても）非常に重要だったので、何か要求をする前に他者の注意をひくのが目的な、あらゆるたぐいの身振りを発達させるようになった。たとえば、ゴリラは、人の服を、その人が振り向いてくれるまで引っ張り、視線を合わせたあとで初めてその人の手をとって、欲しい物体のほうに持っていったり、その物体をその人に渡したりした。また、彼らは、他人の顔を自分たちのほうに向けさせたり、その人が自分に向いてくれるまで手を引っ張ったり、ゴリラの音声を発したりもした（いわゆる pig grunt. Fossey, 1983）

類人猿の指示的身振り

ムニのコミュニケーション能力に関する私たちの描写は、人間が深くかかわって育てたかどうかにかかわらず、人間も含めて多くの類人猿の代表的なものだ。最近、リーブンスとホプキンス（Leavens and Hopkins, 1998）が、私たちがここに記述したのと同じような基準を使って、飼育のチンパンジーが意図的コミュニケーションをする能力について、一連の研究を行った。彼らは、飼育のチンパンジーが人間から食物を得ようとしているときにはいつでも、手を伸ばす身振りと、人間の目を見ることとを（そして、おもしろいことに鳴き声も）組み合わせることを発見した。

しかし、アイ・コンタクトを戦略的に使うことは、それが、類人猿が人間との交渉を表象するやり方に変化が生じたことを示すものとして、それほど重要なのだろうか？　もっと、簡単な説明があるかもしれない。たとえば、ポヴィネリとエディ（Povinelli and Eddy, 1996b）は、類人猿は単に人間と目を合わせるのが好きなだけかもしれないと述べている。人間も、類人猿から見つめられるのが好きなので、ゴリラやチンパンジーは単なる偶然によって、人間の目を見たときのほうが欲しいものがもらえる可能性が高くなると気づいたのかもしれない。これは、単純な連合学習であり、推論的コミュニケーションの中で注意が持つ機能を理解しているのではないだろう。

連合学習

ゴリラのムニに関する私たちの長期的研究は、この仮説を検証するよい例となりそうだ。すでに見たように、彼女の推論的行動は3つの段階を経ていた。最初は、彼女は、人間を物体として道具的に使用した。次に、身振りと呼んでもよいようなスキーマのある行動を生み出したが、アイ・コンタクトはなかった。最後に、アイ・コンタクトのある身振りを生み出した。これらの変化、とくにアイ・コンタクトが付け加わったこととともに、報酬を得る確率は上がっただろうか（彼女の要求は、この順に満たされることが多くなっただろうか）？驚いたことに、答えはまったくのノーである。ムニが用いる戦略によって、要求がかなえられる割合は少しも増えていなかった。ムニは、要求とともに視線を合わせたかどうかにかかわらず、いつでも自分の欲しいもの（食物、おもちゃ、ドアを開けてもらうこと、場所を変えること）を手に入れるのは50パーセント以下であった（Gómez, 1992）。要求がかなえられるかどうかは、アイ・コンタクトとは別の要因で制御されていた。要求がかなえられなかったときのおもな原因は、不適切なときに要求が出されたり、その人が何かほかのことをしていたり、ゴリラの要求を満たしてやる気分ではなかったということだった。

単純な条件づけのモデルでは、共同注視なしの身振りから共同注視ありの身振りへの道筋を説明することはできない。なぜなら、報酬を得る確率は、アイ・コンタクトとは何の関係もないからである。それではなぜゴリラは、彼女の要求の手続きの中に共同注視を入れたのだろうか？　この新しいアプローチをとると、確かに人間の反応は変わった。共同注視を伴う要求が拒否された場合、そのやり方が違ったのだ。ただ単に要求に対して反応しないのではなく、その人は「だめ」と言い、理由を説明したのだ（「今は外に出られないの」）。ゴリラはおそらく、このような説明の内容は少しも理解していないだろうが、そこにはより多くの共同注視と感情表現が伴っていた。何よりも、ゴリラは、自分の要求がかなえられなかったのが、人間の注意の接触の欠如のためなのではなく、拒否されたためだということはわかったはずだ（それをゴリラがどのように表象するにせよ）。

それゆえ、データは、単純な条件づけによる説明とは合致しない。むしろ、共同注視と社会的感情的情報の交換に関する説明のほうに一致する。他者の行為は、「報酬あり」と「報酬なし」の言葉で計算されるのではなく、「注意を向けている」、「攻撃的」、「友好的」、「物体を見ている」、「物体に行為をしかけている」などの、より複雑で社会的認知的カテゴリーで計算される、相互交渉のパターンなのだ。社会的認知的領域を、サルと類人猿がどれほど認識できるのかは、次の章で扱うことにしよう。

類人猿の指示のやり方

類人猿と人間の子どもの指示的身振りには、類似と相違の両方が含まれている。相違は、単に表面的な変異なのだろうか？　それとも、その下にある認知プロセスにおける大きな違いを示しているのだろうか？

たとえば、手をとって物体のところに持っていく接触身振りを考えてみよう。一つの可能性は、接触身振りは、人間の指差し行動のようなより適応的な行動が存在しないところで、人々の注意を物体に向けさせるという問題を解決する、どちらかというと不器用な方法なのだろうか？　しかし、類人猿はなぜ、腕を伸ばす身振りを使わないのだろう？　飼育下の多くの類人猿は、食物を要求するなどのコンテキストで、ごく自然にそうするのである。実際、人間と強い接触を持ちながら育てられ、言語訓練を受けた類人猿の中には、人間に対して場所を指し示すのに、そのような身振りを使ったものもある。たとえば、C・R・メンゼル（1999）は、パンジーと名づけた言語訓練を受けたチンパンジーが、人間と一緒に「隠して見せる」遊びをすることができることを見出した。パンジーが見ているところで、人間がある物体を屋外飼育場のどこかに隠す。そして、パンジーが、物体のこともそのありかのこともまったく知らない人間を、目標物のある場所まで連れて行くのだ。チンパンジーは、まず腕を伸ばして屋外飼育場のほうを指す。そして、人間がその最初の指示に反応したならば、彼女は、針金の網の穴から人差し指を伸ばして、ときには音声も伴いながら、物体が隠されている場所を特定した。人間は、この情報とパンジーの視線の方向とを利用して、その場所を探す。（このような基本的な指示身振りのほかに、パンジーは、私たちが「意味的」コミュニケーションと呼ぶ領域にまで踏み込むこともあった。そのものについて知らない人間に、彼女が習った人工言語のシンボルを使って、その物が何かを教えたのである。第10章を参照。）

おそらく、このタイプの指示的コミュニケーションは、私たちのゴリラが示したものからほんの少ししか違わないのだろうが、言語訓練された類人猿と、そこまで人に慣れていない類人猿との指示的コミュニケーションの表象には、より深い溝がある可能性もある。ムニや他のゴリラは、彼らの指示的コミュニケーションを、彼らが人間に引き起こそうとしている行為の核となる概念を中心に行っている（彼をドアに向かわせ、留め金を開けさせる）。それでも、ゴリラが接触身振りをしているときには、人間の目を見ているのであり、行為だけを操作しようとしているのではないかのようだ。彼女は、他者の注意ではなくて、他者の行為を目標物に向けているのだが、同時に彼女はその人の注意も調べている。なぜなのだろう? 一つの可能性として、ゴリラがその人の視線を見ているのは、その人が正しい目標に注意を払っているかどうかをチェックしているのではなく、その人が彼女と彼女の要求に注意を払っているのかどうかをチェックしているのかもしれない。

指示的コミュニケーションの中で、この2つの異なる共同注視の要素を分離するのは可能だ。一つは、他者の注意を目標物に向けたり、それを追わせたりする能力であり、もう一つは、他者の注意を自分自身に向けさせ、「注意の接触」と名づけたものをさせる能力である（Gómez, in press)。誰かの注意の方向を追うことは、コミュニケーションなしでも起こりえる。私はただ、あなたが見ている物体のほうへ、あなたの視線を追うだけで、あなたは私があなたを見ていることすら気づかないかもしれない。しかし、注意の接触は、本質的にコミュニケーションである。私があなたの注意をひけば、それはあなたに何かを言いたいがためなのだ（Sperber and Wilson, 1986; Gómez, 1994)。注意の接触は、ある行動がコミュニケーションの身振りのつもりであることを確かめるものなのである。

接触身振りを使っている類人猿は、おそらく、注意の接触と行為の方向づけとを組み合わせ、原始的なタイプの指示的コミュニケーションを行っているのであり、それは、人間ではより普通に見られる、注意の接触と注意の方向づけの組み合わせの替わりとなっているのだろう。このことは、類人猿の指示的コミュニケーションをますます興味深いものにさせる。なぜなら、それは、人間の子どもたちに特徴的な指示の、進化的な変異である可能性が高いからである。

まとめると、類人猿を人間の中で育てると、先に論じたような意味で指示的身振りを発達させる。つまり、その身振りによって他者を環境中の目標物に向かわせるような身振りであり、普通は、彼らに、その目標物との関係で何かをさせるのが目的である。他者の注意の操作は、偶然とは考えられない（他者の行為を物体に向けさせようとする試みの副産物とは思われない）。類人猿は、他者の行動ではなくて、特別に他者の注意を求め、それをモニターしている。しかし、ここで紹介した研究はみな、人間と交渉を持っている類人猿なので、人間と関係を持っている類人猿だけが指示的身振りを使うのだろうか、というのが問題となる。

チンパンジーの指示的身振り

類人猿では、野生でも飼育下でも、そのコミュニケーション行動の中に、指示的身振りの記述はほとんどない。よく出てくる唯一の身振りは、野生でも飼育下でも食物分配の状況で見られる、食物を要求する物乞いの身振りである（Goodall, 1986）。プルーイ（Plooij, 1978, 1979）は、チンパンジーが、生後およそ9ヵ月ごろから（およそのところで、人間と同じ）、母親に腕を伸ばして食物をねだるときに、視線を交代させることを発見した。トマセロとその共同研究者（Tomasello et al., 1985, 1989, 1997）は、飼育下のチンパンジーが自分たちの間で使う身振りを分析し、視線を交代させることと、視線の受け手が視覚的に方向づけするときに視覚的身振りをすること（手を伸ばすなど）の間には関係があるが、触って訴える身振りは（引っ張るなど）、受け手の視覚的方向づけとは関係がないことを示した。しかし、食物を物乞いする行動以外には、チンパンジーで記述されている身振りの大部分は指示的ではない。それらは、受け手を外的な目標に向けさせるために使われてはいない。

しかしながら、もっと複雑な、チンプどうしの指示的行動の自発的出現を報告した、素晴らしい研究があるのだ。それは、エミール・メンゼル（1973b）が、若いチンパンジーの集団で行った研究である。メンゼルのチンパンジーは大きな屋外飼育場で飼われており、そこには、草も木も、他の植物も、さまざまな物体や構築物もある。少し狭い屋内飼育場もあり、チンプたちは夜はそこで過ごす。実験をそこで行うこともある。この研究では、メンゼルは、1頭のチンパンジーを屋外飼育場へ連れて行き、残りは屋内にとどめて何が起こっているのか見えないようにした。この1頭のチンパンジーは、屋外飼育場の特定の場所に食物が隠されるのを見せられる。そして、他のチンプがいる屋内の飼育場に戻される。それからしばらくして、全員が屋外に放されるのだ。

メンゼルは、彼の以前の研究から、情報源のチンプが食物の場所を覚えているのに何の問題もないことは知っていた。彼はまた、この若いチンプたちが、囲いの外を一人で歩くのがとても怖く、残りのみんな（少なくともその一部）が一緒に来てくれなければ、そこへ行かないということも知っていた。問題はこれだ。情報源のチンプはなんとかして、他のみんなを正しい場所へと導くことができるだろうか？

すべてのチンプは交替で情報源の役を果たし、全員がいろいろな方法で、他者についてこさせることに成功した。正しい方向に歩き出し、立ち止まって振り返り、みんなを見て、彼らが自分についてくるまで待っている個体もいた。他のチンプがついてこないときによくあるのは、彼らに近づいて腕やからだを引っ張ることだ。または、腕を相手の肩にまわし、目標に向かって彼らを「率いて」いくこともあった。メンゼルは、チンプたちが使った実にさまざまな行動を描写している。どの個体も、特別の、種特異的な「ついてきて」や「食物があっちにある」という信号を使っていると感じさせることはなかったが、そのうち、行くべき方向を指し示すのに使われた手続きがだんだんに標準化されてきた。最後には、チンプは、本質的にはからだの向きでみんながついて行くべき方向を示す方法をとるようになった。メンゼルは、この、からだ全体で方向を指し示す「拡張された」方法は、人間が使う、もっと凝縮された形での指差しに匹敵するものだと明言している（Menzel, 1973b）。

社会的地位が、隠された食物への接近に影響を及ぼすようになったとき、状況はさらに興味深いものなった。ベルという名前の雌は順位が低かった。彼女が情報源となり、みんなを食物のありかに連れて行く役回りになると、彼女はしばしばまったく食物にありつけないことになった。なぜなら、他のチンプ、とくに高順位の雄のロックが食物に走りより、全部食べてしまうからだ。この場合、食物のありかを指し示すことのできる能力は、ベルには不利益となった。こういう状況に対してベルは、食物のある場所の方向へ歩くのをやめた。しかし、賢いロックは、ベルの行動をつぶさに観察し、彼女の視線の方向から、正しい場所を見抜いてしまった。ベルは、最後には、ばれないように目をそちらに向けないようにすることを学習したばかりでなく、違う方向に歩いていくことにした。これは、文字通り、誤解を導くための指示的行動の例であった。

いくつかの特別な試行では、メンゼルは、情報源のチンプに、囲いの中に隠されたのは食物ではなくてヘビであることを見せた。グループが囲いに放されると、彼らの態度は、食物の試行のときとは非常に異なっていたが、ときには、最初からそうであることもあった。彼らは興奮し、怯えていた。情報源の個体は慎重に目標物に近づき、それがどこかがわかったあとでは、ほかのみんなはそこに殺到することはなく、そのかわり、ヘビが隠されている場所（しかし、チンプにヘビは見えない）に向かって石や枝を投げつけた。最終的には、彼らはその場所に近づいて、注意深く棒で探ってヘビを見つけ出した。

驚くべきことに、チンパンジーによるこれらの反応のすべては、気持ちの悪い刺激が見える前から生じた。チンプたちは、ベルベット・モンキーがヘビに対する特別の警戒音に対して反応するのと同じように、ヘビ（または、何か危険なもの）の表象に対して反応していたに違いないが、特別な音声もなければ、「ヘビ」を示す特別な身振りもなかった。あったのは、情動ディスプレイを伴う一連の指示的行動と、その他の文脈を示す手がかりだけである。

メンゼルが行ったいくつかの実験では、ベルベット・モンキーの研究との類似がさらに濃く現れてくる。彼は、チンパンジーの集団を囲いの中に放す前に、ヘビを引っ込めてしまったのだ。いまや、目的の場所には何もない。チンプたちは、それでもその場所に向かって同じような攻撃と慎重さで反応し、何か危険なものを探しているかのようにあたりを見回したのだ。

メンゼルの実験は、非意味的で指示的なコミュニケーションが、人間と交渉を持っている類人猿に限られてはいないことを示している。ある特定の制限要因を持った、シミュレートされた環境（一緒に移動しなければならないことと、情報の分布が非対称であること）があれば、子どものチンパンジーの間に、単純な形の指示的コミュニケーションが生まれるのである。飼育下の類人猿が発明した指示的コミュニケーションは原始的であり、多くの意味で最適からはほど遠い（ゴリラが手をとる方法など）。このことは、これが、もうできあがっている適応なのではなく、何らかの跳躍的なプロセスか、もともとは違う目的のために選択されてきた能力を再適応（exaptation）させたものであることを示唆している。

　彼らの日常的な相互交渉の中で、野生のチンパンジーその他の類人猿は、メンゼルが記述したような、または、飼育下で人間と相互交渉するときに見られるような、生産的な指示的身振りを行うことはほとんどない。それでも、チンパンジーを初めとする類人猿が、毎日の生活で、「受動的」な指示を使っている可能性はある。他のチンパンジー（実際問題としては、他のどんな動物でも）の行動はつねに、意図せぬ指示的手がかりに満ちているものだ。たとえば、食物を見つめているチンパンジーは、目標物に自分を向けている。それが、観察者の利益のためになされているのではないとしても、それを見ている人間は、そのチンパンジーが食物に興味を持っていると推論することができる。チンパンジーも、同じような推論をすることができるのだろう。彼らは、確かに他のチンパンジーの注意の焦点を、視線の方向などから見て取ることができる（Tomasello et al., 1999）。彼らの受動的な指示性には、しかし、重要な限界があるかもしれない。少なくとも、隠したものに関する情報を、視線を通して意図的に伝えようとしている人間でテストされた場合には、そうであった（Call and Tomasello, in press.次章も参照）。奇妙なことに、チンパンジーは、人間によって意図的に与えられた指示情報を摘み取るよりは、何も考えていない他者が無意識的にもらした指示情報を摘み取ることのほうが、上手なのかもしれないのだ。*

＊ここでは「指示」の意味を、非象徴的なものだけでなく、意図的でない指示も含むよう拡張していることに注意。それぞれの指示のタイプが異なる、あるいは付加的な認知メカニズムを要するであろうことを念頭においておくことが重要である。

チンパンジーやその他の類人猿における、自然状態での指示能力は、私たちが考えているよりは洗練されている可能性はある。類人猿の指示的コミュニケーションに関するほとんどの研究は、身振りという手段と関連して行われており、ベルベット流の「意味的指示性」とは違う形で、音声の指示性についてこの問題を考えた研究はほとんどない。チンパンジーの音声が、意味性ではなくて指示性を持つかどうかは、ほとんど研究されていない。* つまり、チンパンジーの音声が、何かを指し示すものとして機能しており、ある適切な目標物の存在を伝達しているのではあるが、そのものが何かを音声で特別に同定するものではない、ということだ（快・不快の基本的な色調を超えて、「食物」と「危険」など）。目標物の正確な同定は、個体がそれぞれ見つけるか、主役の持っている状況依存的知識によって推論されるのである。

まとめると、類人猿の指示的コミュニケーションは、機能的に意味的であるサルで記述されているものとは異なるのだろう。類人猿の指示性は異なる認知プロセスに基づいているのかもしれず、それは、非言語的な人間の指示コミュニケーションに近いのかもしれない。一方、類人猿の指示的身振りは、他者の注意というよりは、他者の行為を目標物に向けるという究極目標のもとに組織されているという特殊性があるのかもしれない。行為のほうに向いていることには、注意の接触が伴っている。つまり、類人猿は、他者の行為を目標物に向けるには、他者の注意をまずとらえる必要があるということを理解しているようだ。

＊チンパンジーの音声に意味はないが、指示的役割があるという可能性は、ほとんど研究されていないが、あり得ることだ。

彼らは、行為を向けさせるには必然的に注意を向けることも伴うことも理解しているのかもしれないが、彼ら自身の注意は、第一に、他者の行為を導くことに向けられており、他者の注意を導くことは二の次のようだ。このことは、なぜ彼らが「プロト叙述的」行動をしないのかを説明するだろう。こうすることの第一の目的は、他者の注意を物体に向けさせることだからである。

進化認知科学者にとって問題なのは、類人猿は、指示的コミュニケーションの形態を発明する能力があるようだが、それは、すでに存在している意味的シグナルのレパートリー（特定の意味を持ったシグナル）に基づくのではなく、他者の注意（または行為）を目標物に方向づけるという、より一般的な能力に基づいているらしいということだ。

まとめ

これらの研究から、霊長類のコミュニケーションは、かつて考えられていたよりは認知的に洗練されていると結論できる。多くのサル類の音声は、単に決まりきった情動的反応を引き起こすだけではなく、環境の中で起こる適切な出来事の表象を引き起こすという意味で、意味的な指示である。それを「単語」と呼ぶ、または、単語の進化的前駆体であると呼ぶ誘惑は強いが、多くの研究者はそれには保留をつけている。同じような意味的音声が、ニワトリやリスなどの系統的に離れた動物にも見られ、しかし、これまでのところ類人猿には見つかっていないという事実は、これらの鳴き声のもとになっている認知メカニズムは、人間が進化で身につけたものとは異なることを示唆している。しかし、サルや類人猿におけるそのメカニズムについては、まだほんの少ししかわかっていない。

類人猿には、特別の意味的音声はないようだが、彼らは、別のタイプの指示的コミュニケーションができる。それは、もっとあいまいで、「単語らしき」ものに基づいているのではないが、他者の意図の知覚の上に、彼らの意図と注意を操作しようとするものである。人間の、非言語的な指示コミュニケーションと比べると（とくに、小さい子どものそれと比較すると）、類似と相違の複雑な地形が見えてくる。人間は、この手の指示コミュニケーションのための特別な適応をたくさん持っており、なかでも注目すべきは、人差し指で指し示す身振りと、プロト叙述身振りと呼ばれるものであるが、類人猿は、指示的コミュニケーションをせねばならない状況におかれると、指示的身振りを発明せねばならず（手をとるなど）、ほとんどの場合、機能の要求と方向づけにとどまっている。この原初的な指示の発明は、多くの能力に基礎をおいているのだろうが、その一つは、他者を意図と注意を持った主体として理解する能力であろう。

第8章

他の主体を理解する

霊長類の物理的世界において、物体が基本的な単位であるのと同様、エージェント、または主体、つまり他の霊長類は、彼らの社会的な世界の基本単位である。主体は物理的な物体でもあるのだが、それらには、他の物理的物体とは劇的に異なるものにさせているいくつもの性質が備わっているので、多くの物体の概念は、それらに当てはめることはできないほどだ。つまり、物体は自ら動くことはない（あるいはごく稀にしか動かない）が、主体は、ほとんどの時間、自ら動いている。物体を動かそうと思ったら、普通はそれに触らねばならない。主体ではそれは当てはまらず、主体が触られたり押されたりしたときの反応は、物体がそうされたときのものとはまったく異なる。それゆえ、主体は、物理的な物体に新しい性質が付け加わっただけのものではない。それらは、性質の異なる実体であり、自分自身で動き、息をし、食べ、飲み、見て、物体との行動にかかわり、他の主体と相互交渉する、霊的存在である。他の主体の行動に対処することは認知的に大きな挑戦であり、進化はそのための多くの特殊化した認知能力を霊長類にさずけてくれた。

心と行動を理解する

人間は、他者の行動を特別の方法で表象する。たとえば、もしも、誰かが引き出しを開けようとしていて開かず、あたりを探し回り、異なる鍵を引き出しの鍵穴に差し込んでいるシーンを見せられ、何が起こっているのか描写するように言われたら、誰もがすぐに、この人は引き出しを開けたいのだが、どれが正しい鍵なのかを知らないのだ、と言うだろう。私たちはどうしても、行動を心の状態に変換し、他者がやっていることを、その人の欲していること、知っていること、知らないこと、という言葉で表象する傾向があるのだ。この能力は、認知科学では「心の理論」として知られるようになったが、それは、他者が何かをしているときに、その人の心の中で何が起こっているのかを見ることはできないからである（Premack and Woodruff, 1978b）。先の例では、その人の行動から、彼は引き出しを開けたいのだが、どの鍵なのかを知らないのだと私たちは推論するのだが、その人の希望や知識に関する直接的な知識は、私たちは持ち合わせていない。それは、私たちが、人々の行動には内的な心的状態が原因として存在するという、素朴な理論を持っているために、そう推論するのである（Astington, 1994）。

ヒト以外の霊長類も、同じように、心的な方法で他の霊長類の行動を表象するのだろうか？

サラの心の理論

逆説的だが、人間が人間どうしのことを考えるのに適切と思われる、心の理論という概念そのものは、霊長類学者の発明だった。プレマックとウッドラフ（1978a, b）がチンパンジーのサラで行った実験で、彼らはサラに、人が何かの問題を解こうとしているビデオを見せた。たとえば、天井からぶら下がっているバナナを取ろうとしている、ヒーターのスイッチを入れようとしている、などだ。サラは、その問題の解決を示している写真を正しく選ぶことができたので、因果関係を正しく理解していることが示された（第4章を参照）。しかし、彼女は、ほかのことも示している可能性があった。サラに見せたのと類似したシーンである、次のような描写を考えてみよう。

A　マークは部屋の真ん中に移動し、上を見上げ、手を伸ばし、見上げている間に手をおろす。彼は、もう一度手を伸ばしながら飛び上がる。彼はこの行動を何度か繰り返す。バナナの束が天井からぶら下がっている（マークの頭のまさに上に）。

B　マークはバナナを取ろうとして手を伸ばしているのだが、それは高すぎるところにある。

Aは、物体と動きの一連の描写であって、その2つの間の連結、とくにマークとバナナとの間の関係は書かれていない。Bでは、マークとバナナの間の関連がある。彼はバナナが欲しいのであり、それに手を伸ばそうとしている。バナナとの関係における彼の意図こそが、すべてのシーンに意味を与えている。たとえば、彼とバナナとの間の距離という物理的関係とは違って、マークがバナナを欲しがっているという意図はビデオには写っていない。私たちは、彼がバナナをつかみとってそれを食べるところを見ることはない。それでも、少なくとも私たち人間にとっては、マークと彼の目的との間の意図による連結は絶対に明らかであり、それこそがマークの問題を形成しているのである。チンパンジーも、事態を同じように見るのだろうか？

プレマックとウッドラフ（1978b）は、そうであると考えた。サラが正しい写真を選ぶ能力（マークが箱に登っている写真、または、高いところに手が届くようにするためにマークが必要な道具の写真）は、まさにこのことを示しているというのだ。サラは、ビデオ画像から意図を読み取っているようだ。テープに写されている物理的な情報を超えて、行動に意味を持たせる意図を検出しているのだ。つまり、彼女は「心の理論」を持っていると言えるだろう。

しかし、ウッドラフとプレマックや、それに続いた論争に参加した研究者たちがすぐに気づいたように、心の理論の問題はもっとずっと難しい。正しい写真を選ぶためには、サラは、正確にどのような心の理論を必要とするのだろうか？　状況に関してどのような意図の描写（いくつもの可能なもののうち）を、彼女は持っているのだろうか？　彼女は、「マークがバナナに手を届かせようとしている」と認知しているのだろうか、それとも、「マークはバナナを欲しがっている」と認知しているのだろうか？　「マークはバナナを欲しがっている」ならば、私たちはマークに、彼の心の中にある意図を帰属させているのであり、それは、彼の行動とは独立に存在し得る（たとえ彼がバナナを得ようとするどんな行動も見せなくても、彼がバナナを欲しがっていることはある）。しかし、「マークは手を届かせようとしている」ならば、意図は、手を伸ばすという行為を、バナナに向けられたものとして表象する一つの方法であり、その意図がマークの心の中に存在するものと考える必要はない。それは彼の行動の性質であり、彼をバナナとの意図的な関係に置く性質である。

さらに、サラは、このような心的な理解が何もなくても正しい写真を選んだかもしれない。彼女は、単に、よりありそうな結果を予測することができることをもとに、異なる行為の連鎖についてのよい表象を持っているだけなのかもしれない。それゆえ、ビデオを見るテストは、霊長類における心の理論の存在を調べるには決定的とは言えないのだ。

認知科学者はその解決を見つけた。他者の意図の問題から離れ、心的状態の他の側面、信念、つまり、人々が世界について何を知っているかを研究するのだ。マークを想像してみよう。彼は本当におなかがすいていて、バナナが欲しい。彼は、マイクがバナナを箱の中に入れるところを窓から見る。マークは喜んで、窓を離れてドアに向かう。しかし、マークがドアから入ってくる直前、部屋で何が起こっているのかを彼が見ることのできないときに、第三の人物であるダニーが部屋に入ってきて、バナナをロッカーに移してしまう。数秒後にマークが部屋に入ってきてバナナを探す……マークは、どこにバナナを探すだろうか？　明らかに、彼は箱のほうへ行くだろう。彼は、マイクが箱の中にバナナを入れるのを見たので（そして、ダニーがあとでそれを動かしたことは見ていないので）、彼はバナナがそこにあると信じている。この問題では、エージェントと目的とを足しただけでは、バナナを探す行動を予期することはできない。いまや問題なのは、目的物が実際にどこにあるかではなく、エージェントの心の中では、それがどこにあるかを理解せねばならないのだ。他者の誤った信念に基づく行動の予測は、他者が世界について持っている表象を把握することができて初めて可能なのであり、だからこそ、心の理論の優れた検出器であるのだ。

人間の子どもの心の理論

先に述べたような誤信念課題を年齢の異なる子どもたちに見せ、主人公はその物体をどこに探しにいくかを尋ねることにより、発達心理学者たちは、誤信念の理解は、およそ4歳という比較的遅い年齢にならないと人間の子どもに発達してこないことを発見した。しかし、発達心理学者たちは、誤信念の概念の理解は、長くて多面的な発達の進んだ最後に獲得されるものと考えている（Astington, 1994）。たとえば、3歳の子どもは誤信念課題がわからないが、他者が何かを知っているのか、無視するのかの理解はある（たとえば、箱の中を覗いたマークは、そこに何があるかを知っているが、覗いていないマイクはそれを知らない）。2歳の子どもは、何かを知る、知らないということも理解しないかもしれないが、意図、欲求、振り、といった心的状態は理解している（Astington, 1994）。最後に、何人かの研究者は、心の理論の最初の現れは、子どもが始めて共同注視を始め（視線を追う）、言語以前のコミュニケーション身振りをし始める1歳ごろにあると主張している（Bretherton et al., 1981）。

興味深い論点の一つは、心の理論のこれらすべての表出には、心的状態は観察することができず、他の主体の心の中に存在する内的表象である（信念という概念のように）という共通概念があるのか、それとも、そのうちのいくつかは、心的状態について、とくに、注意と意図の理解を含む、心に関する他の概念に基づいているのか、ということだ。たとえば、他者の注意を理解するという例では、赤ん坊は、「注目する」ということを、他者の頭の中に起こる何かであり、その人が行う「見る」という動作とは異なるものとして表象しているのだろうか、それとも、彼らは、「気にする」、「注目する」、を行動自体の性質、おそらく主体と物体との間の関係としてみているのだろうか？（Gómez, 1991, in press）おそらく、何はともあれ、マークがバナナに手を届かせようとしていると表象するのは、それを行動から切り離すことはなくても、心的状態を理解する一つの道である。

あとで検討するが、この問題は、本章で取り上げる問題に特別に関係が深いのである。もしあるならば、人間の子どもの生後の4年間に徐々に開かれていく心的能力のうちのどれが、ヒト以外の霊長類にも見られるのだろうか？　この問題に答えるのは非常に難しいことがわかってきたが、その理由の一つは方法の問題である。チンパンジーに誤信念課題の予測を聞くのに言語を使うわけにはいかない。しかし、もう一つの理由は、心的状態とはなんであり、それはどうやって表象できるのかという、理論的な問題である。そこで、霊長類における心の理論の問題が、現在大いなる論争の的だとしても不思議はない（Heyes, 1998; Tomasello et al., 2003; Povinelli and Vonk, 2003）。

マキアベリ的霊長類

発達心理学者たちが誤信念課題やその他のテストを発明し、子どもたちが他者の信念について何を知っているかを尋ねていたころ、言語で相手に聞くことのできない霊長類学者たちは、他の方法に頼るしかなかった。一つの方法は、ヒト以外の霊長類が自発的に行う行動を分析し、そこに彼らが他者の信念や知識を考慮に入れている証拠があるかどうかを見ることである。

アンディ・ホワイテンとディック・バーン（Whiten and Byrne, 1988）は、興味深い考えを思いついた。野外の霊長類研究者として仕事をしている間に、彼らは次のような行動をしばしば観察した。雌のヒヒが若い雄に興味を持っている。しかし、彼らが互いに毛づくろいをするなどという行動を優位の雄が見れば、彼は邪魔しにくるだろう。毛づくろいは、ヒヒなどの霊長類で、互いどうしの絆を形成する親密な行動だからだ。ある日、若い雄が、優位の雄からは見えない岩の後ろにすわっていた。雌は、一見したところ草や地面のつまらないものでも調べているような様子で、ゆっくりと、しかし確実に岩のほうに歩いていった。最後に雌は岩の後ろに回りこんだが、上半身は反対側からも見えるようにすわり、手ではすっかり岩の後ろに隠れて優位の雄からは見えない若い雄を毛づくろいし始めたのである。これは最高の状況だ。優位の雄は、不届きな行為は見えないのだが、雌がどこにいるかはわかり（優位な雄は、自分の群れの雌が見えなくなると探す）、雌も優位な雄の動きを見ていられるからだ。

この若い雄と雌は、自分たちのやっていることがいかに賢いか、理解しているのだろうか？　彼らは、この行為を隠す計画で行動したのだろうか？　それとも、さらに興味深いことには、雌が自分の姿を見えるようにしたということは、優位な雄が、彼女は岩の後ろに一人でいると間違って思うだろうと考えたのだろうか？

バーンとホワイテンが指摘しているように、単一のこういう観察の問題は、単なる偶然かもしれないということだ。雌は、危険な毛づくろいをしながら、優位な雄を見ていたかっただけなのかもしれず、純粋に偶然の一致によって、それとは知らずにこういう姿勢になったのかもしれない。

この問題を乗り越えるために、ホワイテンとバーン（1988）は、野生や飼育下の霊長類の研究者に、先にあげたような、一見したところ騙しに見えるような行動を観察したことがあるかどうかの調査を行った。彼らは、多くの霊長類学者たちが、騙しと見えるものや「マキアベリ」的行動を見ていることを発見した。たとえば、順位の低い個体は、順位の高い個体が見ているところでは、自分が発見した食物を食べないようにする。そして、優位な個体がいなくなるか、よそを向いているときにしか、雌と交尾しようとはしない。彼らがこっそりとこういう行為をしているときには、そうでないときには出す声を出さない。チンパンジーは、優位な個体がいるところでは、食物が隠されている場所の方向を見ないようにするが、それはあたかも視線の方向から食物のありかがわかってしまうことを理解しているかのようであった。

フランス・ド・ワール（De Waal, 1982）は、チンパンジーの生活の中で起こった、非常におもしろい心的状況のいくつかについて、詳しく描写している。たとえば、優位な雄が昼寝をしているすきに、順位の低いチンパンジーが雌に求愛し始めた。意外にも優位な雄は目を覚ましてしまい、雄と雌が一緒にいるところを発見したので、そちらに歩いていった。順位の低い雄の問題は、彼のペニスがはっきりと勃起していたので、雌と何をしようとしていたのか、優位な雄にはすぐにわかってしまうことだ。劣位の雄は、逃げるかわりにその場にとどまっていたのだが、近づいてくる優位の雄に対して背を向け、優位の雄と自分のペニスとを心配そうに交互に見ていた。ペニスが小さくなって初めて、劣位の雄は優位の雄に挨拶するために振り向いた。

このような観察は、私がそうしたような心的な言葉を用いて描写すると、チンパンジーは、他のチンパンジーが何を見ることができ、何を見ることができないか、知識はどうやって得られ、意図はどのようにして検出されるのかの微妙なところを理解しているように、強く示唆される。

それゆえ、ヒト以外の霊長類は、バーンとホワイテンが述べたように、生まれつきのマキアベリアンとして行動することができるように見える。しかし、このような騙し行動には、本当の意味での心の理論が含まれているのだろうか？　つまり、彼らは、本当のことと、それに関して他者が持っている表象との区別を理解しているのだろうか？

　バーンとホワイテンが認識しているように、こうした自然観察の集積の問題点は、適切な行動が最初にどうやって現れたのかがわからないことが多い、ということだ。何も理解がなくても、繰り返し経験することによって作られた、単純な条件反応なのかもしれない。見えないところで雄と出会い、交尾の声を抑えた雌は、優位な雄が声を聞けば、雌が隠れて交尾していることを知るだろうと理解していたからではなく、過去に、優位な雄のいるところで交尾をしたらすぐに咬まれた痛みがあったので、交尾の声を出すことと、優位な雄が自分たちをいじめにやってくることとの連合ができたのだが、声を出さずに交尾し、優位な雄が見えなかったときには、反撃されることなしにセックスが楽しめることと連合したのだ。劣位の個体が優位の個体のいるところで果物を取りに行かないのは、そういうことをしても、必ず雄がそれを奪っていってしまうので、「実がない」行為だと学習したからなのだ。

　自然状態でのマキアベリ的行動の観察は、ヒト以外の霊長類にも心の理論があることを示してはいるが、この仮説を確かめるには、もっと確固とした実証的データが必要である。そのためには、実験をするしかない。それでは、霊長類が注意の状態をどれほど理解しているかの実験から始めよう。

霊長類の注意の理解

共同注視行動には2つの要素があったことを思い出そう。注意の方向を追うことと、注意の接触をすることである。指示的コミュニケーションではこの両方が起こることが多いが、注意の接触がなくても、注意の方向を追うことは起こる。誰かがどこかをじっと見つめているのを知ると、私は、その人が私に気づくことなしに、その人の見ているのと同じ方向を見ることはできる。また、私は、あなたの視線の方向を追うことなしに、あなたの注意を私に向けさせることもできる（今何時か聞くなど）。個体発生的には、人間の赤ん坊では、この2つは異なる時期に現れるらしいことが知られている。注意の接触が最初（9ヵ月から12ヵ月）で、次に注意の追跡が生じ（11ヵ月から14ヵ月）、最後に、この2つを組み合わせることができるようになる（13ヵ月から15ヵ月）（Carpenter et al., 1998）。

ヒト以外の霊長類は他者の視線を追うか？

いくつかの研究から、サルや類人猿も、同種の他個体や人間が見ているのと同じ方向を自発的に見ることがあり、モデル個体が頭部とからだもそちらに向けているときにはとくにそうであることは、確立された事実である（Tomasello and Call, 1997 ; Call and Tomasello, in press）。キツネザルのような、より「原始的」

なサル類は、それができないようだ（Anderson and Mitchell, 1999）。マカクの視線の追跡がいつ出現するかに関する発達研究では、一貫した結果は出ていない。ブタオザルを用いた実験で、フェラリら（Ferrari et al., 2000）は、頭部や目の動きに反応して視線を追うのは2歳から4歳になってからであることを発見したが、頭部の動きなしに視線の方向に反応したのはおとなだけであった。さらに彼らは、年齢と、何らかの手がかりによって視線を追う能力との間に相関を見出したので、少なくともブタオザルでは、これは徐々に獲得される能力であった。それとは対照的に、トマセロとヘアとフォーグルマン（Tomasello et al., 2001）は、生後6ヵ月のアカゲザルはもう、しっかりと頭部の動きを追うことができることを発見した。種が違うことのほかに、トマセロたちの対象は、大きな社会集団で広い飼育場の中で育てられていたが、フェラリたち（2000）の対象は、社会的にも物理的にも乏しい環境で育てられた、実験室の霊長類であった。視線の追跡が獲得された能力であるのならば、トマセロたちの対象は、それを発達させる機会をより多く与えられていたことになる。

同じ研究で、トマセロたち（2001）は、チンパンジーが視線の追跡を発達させるのはもっと遅いことを発見した。彼らがしっかりと反応するようになるのは、3、4歳になってからだったのである。人間はその中間で、赤ん坊が視線の方向を追うようになるのは14ヵ月から18ヵ月であるが、頭部の動きで表されたときには、もっと早い時期から視線を追うことができた（Butterworth, 1991）。

これまでに研究されたすべての種で、視線の追跡の学習には経験が重要な役割を果たしているのであるが、顔に注意を向ける傾向と、まっすぐこちらを見ている視線とほかを見ている視線を区別する傾向とは、生得的に組み込まれていることが示されている。この2つの能力とも、生後1ヵ月未満の人間とテナガザルの赤ん坊で発見されている（Farroni et al., 2002 ; Myowa-Yamakoshi and Tomonaga, 2001）。さらに、最近になって、おとなのアカゲザルは、アカゲザルや人間などの見慣れた種類の個体が写真の中で見ている方向を見るばかりでなく、写真に写っている個体が、ライオン、ネコ、オランウータンなどの、それまでに見たことのない種類であってもそうすることがわかった（Lorinctz et al., in press）。このことは、サル類が注意の方向について学習しているのは、種を超えて、顔や頭部の形がかなり異なっても当てはめられるような、何らかの抽象的なスキーマであることを示している。注意の方向を検出することの機能の一つが、捕食者を避けることであるならば、このことは進化的に納得がいく。サルたちは、実際に捕食者に襲われる経験を必要とせずにすむだろうから。

霊長類が他の霊長類の注意の方向を自発的に追う傾向があるという証拠もあるが、どの霊長類がこの能力を獲得できるのか、どうみても不明確な結果もある。たとえば、次のような実験を取り上げてみよう。あなたが、2つある容器のうちの一つに食物を隠す。そして、どちらに食物が入っているのかを見なかったサルまたは類人猿の前にこの2つの容器を置き、食物が入っているほうの容器をじっと見つめる。そうして、彼らに、どちらか一つを選ばせるのだ。驚いたことに、このような実験の多くの場合、ほとんどのサルや類人猿は、実験者からの注意の手がかりを利用して正しい容器を選ぶことができない。ときには、初めのうちは正しいほうの容器を見ていることもあるのに、できないのだ。さらに、彼らは、正しい容器を指差すなどの、より明確な信号にしたがうことすらできないのだ（Call and Tomasello, in press ; Povinelli et al., 1997）。注意の方向づけに、適切な音声（チンパンジーの場合は、食物コール）と採食の姿勢も伴って初めて、被験体の中には、隠された食物を見つけるある程度の能力を見せるものが出てくる。最初からこの問題ができた少数の個体は、人間と親密な関係をもって育てられた個体であった（Call and Tomasello, in press）。蓋の閉じた容器ではなく、管やスクリーンであって、人間（チンパンジーは見えない）が実際に、類人猿に注意を向けて欲しい目標物を見ることができるものである場合にも、成績は上がる。

視線の追跡は反射か？

このように実験結果があいまいなので、サルや類人猿が視線を追うとき、彼らは注意というものについてどれほど理解しているのか、という疑問が提出された。霊長類は、他者の注意を追っているとき、もしあるとすればどんな表象を使っているのだろうか？　ポヴィネリとエディ（1996a, 1997）は、急進的な仮説を提出した。注意を追うのにどんな表象も必要ではない。なぜなら、注意の追跡は、チンパンジーその他の霊長類に組み込まれた反射のようなもの、または機械的行動であるからだ（それは、人間がどうしても他者の視線を追ってしまうのを阻止できないときのような状態に似ている）。ポヴィネリとエディの見解では、視線の追跡は注意の追跡にはなっていない。なぜなら、チンプは、他者の視線とその人が見ている物体との間の心的連結を理解していないからだ。ヒト以外の霊長類は、単に、他者が見ているのと同じ方向を見るような、自動的な反射を備えているだけであり、それゆえ、彼らは同じ目的物を見ることになるのだが、同じ物体に対する注意を他者と共有しているという認識はないというのである。それどころか、他者が何かを見ているということ自体を理解していないし、もちろんのこと、他の霊長類の視線に伴っているかもしれない意図の理解などはまったくないのだ。この仮説は、視線の追跡の行動が見られるにもかかわらず、視線によって伝達されている情報を有効に使うことができないというパラドクスを説明することはできる。

それでも、実証的なデータは、この劇的な仮説に合致してはいないようだ。逆説的だが、ポヴィネリとエディ（1997）の研究結果自体が、この反射仮説に対する最初の反証を提供した。一つの部屋をパネルで2つの部分に分ける。そのパネルの一部は不透明だが、一部は透明である。チンパンジーが部屋の片方の部分にいて、人間が別のほうにいる。人間が、透明なパネルを通して遠くを見つめると、チンパンジーは振り返って、自分の部屋の奥を見つめる。しかし、人間が不透明なパネルの部分を見つめた場合には、チンパンジーは、透明な部分を通して、人間のいるほうの部分を見ようとしたのだ。チンプは、自動的に人間と同じ方向を見たのではなく、人間がどこを見ているのかを考慮に入れているのである。不透明なパネルの先にあるものが、人間の視線の目標物ではあり得ないからだ。チンプは、あたかも、視線は目標物に向けられているのであり、不透明なスクリーンを通して投影することはできない、ということを理解しているかのように行動した。

この研究をもとに、トマセロたち（1999）は、まずこの研究を再現した。それから彼らは、もし許されればチンパンジーたちは、人間がじっと見ていた場所を見ても何も見つからなかった場合には、手でその場所を探ってみることを示した。チンパンジーは、何の訓練もなしに自発的にそうしたのだ。このことは、チンプが、人間の注意を目標に向けられたものと表象しており、エージェントの視線だけから目標物の存在を推論できることを示している。

霊長類が注意を、主体と物体との関係として表象しているらしいことを示すさらなる例は、実験者が、見るべきものが何もない場所を見ているときの彼らの反応である。チンパンジーは、そこに何も見出せないと、エージェントの目をもう一度見て確認をとったのだ（Call and Tomasello, in press）。セリフとゴメスとバーン（Scerif et al., 2003）は、飼育下のダイアナ・モンキーで同じようなことを発見した。同種の他個体の写真を見せられると、ダイアナ・モンキーは写真の個体と同じ方向を見る傾向があるばかりでなく、そこに見るべきものがあった場合に比べて、何もなかった場合には、より頻繁に写真の中の個体を振り返ったのである。

これらの発見は、視線の追跡が単なる反射のようなものだという仮説を反証するものであるが、一方、これらの発見は、チンパンジーその他の霊長類が、なぜ、たいていの場合、人間の視線を手がかりに隠された食物を見つけることができないのかという謎を、ますます深いものにする。この問題は、あとでもう一度検討しよう。

注意の接触の理解

ここまでは、目標を見つめている他者の注意の理解について議論してきたが、その目標が自分自身だった場合にはどうなるのだろう？　言語獲得以前の子どもたちにおける指示的コミュニケーションの発達を議論したときに、私たちは、コミュニケーションにおける意図を同定する鍵となる基準の一つは、身振りをしながらその人の目を見つめることだと述べた。私たちは、視線の接触は注意の接触を確立する方法であり、社会交渉のための決定的に重要な因果的リンクであると論じた。

注意の接触は、注意の追跡と同じメカニズムで説明できると思われるかもしれない。他者の注意の焦点がたまたま自分であることも、たまにはある。実際、誰かが私の手や私の靴を見ているときには、私がそれに気づくのは、あなたがテレビを見ているのだなとわかるのと同じ視線追跡のメカニズムによるのかもしれない。しかし、他人が私の目を見ているときには、主観的には、私はこれをまったく違うものとして経験し（Kendon, 1967）、その人が私と何かをしたいのだと感じる。その理由の一つは、視線の接触があると私たちは、他者の注意が単に自分に向けられているのではなく、自分の注意に向けられていると感じるからだ。私たちは文字通り、注意接触の状況におかれるのであり、このことが、相互の意図のコミュニケーションの扉を開くのである（Gómez, 1994, in press）。

注意の接触は注意の追跡とは異なるという、この主観的印象は、実証的な発見によって支持され始めている。たとえば、顔が直接に自分のほうを向いているときと、別の方向を向いているときとでは、脳の異なる部位が活性化することがわかった（Wicker, 2001）。ペレット（Perret, 1999）は、アカゲザルの神経細胞の中に、視線の刺激にのみ反応するものがあることを発見した。横を向いている顔に比べ、正面を向いている顔には、ポップ・アップ効果（非常にすばやい検出）があることが報告された（von Grünau and Anston, 1995）。

進化的には、一組の目が自分に向けられているという特徴的なパターンは、特別に重要な刺激としての長い歴史を持っているようだ。それは、自分が捕食者の注意の対象になっているという刺激である。多くの動物は、自動的な警戒や逃走反応を示す。ある種のガのような動物は、このことを利用して、2つの大きな目玉刺激を羽に発達させた。これを見た潜在的捕食者は、自分よりもっと大きな捕食者に見つかってしまったのかもしれないと、大慌てで反応して逃げるかもしれない（Baron-Cohen, 1995）。霊長類の中では、サル類は、自分を見つめている他のサル類や人間の視線に特別に敏感であることが知られている。多くの種は、自分の目をずっと見つめられると、威嚇だと反応すると報告されている（Gómez, 1996b）。それでも、じっと視線を合わせることは、チンパンジーのような他の種では、違う意味合いがあるようだ。彼らは、攻撃や威嚇の反対である仲直りのときなどのさまざまなコンテキストでじっと見つめあう。チンパンジーは、けんかをしたあとにはしばしば、抱き合ったり、その他の親密な絆の信号を交しあったりする。このような仲直りのための交渉に伴う基本的なパターンの一つは、じっと長く互いに見つめあうことだ。そこで、仲直りしたくないチンパンジーは、ただ目をそらせばよいのである（De Waal, 1989）。最後に、ゴリラとチンパンジーは、原始的な指示的コミュニケーションを行おうとするとき、視線を合わせることにより、人間の注意をひこうとしていたことを思い出そう。霊長類は、注意の接触についてどれほど理解しており、社会的相互作用において、それはどれほどの役割を果たしているのだろうか？

霊長類における相互注意の実験

ポヴィネリとエディ（1996b）は、霊長類が視線を追跡しても注意の意味は理解していないという彼らの議論にそって、チンパンジーは、誰かが彼らを見ているのか、コミュニケーションをとろうとしているのではないかが理解できないと主張している。彼らの実験からは、そう考えるのも妥当だ。いくつもの詳細な実験の中で、彼らは6頭の子どものチンパンジーを2人の人間に出会わせた。一人は目を開け、チンプが向こう側にいる透明プラスチックの壁を覗き込んでいる。もう一人は、チンプが見えないことを示している（目をつぶっている、違う方向を見ている、目隠しをしているなど）。この実験に先立って、このチンプたちは、人間の実験者の前にある透明な壁に開いている2つの穴に腕を入れれば、その人の横においてある箱に入っている食物のかけらをもらえることを、十分に訓練されていた。

2人の人間がいる実験条件では、チンパンジーは次のうちから一つを選ぶ。目を開いて透明な壁のほうを見ている人間に対して壁の穴から腕を差し入れるか、よそを見ていたり、目をつぶっていたりする人間に対してそうするか、である。どのチンパンジーも、一貫して正しい人間を選ぶということはできなかった。例外は、こちらを見ていない人物というのが、チンプにまったく背を向けているという、明らかな注意の欠如の場合だけだった。

著者らの結論は、チンパンジーは、誰が彼らを見ているのか、注意を向けているのか、が理解できないというものだ。チンプが他者の目を見たり、視線を追ったりするのが観察されるときには、見ることに伴う心理的な側面、見るということの内的経験は理解していないのであり、彼らに注意を向けている人と向けていない人との違いもよくわかってはいないようだ。

このような結果は、他の発見とは矛盾しているように見える。たとえば、チンパンジーは、身振りの受け手が彼らを見ているときには、視覚的身振りを使う傾向があるし、ゴリラは、人間に何か要求しようとするときには、視線の接触をしようとさえする。しかし、ポヴィネリの指摘は、類人猿は確かに相互注視や視線追跡の行動をするが、彼らは、これらの行動を、見ることや注意することの心的状態に結びつけているのではなく、エージェントと、その人が見ている目標との間に作られた心的連結を理解しているのではないということである。

ヘアとその同僚（Hare et al., 2000）による最近の研究は、この解釈に対立する。ヒト以外の霊長類の心の理論に関する実験のほとんどすべては、霊長類が行為者としての人間と向かい合い、人間の心をどう理解するかを問うものであった。これは、彼らに、人間の心の理論がわかるかどうかを聞いているのであり、彼ら自身の種の心の理論がわかるかどうかを聞いているのではないのだ！（Gómez, 1996a）この問題を解決するために、ヘアたち（2000）は、チンパンジーを人間に向かわせるのではなく、チンパンジーに向かわせた。そして、人間との間でよくあるシチュエーションである食物の分配ではなく、チンパンジーどうしの間で典型的な問題状況である、食物の競争状況においた。彼らは、優位の個体と劣位の個体を1頭ずつ選び、真ん中の部屋をはさんで両側の部屋にそれぞれを入れた。この真ん中の部屋には、2つの食物がある。ときには、両方の食物が両方のチンパンジーに見えるが、ときには、優位の個体には一方の食物しか見えない（図8-1）。たとえば、一つの食物はタイヤの上に置いてあるので、両方のチンパンジーに見えるが、一方はタイヤの影にあるので、劣位の個体にしか見えないのである。彼らにこれをしばらく見させておいてから、両者を同時に真ん中の部屋に入れる。普通の状況では、優位の個体が劣位の個体よりも多くの食物を食べる（順位が高いことの有利さの一つは、食物に優先的に近づけることであり、これは順位を測る目安でもある）。劣位の個体は、優位の個体がいるときには、食物に近づこうとさえしないときもある。しかし、この実験状態では、劣位の個体は、有意に多く、彼らだけに見える食物のほうに近づいてそれを食べる傾向を示したのである。

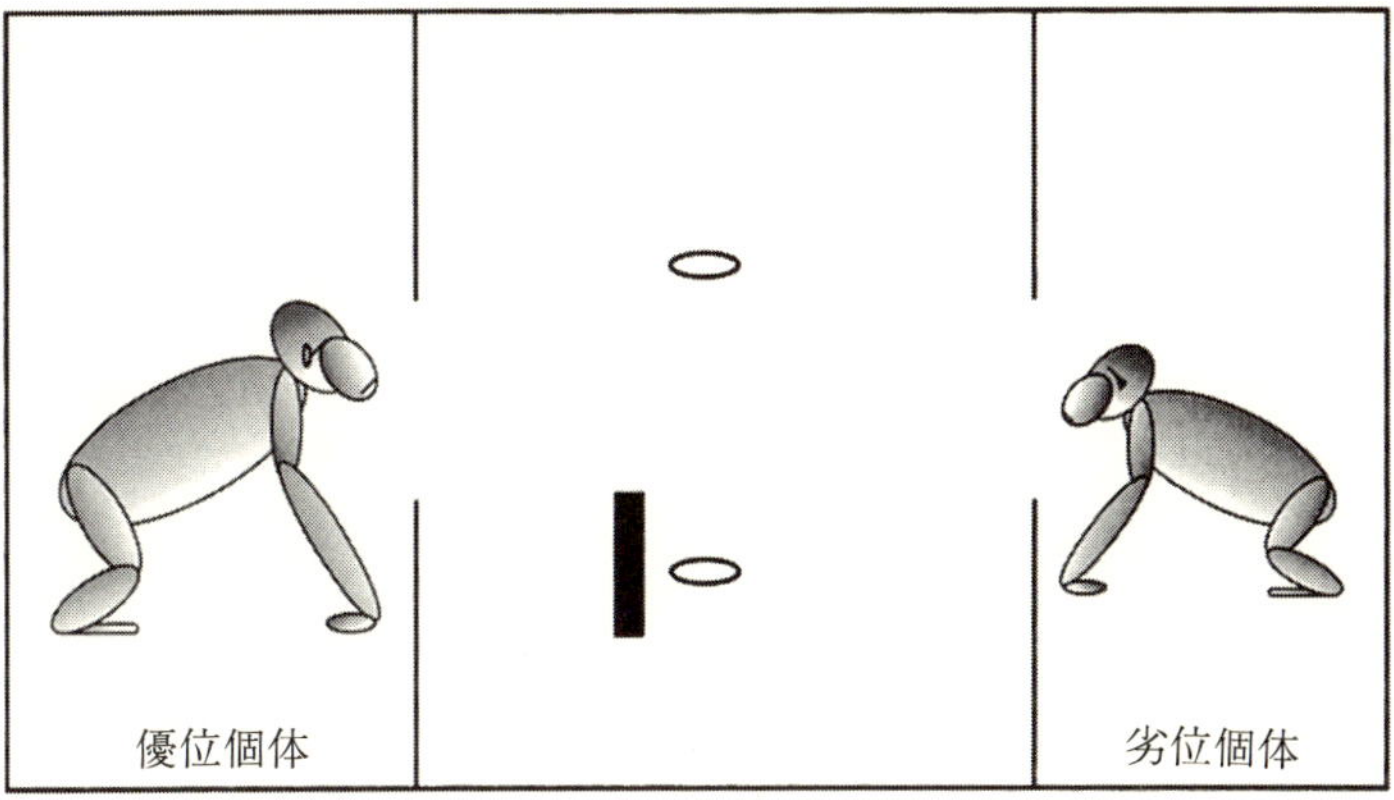

図 8－1　競争的な状況で、チンパンジーが、他個体が何を見ているのかを理解できるかどうかのテスト（Hare et al., 2000）。食物のかけらが、劣位個体だけに見えるところにおいてある。真ん中の部屋に入れたとき、彼女は、とくにその食物を目標にするだろうか？

優位の個体は、見えるほうの食物に近づくのが普通なので、劣位の個体が、優位の個体の最初の動きに単純に反応しているのではないことを確かめるために、劣位の個体をほんの少しだけ先に真ん中の部屋に入れ、少し早く食物に到達できるようにしてみた。その結果、彼らはそれでも、自分たちにだけ見えるほうの食物に、先に近づいたのだ。最後に、不透明な障害物ではなく、透明なものの影に食物を置いたところ、劣位の個体は、もはや見えてしまっている食物をとくに好むということはなくなった。

ヘアたち（2003）が同じ実験をキャプチン・モンキーに対して行ったところ、彼らは、競争者に食物が見えるのか見えないのかを考慮に入れることはできなかった。このことは、ポヴィネリとエディ（1996a）の結論に反して、チンパンジーは（しかし、キャプチンは違う）、他のチンパンジーが何を見ているのか、見ていないのかを、確かに理解していることを示唆している。*

これらの矛盾する結果を説明する一つの可能性は、チンパンジーは、他のチンパンジーの心的理解だけしか示すことはできないということだ。しかし、ヘアと同僚たち（2000）は、先の研究とのもう一つの重要な違いも指摘している。この実験では、彼らは、他個体がもし食物を見ているなら、自分に食物を渡してくれるだろうという、協力的な交渉にかかわることは要求されていない。そうではなくて、他個体がもし食物をみているならば、自分で取ってしまうだろうという、競争的なコンテキストに置かれているのだ。おそらく、チンパンジーの心の理論は、競争的状況で働くように進化したメカニズムであり、協力的状況では働かないのかもしれない（Hare, 2001）。このことは、チンパンジーは、自分が目標物に近づくべきかどうかを決めるために、「誰が何を見ているか」を計算することはできるのだが、協力的な他者の行動を

*カリン‐ダーシーとポヴィネリ（Karin-D'Arcy and Povinelli, 2003）は最近、この実験を別のチンパンジーで繰り返した。そして、再び、劣位のチンパンジーが部分的に隠れた食べ物を完全に見える食べ物よりしばしば得ることが見出された。しかしヘアたちの結果とは違って、彼らのチンパンジーは、隠れた食べ物を最初に得ようとは試みなかったと報告している。彼らのチンパンジーは、優位な個体に見えるものには反応しなかったが、完全に見える食べ物に近づくとき、結い個体の行動に反応したと彼らは結論した。しかし、カリン‐ダーシーとポヴィネリはヘアたちの実験デザインの基本的側面を変えた可能性がある。というのも、彼らは劣位個体が競争者がまわりにいない状態で選択をするまで、優位個体を放さなかったからである（優位チンパンジーは通常、すでに劣位個体が手にした食べ物をつかもうとはしない）。

理解し、そこに影響を与えるという目的には、同じような計算をすることができないことを意味している。つまり、チンプの心の理論は、領域限定的、または状況限定的なスキルなのだ。（このことは、チンプが視線を追跡する能力を持っているにもかかわらず、隠された食物を探すのに協力してくれている人間の視線を利用することができないという謎の説明にもなるだろう。（Call and Tomasello, in press）

実際、ポヴィネリとエディ（1996a）の研究との大きな違いがもう一つある。ヘアとその同僚たちの実験は、外的な目標物への視線の検出能力であるが（それゆえ、視線の追跡の理解に関するものだ）、ポヴィネリとエディの実験は、どの人がチンプ自身に注意を向けているかを検出する能力についてである。これは、注意の接触と呼んだものだ。チンパンジーは、他者に目標物が見えるのかどうかはわかるが、他者が自分を見ているかどうかはわからない、ということはあり得るだろうか？ それとも、言い換えれば、チンパンジーは、他者が物体を見ているのか見ていないのかを理解するのと同じようには、他者が自分を見ているのか見ていないのかを理解してはいない、彼らは、視線の奥にあるのが注意の心的要素であり、共同注視の場合には、注意接触こそがコミュニケーションのもっとも重要な要素だということを理解していないのだろうか？

協力的な状況で人間の注意を理解する

次のような実験は、この説明のどちらもが正しくないことを示している。ゴメス、テイシドールとラア（Gómez et al., 1996）は、チンパンジーに、いつでも食物の要求にこたえてくれるような人間に出会わせた

（図8－2）。チンプは、鉄格子のある標準的な動物園の檻に入れられており、欲しいときにはいつでも要求を出してよく、自分のレパートリーの中からどんな身振りを使うこともできた（彼らは、特定の方向に対して特定の身振りをすることを教えられていない）。食物は台の上に置かれており、チンパンジーには届かないが、うずくまっている人間のすぐ隣にある。チンプは、何の指図がなくても食物のほうに手を伸ばして食物を要求したが、ときには、人間の手をとって食物のほうに向けることもあった。彼らは、初めからこういうことをすることができた。おもしろいことに、こういう状況の中で、人間に要求を出しているときに、人間の目を見ようとするのは全体のおよそ50パーセントであった。

この状況でチンプが要求を出すことがわかったので、次に本格的なテストを行った。実験はときどき（普通の試行の3、4回に1回）行った。実験者はチンパンジーを見てはいないので（目を閉じている、またはよそを向いている）、チンパンジーの要求にはこたえられない。チンパンジーは、その人の注意を確かめ、彼女が彼らを見ていないことがわかると、彼女の注意をひこうとするだろうか？ 注意が向けられていないことに対して注意をひく行動が起こるのであり、注意していない人間から何の反応もないことに対するのではないことを確かめるために、コントロール条件も作ってみた。それは、人間がチンパンジーを見ているが、数秒間、何も反応しないのである。

この実験には6頭のチンパンジーを用いた。そのうちの3頭は、少なくとも1年にわたって個別に人間に育てられていた。残りの3頭は、集団で人間に育てられていたが、個別で育てられたことはなかった。私たちの研究結果は、この2つのグループのチンパンジーで異なっていた。人間に個別で育てられたチンパンジーは、人間からの反応が何もないときにはつねにその人の顔を見たが、その人がチンパンジーを見

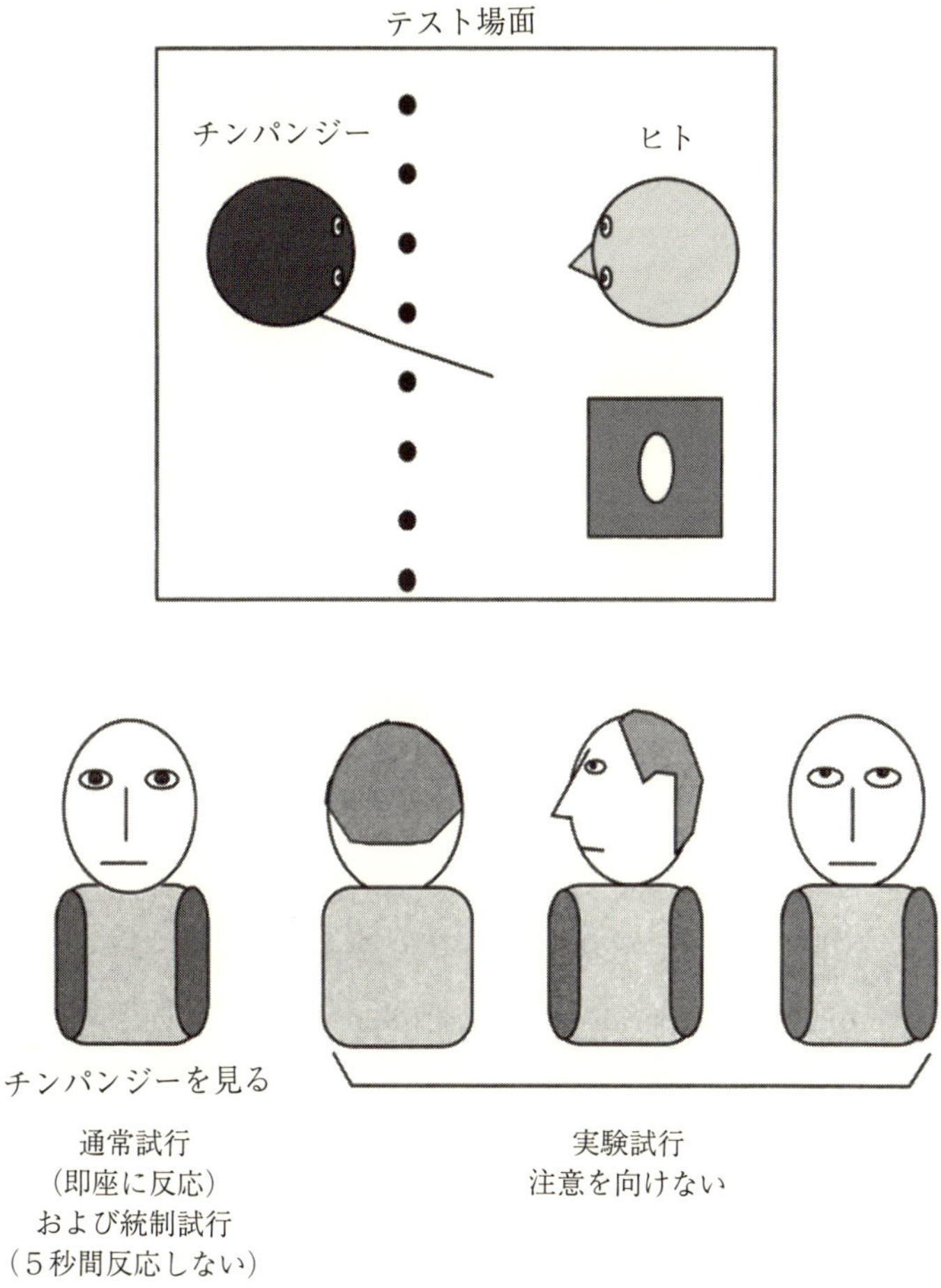

図 8−2　コミュニケーションにおけるチンパンジーの注意の接触の理解をテストする（Gómez et al., 1996）。檻に入れられたチンパンジーの前に実験者が座る。チンパンジーが食べ物を要求すると、通常飼育係はどんな要求にも即座に応じるが、実験試行では、実験者はチンパンジーに注意を向けない。統制試行では、実験者は注意を向けるが、5秒間反応しない。チンパンジーは実験試行で、実験者の注意を喚起するだろうか。

ていないときには、そのときにだけ、彼女を引っ張ったり、触ったり、視線の接触をしたりし、その後にまた要求を繰り返した。つまり、彼らは、要求を出す前に、自分たちに注意を向けていない人間に対していいいいい注意を喚起したのだった。人間との経験がより少ない3頭は、何も反応がないときにはその人の顔を見たが、最初に注意を向けていない人間の注意をひくことはせずに、ただ要求を繰り返したのだった。*

ヒト以外の霊長類をヒトのモデルで実験するときには、人間との経験の度合いが、明らかに重要な変数となっている。それは、トマセロと同僚たち（1999）が以前から繰り返し強調していたことだ。チンパンジーがいったん最低限の人間との経験を持つと、彼らは、協力的な状況の中で注意の果たす役割が理解できるようになり、相手が注意を向けていないこともわかるようになるのだ。ポヴィネリとエディ（1996a）が研究したチンパンジーは、人間に個別に育てられた経験がないらしいので、おそらく、このことが彼らでの実験結果が異なっていることの説明なのだろう。しかし、この相反する結果は、実験のデザインにおける興味深い違いのいくつかによるのかもしれない。

*われわれ自身の予備的報告（Gómez, 1995, 1996a）に基づく研究で、シアルとポヴィネリ（Theall and Povinelli, 1999）は要求する間、20秒間反応しない実験者に、実験者がチンパンジーに注意を向けているかどうかにはかかわりなく、つねに実験者に触れた。この天井効果は、チンプと人間が異常に接近していたためである可能性がある。ポヴィネリとエディ（1996a）の要求実験では150センチメートルだが、この場合は30センチメートルだった。

注意を披露する

一つには、ポヴィネリとエディ（1996a）は、チンパンジーが2人のうちの一人を選ぶ前に、2人の顔を見ているかどうかを記録していない。私たちの実験では、このような常習的な要求状況になると、チンプは、およそ50パーセントの時間しか見ていないことがわかった。ポヴィネリとエディの否定的な結果の一部は、おそらく、人間の注意の状態を調べずにチンプが反応していることによるのだろう。人間が別の方向を見ている状況では、チンパンジーは、全試行のうちの50から60パーセントしか視線の追跡を示さないという事実があるので、この可能性はさらに強調される。

さらに重要なことに、「注意を向けている」人間は、透明な壁上の2つの穴の中間、または、（のちの実験では）自分が反応するほうの穴を見つめているようにと指示されていた。それゆえ、注意を向けていることになっている人物は、チンパンジーを見つめたことはないし、ましてや、彼らの目を見たことは一度もないのだ。つまり、注意を披露していることになっている人間は、実は、どの条件下でも一度もチンパンジーに注意を向けたことはないのである。そして、彼らのうちのおよそ半分だけが、この問題で意味のありそうな場所、つまり穴を見つめていた。あとのほうの問題をこなすためには、チンパンジーは、まず正しいほうの人物を見て、次に彼の視線を追って穴を見て、最後に、この人物が全然チンパンジーには注意を払っていないにもかかわらず、それでも彼はチンパンジーが伸ばした腕は見えるのだろうから、その手を見たときには、隣においてある箱の上にある食物を自分にくれるように反応するだろう、と推論せねばならないのである。これは、コミュニケーションの状況で、自分に向けられた注意を理解することとは、ずいぶん異なっている。

実験前の集中的な訓練期間中に、チンプは、実験者の視線が自分の手にそそがれることの重要性を学習したものと思われていた。しかし、訓練期間中すべてにわたって、人間は、透明な壁上のあらぬ一点をじっと見つめていたのだ。そこで、チンパンジーは、人間の反応は、彼らの視線の方向とは関係がないと学習したのかもしれない。ポヴィネリとエディは、知らず知らずの間に、人間の視線は問題とはまったく関係がないものとして無視するよう、教えていたかもしれないのだ!

それゆえ、ポヴィネリとエディの実験は、チンパンジーの注意の理解を本当に測定しているのではないどころか、見ることとの理解をすら測っていないのだろう。同じ著者らによる別の研究（Povinelli and Eddy, 1996b）が、この印象を裏付けている。先ほどと基本的には同じ状況を使い、著者らは、チンパンジーに、穴を見つめている人間（先の実験で「注意を払っている」とされた条件）と、チンパンジーの目を見つめ、彼らと視線を合わせようとしている人間とに出会わせた。この状態では、チンパンジーはつねに、自分たちと目を合わせようとしていた人間を選んで手を伸ばしたのだ。チンパンジーの要求を、視線の接触よりももっとよく誘発した条件は、一つしかなかった。それは、チンパンジーが何かに注意を払っているときに固有な頭部の動きであると著者らが同定した動きを、その人間がまねているときだ。この動きは、目を閉じているときに行っても有効であった。この発見は、注意というのは、視線の接触のような単一の信号とリンクしたものではなく、さまざまな行動を含む、行動カテゴリーとして重要であることを強調している。そして、また、注意の理解は、「見る」ことの理解とは独立である可能性も示している。*

これまでに得られた証拠によると、全体として、チンパンジーは、注意の接触を示している行動と、注意をしていない行動とを実際に区別しており、人間が注意を払っていないときには注意をひいて、要求を行う前に注意の接触を確立することすらできるようだ。この理解は、彼らが人間との十分な接触を持った経験があり、本当に注意を向けている状態と向けていない状態を選ばせるようにすれば、人間との協力的な問題であっても示されるのである。

このことと、チンパンジー（およびその他の霊長類）は視線を、目標に向けられた行動として理解するということとを組み合わせると、類人猿には視線に関する比較的洗練された理解があると考えてよいだろう。

類人猿が注意をどのように表象しているのかは、別の問題である。これまでに得られた結果は、ゴメスの考えにとくによく合致している（Gómez, 1990, 1991）。それは、類人猿の注意の理解は、この心的状態が外的に表現された表情の表象の上に成り立っており、必ずしも、内的な、観察不可能な心的実体として表象されているわけではない、ということだ（ホブソンは、人間の子どもについて同様な考えを提出している（Hobson, 1994））。

注意の心的状態は、外に現れる点で特徴的だ。何かに注目している人は、実際に目を特定の目標の方向に向け、普通はからだや頭部もそちらに向けるものだ。もちろん、このような明らかな運動には、直接に

*別の解釈は、チンパンジーは「見ている」ことを理解するかもしれないが、そのときの目の役割については理解しない、というものである（Call and Tomasello, in press）。

は見えない神経系に生じた出来事と、見る、聞く、感じるという内的で主観的な経験が伴っている。しかし、私たちが決して直接に見ることのできない信念や知識とは対照的に、注意に目に見える側面があるということは、そのプロセスに起こっている目に見えない部分を表象することなく、目に見える部分だけを表象する可能性が開けているということだ。進化的に見れば、目に見える心を表象するメカニズムは、目に見えない心を理解するメカニズムとは独立に存在することができるのである。

知識（または無知）を理解する

他者が何を知っているか（そして、どうやってそれを知ったか）を理解し、ときには、誰かが知っていることは間違いかもしれないことを認識することは、注意と見ることを理解するよりももっと複雑な、心の理論の能力である。人間の子どもは、注意が理解できるようになってからずいぶんたって初めて、認識的な心的状態の理解を発達させるようになる（3、4歳）。

ホワイテンとバーン（1988）の観察は、霊長類も、ときには他者が何を知っているのか、たとえその他者が事実を誤解している場合にも理解しているらしいことを示唆しているが、この印象を正当化する最初の実験的試みは失敗に終わった。ポヴィネリら（Povinelli et al., 1990）は、プレマック（Premack and Premack, 1983）が最初に行った研究を体系的に再現しようとした。それは、実験者が、チンパンジーの檻の前に置かれた2つの箱のうちの一つに食物を入れる実験である。スクリーンが置いてあるので、チンパンジーは、実験者がどちらの箱に食物を入れたのかは見えない。そこでスクリーンをどかし、食物が入れられるところをスクリーンの後ろから見ていた人間（つまり、食物がどこにあるかを知っている立場の人間）が、正しい箱を指差す。この実験のみそは、食物が置かれるときにその場にいなかった第二の人物が、同時に、間違った箱を指差すところにある。チンパンジーは、どちらの人間に注意を払うべきだろうか？　彼らは、見ていた人間だけが食物のありかを知っていることが理解できるだろうか？　最初は、チンパンジーはランダムに選んでいたが、何試行かの訓練を経るにつれ、知っている人間にだけ注意を払うことを学んだ。彼らは、食物のありかを知ることにおいて、隠された出来事を目撃したことの重要性を理解したのだろうか？　これを決めるために、著者らは、食物が置かれる間に2人の人間がいるが、一方は紙袋を頭にかぶっているので、何が行われているのかが見えないようにした。実験者の論理は、このような条件下で問題が解ければ、知識の理解が示されるだろうというものだ。そして、確かに、新しい実験では、チンパンジーは偶然以上のよい成績を示したのだった。しかし、著者らが、ヘイズ（1993）の指摘にしたがってデータを分析し直したところ、新しい問題のすべてにおいて、チンパンジーは確かに偶然以上の正答率を示してはいたものの、最初の問題では、偶然と変わらない結果であったことがわかった（Povinelli, 1994）。彼らは、最初の段階で得た複雑な知識を応用したのではなく、新しいけれども類似した問題の解決を、すばやく学習していたのであった。

これらの、かなり複雑なテストにおける不定的結果は、それに続くポヴィネリとエディ（1996a）の発見によって十分補強されるように思われる。彼らは、チンパンジーは、注意も見ることも理解していないと主張したのだ。しかし、これまでに見たように、この結果はいまや疑問視されているので、チンパンジーの知識の理解についてはもう一度考え直すべきだろう。

ヘアとコールとトマセロ（2001）は、最近、競争的パラダイムを用いて、他者が何かを知っているかどうかについて、チンパンジーには何らかの概念があることの証拠を示した。チンパンジーが「見る」ことを理解していることに関する以前の彼らの研究と同様に、彼らは、チンパンジーどうしを競争的な状況で出会わせた。1頭の劣位のチンパンジーは、自分の檻から真ん中の部屋にある特定の場所に食物が隠されるのを見る。劣位個体と反対側の檻にいる優位な個体も、食物が置かれるのを見る。いくつかの試行では、食物を置いたあとで、優位な個体の部屋のドアを閉め、彼が見えない間に食物の位置を変えてしまう（劣位個体はこれをすっかり見ている）。そのあとで、両方のチンパンジーが真ん中の部屋に放され、食物を自由に探せるようになる。劣位のチンパンジーは、この場合には優位個体は食物のありかを知らないということを認識しており、それゆえに、劣位個体は、そうでないときよりも多く食物を取りに行くだろうか？

著者らは、まさにそうであることを発見したのである。劣位の個体は、優位の個体が食物のありかを知っているのかいないのかを、考慮しているようであった。さらに、食物の位置が変えられていないとき、優位な個体を変えると（1頭の優位個体は食物が置かれたときにそこにいたが、そのときそこにいなかった、別の優位個体が連れてこられる）、劣位個体は、しばしば、隠された食物を取りに行ったのである。このことは、チンパンジーが、誰が何を知っているのかを追跡していることを示している。

ヘア（2001）は、チンパンジーどうしを用いて行った実験で彼らが成功したことから、チンパンジーの心の理論の能力は（または、類人猿一般）、競争的状況に対する特殊な適応である可能性があると指摘している。これまでの実験は協力的な状況で行っており、たいていは人間が相手で、人間の心的状態を理解せねばならなかった。コミュニケーションにこのような協力的な動機が組み込まれることは、ヒト以外の霊長類では、おそらくあまり例がないのであり、それゆえに、チンパンジーは、最初のような問題を解決するために、心的状態の理解を動員することができないのだろう。

しかし、この結論は、チンパンジーを人間と出会わせたときに、彼らは確かに人間が協力してくれることを期待して要求を出すという事実には合致しない。さらに、真に注意を払っている状態とそうでない状態とでチンパンジーに適切なテストをすれば、人間との経験が十分にある個体は、彼らが人間と注意の接触を確立したかどうかを確かに考慮に入れている。類人猿は、協力的な状況でも、他者が何かを知っているということを考慮に入れることができるのだろうか？

適切性と心の理論――「鍵」となる実験

私たちが他人に何を言うか、何を指摘するかに影響を与える大きな変数は、他人が何を知っている、または知らないと私たちが思うか、である。普通、私たちは、他人が知らないことで、彼らが興味を持つだろうと思うことや、彼らが知っておいたほうが私たち自身の利益になると思うことを告げる（言葉でも、身振りでも）。人間のコミュニケーションは、スペルベルとウィルソン（Sperber and Wilson, 1986）の表現を借りれば、この「適切性」の原理にのっとって行われている。たとえば、もし私の妻が私にゴミ袋をゴミ箱に入れてきて欲しいと思ったが、彼女は、ゴミ箱をいつもの場所ではないところに置いてきていたならば、ゴミ袋を捨てに行ってくれと言うばかりでなく、ゴミ箱がどこにあるかも言うだろう。類人猿は、人間に何かをしてくれと頼むことができるのを思い出そう。たとえば、彼らの檻の外においてある食物を取ってくれと要求する。しかし、彼らは、人間がそのことを知っているかどうかと彼らが思うことに基づいて、人間に適切だと思われることも伝えるだろうか？　これは、本質的に、コミュニケーションをとって協力的に振る舞う状況において使えるような心の理論を、類人猿が持っているかどうか、という質問である。

ゴメスとテイシドール（Gómez and Teixidor, 1992; Gómez, 1998）は、まさにこの点を評価するような問題を考案した。対象は、動物園で育てられている、ドナという名のオランウータンである。オランの檻の隣の部屋に、箱が2つ置かれている。箱には錠前がかけられている。一人の人間が部屋に入ってきて、紐の先にぶら下がった小さな箱の中からこの錠前にあう鍵を取り出し、2つの大きな箱の一つを開け、そこに食物を入れ、また錠前をおろし、鍵をもとの場所に戻す。そして、その人は部屋を出て行く。少ししてから他の人間が部屋に入ってきて、2つの箱の前に座り、オランウータンと向き合う。ドナが一つの箱に腕を伸ばして示せば、その人は鍵を取りに行って箱を開け、中身を彼女に与える。その人は、鍵を箱に戻して部屋から出る。少ししてから、最初の人間がまた入ってきて、同じようにしてまた新しい実験が始まる。

ドナが、隠された食物を指し示したということだけでは、この人間は食物のありかを知らないので、そのありかを教えてあげねばならないということを彼女が理解している証拠とはならない。先の実験に使ったチンパンジーと同様、オランも、そこに見えている食物や物体を人間に要求する。彼女が隠された食物を要求したのは、単に彼女がそこに食物のあることを知っていたからであり、人間が知っているかどうかは関係がないかもしれない。ドナが他者の知識を理解しているかどうかを調べるには、ほかのテストをせねばならない。それが以下の実験である。

このような普通の試行を10数回繰り返すごとに一度（一日のうちでは1回だけ）、食物を持ってきた人は、一つの箱に食物を入れて鍵をかけたあと、その鍵をいつもの場所に返さず、まったく新しい場所に隠し、そのまま部屋から出て行く。そこへ、もう一人の人間が入ってくる。さて、もしもオランがその人に食物をとって欲しいのならば、彼女は、食物のありかだけでなく、鍵のありかも教えねばならない。そうでなければ、その人は食物を得ることができないからである。

通常の試行に注意深く混ぜて行った、最初の6回の実験試行では、ドナは、人間が間違った場所を探そうとする前に鍵の場所を指し示すことはなかった。まさに最初の試行では、彼女は単に食物を指しただけであり、人間がいつもの場所に鍵を見つけることができなくても、何の助けも与えなかった。その人は、箱を開けて食物を与えることができずに、部屋から出なければならなかった。しかし、その後の数日にわたって行われた5回の実験試行では、人間がいつもの場所で鍵を探したあとで、オランはすぐに鍵の隠されている場所を指し示した（その場所は、実験ごとにいつも異なっていた）ので、この5回の試行ではいつも、人間は最後には鍵を見つけることができ、箱を開けて彼女に食物を与えることができた。

このオランの反応は知的である（人間が何をしなければならないかをよく理解していることを示している）が、人間が何を知らないかの状態を理解する能力を示しているわけではない。鍵を指し示すのは、人間の知識が間違っていることへの反応ではなく、人間の行動が間違っていること、彼が鍵を見つけられなかったことへの反応である。それゆえ、このことは、心の理論の能力を示しているわけではないのだ。

騙しの衝動

そこで私たちは、異なるコンテキストを用いた、第二の実験に入ることにした。子どもの心の理論に関するいくつかの研究では、問題をどのように説明するかによって、子どもの成績が上がることが示されていた。物体の場所が変わったのは、偶然にそうなったのではなくて、エージェントが主人公をだまそうとしているから、またはからかおうとしているからだと説明すると、子どもたちの正答率は上がるのである(Núñez and Riviére, in press)。このことは、人間に関する他の発見とも合致している。ある種の、論理的には難しい問題も、騙しの可能性が含まれているというコンテキストにおくと、驚くほど理解が進むのである(Cosmides, 1989)。

私たちは、ドナに対する決定的な実験でも、そのような方向に変えてみることにした。最初の人間が鍵を予期せぬ新しい場所においていくのではなく、彼がいなくなったあとで、まったく別の人間が不意に入ってきて鍵の場所に行き、新しい場所に隠してしまう。そして、次の人間が入ってくる前に部屋を去るのだ。ドナは、まったく新しい人間が入ってきたことに警戒し、その人の一挙手一投足に注意を払っていた(その人に唾を吐きかけたことも数回あったが、これは攻撃的な行動である)。こういうシナリオにしたところ、結果は劇的に変わった。新しい人間が出てきた7回の試行において(どれも、通常の試行をはさんで別の日に行われた)、ドナは、次に入ってきた人が鍵を見つけられないというサインを出す以前に、鍵と食物のありかの両方を教えたのだ。彼女はいまや、この人はどこに鍵があるのかは知らないのだろうから、教えてあげねばならないということを知っているかのように行動した。そして、彼女が、食物と鍵の両方を指したことを思い出そう。鍵だけを指し示しても不十分なのだ。

オランが、新しい鍵の場所についてこの人は知らないということに反応しているのであって、普段と違う場所に鍵があるということに反応しているのではないことを確かめるために、私たちはいくつもの対照実験を行った。もっとも重要なのは、次のような実験である。いくつかの通常の試行では、二番目の人がドナに食物を与えたあと、いつもの場所に鍵を返さず、別の隠し場所においていく。さて、次の試行のときには、鍵は普段の場所ではないところにあるが、その人はその場所を知っているので、教えてあげる必要はない。これらの試行では、オランは確かに鍵の場所は指し示さなかったのだ。彼女は、普通でない置き場所に反応していたのではなく、その場所と人間との関係に反応していたのだ。

それゆえ、見知らぬ人間が現れる警戒状態では、人間と物体との間の関係に関する何らかの計算が活性化され、「知っている」状態と「知らない」状態がわかるようになるらしい。この状況の重要さをさらに確かめるために、私たちは、よく知っている人間が予期せぬ場所に鍵を移してしまうという、重要な実験をいくつか行った。今回は、その人は、前から部屋の中にいた人だった。実験の状況を撮影していた写真家である。適当なときに、写真家は不意にカメラを床に置き、鍵の場所を変えてから、また撮影に戻る。このようにして行われた6回の試行のうち4回で、ドナは、鍵の場所を指し示した。彼女の成績はそれでもよいほうだが、鍵を動かしたのが見知らぬ人間であった場合よりも成績は落ちていた。

それゆえ、オランウータンは、主体と物体との間の過去の関係を表象し、協力的なコンテキストにおいて、エージェントの注意を特定の目標物に向ける能力を制御することができる。ある意味で、この能力は、ヘアら（2001）がチンパンジーで見出したものと同じ能力なのだろう。私たちの研究では、オランウータンは、この表象を単に自分の物体に対する行動の指針としたばかりでなく、他のエージェントに、彼が知らない目標を指し示すことによって、エージェントの行動を制御する指針ともしたのであるから、チンパンジーの能力を超えている。その意味で、これは、指示的コミュニケーションにおける「適切性」の例といえるだろう。

オランのドナが最初に、人間が間違った場所で鍵を探そうとし始める前に鍵の場所を指し示すことができなかったのは、気がそらされていたか、この状況で何が求められているのかの理解が部分的に欠けていたからであり、彼女がのちに成功したことこそ、彼女の真の能力を示しているのではないかと思いたくなる。しかし、ヘア（2001）の議論の線に沿って言えば、騙しの可能性やゆるやかな脅威が彼女の成績を上げたことは、類人猿における「知る」カテゴリーを活性化する表象の種類には限界があることを示しているのかもしれない。事実、見知らぬ人間が出てくる文脈を、競争者のいる状況を示すものとすれば、これは、ヘアとコールとトマセロ（2001）の結果との興味深いリンクを生み出すものと言えるだろう。ただし、私たちの実験では、競争的な文脈は、協力的な問題における心的計算を活性化したのであった。

ヘアらや、ゴメスとテイシドールの設計したものにそって、より多くの実験を行えば、私たちが明らかにしつつある類人猿の心の理論能力の一般性について、もっと理解が進むことだろう。

ヒト以外の霊長類には心の理論があるか？

この質問に対する答えは、この能力をどう定義したいと思うかによる。内的で観察不可能な実体としての心的状態を、正確な形式で表象する能力と定義しようとすれば、ヒト以外の霊長類は、そのような心の理論は持っていない可能性のほうが高いだろう。もっとひろく心の理論を定義し、心的状態を表象するやり方にはいくつもあり、心的状態自体にも複数があるということを受け入れるならば（たとえば、明示的なものとそうでないものなど）、この章で眺めてみた証拠は、霊長類の中には異なる形の心の理論が存在することを示しているだろう。

進化的および発達的視点から見れば、この二番目の視点のほうが理にかなっている。その理由の一つは、それが、一番目の説をも包含するからだ。つまり、明解な形での心的理解は、人間の進化の段階で初めて出現した可能性である。

一つの可能性は、ヒト以外の霊長類は、注意や意図などの外から見える心的状態を、「ダニーは私を見ている」や「マークはバナナを取ろうとしている」などの形で表象するだけであり、知ることや信じることなどの隠された心的状態は、ヒト以外の霊長類の理解の外にあるというものだ。しかし、ヘアら（2001）や、ゴメスとテイシドール（1992）の結果は、類人猿も、少なくとも知ることと無知なことに相当する表象は可能なことを示している。このことは、彼らが、観察不可能な心的状態も表象できることを意味しているのだろうか？　ある程度はそうなのだろう。それは、彼らが、障壁の後ろにあるものとして、隠された物体を表象したり、見えない間にその物体に何が起こったのかを想像したりすることができるのと同じ意味においてである（ピアジェの見えない物体の置き換えのように。第3章参照）。しかし、この場合、物体と隠れた出来事とは、単に状況によって見えないだけで、その他のときには見えている。霊長類が理解しているのは、今のところそれが見えているかいないかはともかく、世界の中での物体の永続性の理解である。最低限でも、ヒト以外の霊長類は、注意や意図などの明らかな心的状態に関しては、同様のことができるはずだ。つまり表面的には変化が起こっても、それを保存することができるはずだ。たとえば、あるチンパンジーが1分前にバナナを取ろうとしていたのならば、いまやそれが見えないとしても、彼はやはりその意図を（おそらく、彼自身の中に）持ち続けているだろう、ということだ。同様に、もしも誰かが何かを見ることがあったなら（バナナがどうやってAからBに移されたか）、チンパンジーは、その人と物体の置き場所との関係を覚えており、のちに、その人はそこに行って物体を探すだろうと予測できるのかもしれない。

心的理解の多様性

複雑な社会的出来事に対する類人猿の見方が、人間どうしの相互交渉について私たちが心の中で考えているような、言語で媒介された描写と同じものであると考える必要はない。おそらく、類人猿の表象はもっとずっと明確でなく、時間的にも狭く（過去にも未来にも）、基礎となる核である心的状態も異なるのだろう。

たとえば、チンパンジーその他の霊長類には、誤表象（誤信念）の概念はないかもしれないが、意図、注意、知識について彼らが理解していることは、彼らの社会行動を、私たちのそれとだいたいにおいて驚くほど似たものにさせ、ときには詳細にいたるまで同じように見せるには十分なのだろう。この類似は単に表面的なものにすぎないと考える研究者もいるが（Povinelli, 2000）、その人たちは、人間だけが、まったく新しい、進歩した認知能力をもって、他者の行動を心的方法で解釈することができるのだと考えている。しかし、類人猿が、見ること、注意すること、意図することを、その「明確な心的状態」のバージョンで理解して使っている、「原始的な」認知メカニズムは、すべての心的表象の根源にあるのかもしれない。マキアベリ的葛藤のエピソードの骨子は、何が起こっているのかのチンパンジーの理解の中に存在するのだろう。しかし、その詳細、過去や将来にわたっての延長、そしてさらに高次なレベルでの分岐（「彼女は彼に、私があの日、彼に自分を印象づけようとしていたことを彼は知っているかもしれないと私が思っていることを話したのだと、私は思うわ」）は、ヒト以外の霊長類では存在しないか、非常に限定されているのだろう。

心的表象にはいくつもがあるというこの考えは、発達認知科学の中心課題に関連して、とくに興味深い。それは、自閉症のような症例の説明である。自閉症の人は、他者の心的表象がことさら困難であると報告されている（Baron-Cohen, 1995）。自閉症の人々の一部は、心的状態とは何か、それがどのように働くのかの基本を理論的に理解することはできる。とくに、心的状態とは、誰かの頭の中に存在する何かだという概念はよく理解できるようだ（Swettenham et al., 1996）。しかし、彼らですら、実生活における社会的な出来事の骨子（そして、多くの詳細）を理解するのは難しい。最近の証拠によると、彼らの困難は、社会的なシナリオにおいて適切な情報に注意を払う能力から始まっており、とくに、他者の目に注意を払い、自発的に彼らの視線や身振りを、彼らの注意の対象にまで追うのが困難であるようだ（Klin et al., 2002）。このような心的障害の一部は、他者の心的状態を、内的で観察不可能なものとして表象する能力とは関係なく、人間とその人の注意の対象である物体との基本的な連結を検知する能力、および、抽象的な心的概念を、誰が誰に対して何を、どういう目的で行おうとしているのかというアウトラインに明確化する能力と関連しているようである。チンパンジーその他の霊長類は、社会的な世界の意味を理解するための、こうした基本的な心的スキーマの原始的なものを持っているのだろう。自閉症の人々は、このような、より原始的であって、同時により基本的な表象、その本質が心の内的で観察不可能な性質にあるのではなく、心的世界のより基本的な性質、哲学者が、～について、または志向性と呼ぶものに存在する表象に、特別の問題を抱えているのだろう（Lycan, 1999）。この見方によると、何かが心的であるのは、それ以外の何かを指しているとき、または、何かについてであるときだということになる。つまり、それは、それ自身の部分ではない内容によって補完される必要のあるとき、ということだ。たとえば、人はつねに何かを見て、何かを意図し、何かを考えている。その意味では、主体が何かに注意し、何かを意図している外的な行動の表象は、その人を、何かについての存在として描いているときに、心的となるのである（Gómez, in press）。

まとめ――心の窓

霊長類のもっとも特徴的で他とは異なる特徴の一つは、2つ並んだ目と複雑な筋肉のついた顔面であり、それらの多くは、表出行動を支えるためだけに進化してきたようだ（Huber, 1931）。情動的な表出と視線の方向の組み合わせは、霊長類の顔を、多くの霊長類の心的状態を他の霊長類に「宣伝」し、読み取られるべき窓としている。人間の社会生活で中心的な役割を果たしている、心の理論として知られる特別な能力の集合は、社会的な劇場において、情動と意図とを外に表すこの傾向を進化的背景にして理解されねばならない。

最近の証拠は、霊長類は、他の霊長類の行動を、互いに、ある特定の目標に対してある特定のやり方で連結しているものという意味で、意図を持ったものと認知していることを示している。物体の認知の領域と同様、特定のカテゴリー化や、意図および注意に関する情報が処理されるやり方には、種ごとに違いがあるらしい。人間は、心的状態を計算する、新しくて強力な形態を進化させたようだが、それによって、もっと基本的な心的理解のやり方がなくなってしまったわけではない。そうではなくて、人間はおそらく、明確な心的解釈を保存しているばかりでなく、その新しい形態を進化させたのかもしれない（言語が非言語コミュニケーションをなくしてしまったわけではなく、それらを統合し、ともに進化したのと同様に）。意図、注意、そしておそらく何らかの知識の形態の理解は、霊長類が他の霊長類を理解する心に、比較的広く見られる要素なのだろう（少なくとも類人猿の心には）。

第9章

社会的学習、模倣、そして文化

霊長類の特徴の一つは乳児期が長いことで、その間彼らはずっとおとなに依存し続け、おとなは彼らを助け、保護しなければならない。サルの赤ん坊は、最初の数ヵ月はどこへ行くにも母親に運ばれ、母親の見守る中で世界を探索するが、まわりには集団の他個体がつねにたくさんいる。類人猿の赤ん坊は3年以上もそのような依存状態で過ごし、その後も数年にわたって母親と緊密な関係を保つ。このことは、霊長類の赤ん坊が物理的および社会的世界に最初に触れるのは、母親や集団の他個体と一緒にいるときであることを意味している。このことは、必然的に、彼らが経験する世界の性質を作り上げ、彼らがそれをどのように経験するのかにも影響を及ぼす。霊長類の発達は、そのほとんどが社会的に媒介されているのである。

類人猿、発話、文化に関するレフ・ヴィゴツキーの考え

人間の認知において社会的な媒介が果たす特徴的な役割は、発達心理学で非常に影響力の大きい独創的な理論の一つの礎石となっている。それは、レフ・ヴィゴツキーの文化＝歴史理論である。このロシアの心理学者は、1930年代に仕事をした。彼は、類人猿に関するケーラーの研究について情熱をもって書いたが、チンパンジーの道具使用についてのケーラーの発見が、いかに知能の生物学的な基礎を疑問の余地なく示しているかをとくに強調した（Vygotsky, 1930）。彼はまた、人間の知能が、もっとも独特な方法によってこの生物学的な基礎を遥かに超えるものになったことも強調したが、その方法とは、個体の認知発達の社会化である。ヴィゴツキーの考えによれば、人間の心は、人間という種の進化的歴史の産物であり（生得的な適応）、個体が個体発生の過程でその固有の環境に対してこれらの適応を発達させていく方法であるばかりでなく、その個体が発達していく集団の社会的歴史の産物、つまり、文化の産物でもあるのだ。歴史とともに、これらの集団は知識と行動パターンを蓄積してきたのだが、それには、人工的環境（特定の文化によって製造された物体）と、集団の新しいメンバーが獲得せねばならない知識の総体（それらの物体をどうやって使うか）の両方からなっている。ヴィゴツキーによれば、社会的学習は、文化によって蓄積された知識を共有するための便利な方法であるばかりでなく、人間の知能を特別なやり方で形作る力であり、もっとも高等な類人猿の知能とも異なるものにさせているのである。人間の赤ん坊の認知

発達は、初めから彼らを取り巻くおとなたちによって媒介されており、このことが、自然の認知と文化的な認知との独特な統合を生み出している。その産物が人間の独特の知能であり、それは、生物学的な進化と文化的歴史的進化との、前例のない組み合わせなのである。

この考えをもっとよく表すものとして、ヴィゴツキー自身の研究をあげよう。ケーラーによるチンパンジーの実験について知った直後に、彼は、いろいろな年齢の人間の子どもでケーラーの結果を再現しようとした。彼と共同研究者たち（Vygotsky, 1930）は、子どもたちに、おもちゃを取るには棒が必要だったり、目標物に到達するためには椅子を動かしてそれに登る必要があったりする、実行上の問題を与えた。その結果は、子どもたちは多くの面でチンパンジーと同じように行動したのだった。彼らは、同じような解決方法を編み出したり、同じような誤りを犯したりしたのだが、そこには一つだけ非常に重要な違いがあった。最初から、人間の子どもたちは問題解決の途中にずっと話しており、彼らを見ているおとなから助力を得ようとした。彼らは、あたかも助けが得られることを期待しているかのように振る舞い、自分たち自身で問題を解かねばならないのだということを認識していなかった。問題解決行動のあいだ中ずっと話しているということに関連して、ヴィゴツキーは、子どももチンパンジーも物体を制御するのに棒を使うことができるのと同様に、年上の子どもたちは（しかし、チンパンジーはできない）、自分の思考と行動を制御する道具として発話を使うことができるのだ、と考えた。彼らは、問題解決しようとしている間に、何を見つけるべきか、次に何をするべきかを自分に言い聞かせているのだ。しかし、年下の子どもたちの研究が明らかにしたように、この発話による制御機能はもともとは、子どもたちがおとなから助力を得ようとしておとなに向けた発話、そして、おとなが彼らを助けようとするときに彼らに向ける発話という、社会的発話に端を発しているのである。ヴィゴツキーの指摘は2つある。最初から子どもたちは、いろいろな方法で自分たちを助けてくれるおとなに囲まれて問題と向き合う。そして、助力を得るための基本的な手段は、言語や、その他の信号やシンボルの社会的使用を通して行使され、それが最終的には内在化され、個々の子どもが自分自身の行動を制御するために使われるようになるのである。人間にとっては、道具使用はもはや個人の知能の問題ではなく、文化と社会的媒介の中に組み込まれた社会的活動なのである。この「文化的歴史的」線に沿った心理の発達は、ヴィゴツキーの考えでは人間に固有であり、人間の知能が他の類人猿の知能よりも優れているおもな理由である。類人猿には知能があるが、人間には知能と文化があり、この2つの組み合わせが、人間の知能の独特な形を生み出しているのである。

人間の発達に関するこの社会文化的考えは、その後も受けつがれ、ブルーナー（Bruner, 1975）などの研究者によって拡張されてきたが、とくに言語獲得との関係において、最近ではトマセロ（1999）がこの考えを発展させている。トマセロの理論はとくに興味深い。なぜなら、彼は、ヴィゴツキーと同じように、ヒト以外の霊長類と人間の認知とを正確に比較した結果、人間の認知を特別なものにしているのは、文化的学習と、それに付随する認知能力だ（たとえば、模倣や心の理論）と結論しているからだ。

本章で探求する疑問は、文化は人間に固有の適応形態なのか、どの程度そうなのか、ということだ。それとも、知能と文化的適応の組み合わせは、霊長類の発達に共通したパターンなのだろうか？

社会的学習と文化的適応

「文化」という言葉をはっきりと定義するのはたいへん難しい。ギブソン（Gibson, 2002）は、そこには2つの意味が含まれているという。広い意味では、文化とは、ある集団の中で社会的学習を通して伝えられ、維持されている行動や思考の様式（慣習）を指す。もっと狭い意味では、文化とは、特定の集団を特徴づける行動や思考の様式を明確に表した、象徴的表象の集合を意味する（Gibson, 2002）。この狭いほうの意味では、文化が人間に固有のものであることに疑問の余地はないだろう。言語を含む明確なシンボルを生産するのは人間だけだからだ。もっと広い、より包括的な意味では、文化的適応は動物界により広く見られるかもしれない。

広い意味での文化に関する鍵となる疑問は、ヒト以外の霊長類はどの程度、社会的学習によって適応的行動を伝達し、維持していくことができるのか、ということだ。多くの霊長類が、新しい適応的行動を発見する能力があることは（たとえば、道具を使わずには得られないような食物を得るために、道具を使うこと）、前章で検討したことから明らかだ。しかし、霊長類のグループの一員がそのような発見をしたとき、その恩恵を得るのはその個体だけなのだろうか？　それとも、他のメンバーも、発見者から新しいスキルを学習することができるのだろうか？　さらに、霊長類は、集団内でなされた有用で適応的な発見を、世代を超えて維持し（若い世代はそのスキルを上の世代から習うのだろうか）、こうして本当の意味での文化的適応を獲得することができるのだろうか？

長年にわたって、文化的適応は人間に固有のものだと考えられてきた。チンパンジーが知的なやり方で道具の使用を発見することを科学界に知らしめた本人であるケーラーでさえ、文化のどのような形態も、チンパンジーの心的能力を超えていると考えていたのだ（Köhler, 1927）。だからこそ、１９５０年代と６０年代に野生霊長類学者が発見したことは、驚きだったのだ。それらの発見によれば、適応の形態としての萌芽的な文化は、サルや類人猿にも見られるというのである。

幸島のサルの芋洗い

最初の、そしてもっとも有名な例の一つは、日本の幸島という島に住んでいる小さなニホンザルの集団で起こった。日本の霊長類学者が最初にこの群れを研究しようとしたとき、サルたちは人間を恐れて山の中に隠れてしまい、観察するのは困難だった。そこで霊長類学者は、彼らを観察しやすいような比較的開けた場所に餌を置いておいた。それは功を奏し、徐々にサルたちは与えられた餌を食べ始め、人間の観察者の存在を受け入れるようになった（Kawai, 1965）。

彼らが与えられた餌の一つはサツマイモであった。それには泥がついていた。最初から、サルたちは片手に芋を持ち、もう一方の手で芋をきれいにして食べていた。彼らは、自然の食物でも同じようなことをしていたのだろう。

ある日、イモという名前のサルが違うことをした。彼女は芋の山を抱えて近くの流れに行き、芋の一つを水の中に置いた。そして、普段のように芋をこすったのだが、それを水の中で行うという発明をしたのだ。彼女はその日これを数回やり、次の日も繰り返した。この、芋を洗う新しい発明（おそらく、より効率がよい）は、彼女の行動レパートリーの一つとなった。イモのこの発明は、霊長類個体の行動の可塑性の一例として終わるはずだったのだが、その後の数年にわたって、あることが起こった。

1ヵ月後、イモの仲のよい友達も水の中で芋を洗い始めた。4ヵ月後には、イモの母親と別の雌も芋を洗っているのが観察された。少しずつこの行動は群れに広がり、イモが幸島で最初の芋洗いをしてから5年後には、2歳から4歳の若いサルの80パーセントが芋洗いをするようになっていた。その4年後には、幸島のサル全頭のおよそ4分の3が、水の中で芋を洗うようになっていた。この年月の間に、芋洗いの習慣自体も変化した。川の真水で洗うのはやめになり、海の塩水で洗うほうが好まれるようになった。事実、あるときからサルに与えられる芋にはもう泥がついていないようになったので、洗う必要はなくなったのだが、それでも、「海水で洗う」行動は続いた。おそらく、サルたちが最初に海水で芋を洗ったときに、こちらのほうが味がよくなることを偶然に発見したからなのだろう。多くのサルが今では芋を海水につけ、一口咬んで、また海水につけ、また咬むということを繰り返している。芋洗いは、芋の海水浸しに変わったのだ。

この発見をした日本の研究者は、彼らが記録したことは、霊長類社会における「前文化的」行動の確立であると示唆した。まず第一に、ある1頭のサルが、適応的な価値のある新しいタイプの行動を発見した。そして、その新しい行動が、集団内の他のメンバーによって徐々に採用されるようになった。それは、まずは最初の発見者と一緒に過ごす時間の長い個体から始まり、それから他の個体、たいていは、すでに芋洗いのテクニックを習得した個体の友達や親類に広がった（Kawai, 1965; Hirata et al., 2001）。芋荒いが始まった最初の年には、この伝達はつねに若いサルから年上のサルへと広がった。しかし、イモなど、芋洗いが発見されたころに子どもであったサルが成熟し、自分たちの子どもを持つようになるやいなや、驚くべきことが起こった。芋洗いをしている母親に生まれた赤ん坊たちは、この行動をとるのに必要な運動機能が整うとすぐに、もう芋洗いをするようになったのだ。この発見を最初に報告した日本の霊長類学者の一人である河合（1965）が述べているとおり、芋洗いは、もはや集団の中で自然な行動となったのであり、集団の他の行動と同じように、新しいメンバーが自然に身につけていったのである。

日本の研究者は、これ以外のニホンザルの集団においても、前文化的な行動の獲得や拡散の多くの例を観察した。あるものは非常に単純で、キャラメルのような奇妙な新しい食べ物を食べることの学習や、海に入ることの学習であった。他のものは、芋洗いと同じように複雑な行動だった。たとえば、砂に混じった小麦を一握り海水に蒔き、小麦と砂を分離させ、おそらく味もよくするという行動だが、これもまた、芋洗いを発明したのと同じイモが始めたことだった。これらの新しい習慣のほとんどには共通点があった。それは、人間の介入によって触発された行動であり、そのほとんどが、不自然な場所（海岸など）で新しい食物（サツマイモ、コムギなど）をサルに与えることから始まっていた。

幸島のサルは、どうやって芋洗いをするようになったのだろう？　普通に思いつくのは、それが拡散していったメカニズムは、何らかの形の模倣であろうというものだ。イモの友達は彼女が芋を洗っているところを見て、水の中で芋をこすり合わせる行動をコピーしたのだろう。他の個体も同様にし、母親が芋洗いをするのを見ていた赤ん坊たちは、確実に、自分が見たものを模倣するのに何の問題もなかったはずだ。

その当時、模倣は、霊長類の間で自然に見られる行動の形態と考えられており、一個体の発見から新しい食物獲得の習慣が確立されるに至った、この驚くべき出来事の連鎖のもとには、模倣があるように見えたのである。

それでも河合とその同僚たちは、行動が拡散していったメカニズムは不明であると注意深く述べている。しかし、彼らは、拡散のパターンから見る限り、何らかの社会的学習が関与していることは確信していた。芋洗いを二番目に獲得したのはイモの友達であり、そして彼女の母親、そして、他の友達、そして、イモの友達が属していた血縁グループの他のメンバーへと広がっていった。最後に、新しい世代のサルたちは、この行動を母親から学習しているようであった。

河合（1965）は、赤ん坊がどのようにして芋洗いを身につけるかを描写している。赤ん坊は、母親が海辺で芋を洗っているときに一緒にいる。赤ん坊は、生後数週間は母親のミルクしか飲んでいないが、母親が芋洗いをしているときには腹にしがみついている。そこで、赤ん坊たちは、ごく早い時期から海水にさらされるのだが、初めのうち彼らがやっているのは、ときどき手で海水をばしゃばしゃ叩くなどのことだけだ。のちに（生後6ヵ月）赤ん坊は、母親が偶然水の中に落とした芋のかけらを拾って食べるようになる。彼らは、母親が芋を海水につけて食べるところを見ているが、生後1年を過ぎなければ、自分で芋を海水につけてみようとはしない。すべてのサルがこの行動を1歳から2・5歳の間に獲得する。河合が指摘しているように、このような観察だけでは、赤ん坊がこの習慣を獲得する正確なメカニズムを明らかにすることはできない。しかし、教科書や一般向けの書物で好まれたのは（Jolly, 1972; Napier and Napier, 1985）、能動的な模倣による観察学習という説明であった。

チンパンジーにおける道具使用の伝統

前文化的伝統の例として、さらに劇的で、完全に野生での観察からもたらされたのは、チンパンジーの道具使用の技術であった。1960年代に、ジェイン・グドール（Goodall, 1968, 1986）は、タンザニアのゴンベ公園の野生チンパンジーが、驚くべき行動を見せることを観察した。彼らはシロアリの塚に行って、自分の手でそこに穴を開け、その穴を通して細長い葉柄や細い枝を差し込み（ときには、これらの道具を遠くから運んでくることもあった）、しばらくしてからゆっくりとそれらの枝などを引き抜くと、そこにはシロアリがたくさんついているのだ。チンプは、すばやくシロアリを口に持っていって食べてしまう。のちに、シロアリ釣りはゴンベのチンパンジーに特徴的な行動であることがわかった。彼らがこの驚くべき採食行動にかかわるのは、1年の間の数週間だけである。それは、シロアリが巣の中で活発に動き回る雨季である。彼らがシロアリの塚を調べ始めるときには、このシーズンの到来を期待しているかのようである。おとなも子どもも雄も雌も、ゴンベのチンパンジーのほとんどすべてはシロアリ釣りをするが、そのほかにも、アリを掘るなど、道具を使う必要のある採食行動をする。

グドールの発見はたいへん重要であった。なぜなら、それは、野生のチンパンジーが自然の行動として道具を使うという、それまで噂されたり、逸話的に報告されたりしかしてこなかったことを、体系的な野外研究によって初めて世に示したからだ。そのすぐあとで、アフリカの他の地域に住んでいる他のチンパンジーの集団も道具を使うが、その目的も道具も異なることがわかった。たとえば、象牙海岸のタイ森林に住んでいるチンパンジーは、石をハンマーに使って非常に堅い木の実を割り、中の実を食べる（Boesch and Boesch-Achermann, 2000）。ゴンベのチンパンジーも木の実を食べるが、彼らは、自分の歯でそれを咬んだり、木の実を大きな木の幹や岩に打ち付けたりして開ける。彼らが石のハンマーを使うことは観察されていない（それで、彼らが開けることのできる木の実は限られている）。

これらの観察の重要性は、チンパンジーの自然な行動の中に道具使用が組み込まれていること以上のところにある。どんな道具が使われるかに地域変異があるということは、物質文化の萌芽的表れであるかもしれない。つまり、系統的または個体発生的な適応の産物ではなく、個体の発見が特定の集団内に伝達されて維持されていくような、獲得された行動の可能性がある。ゴンベのチンパンジーは、枝や草の茎でシロアリを釣ることを発見し、それを維持してきたが、タイのチンパンジーは、石をハンマーに使って木の実を割ることを発見し、それを維持してきたということだ。

このようなチンパンジーの技術は、もうすでにそれが固まった習慣として成立したところで観察されたのだが、幸島のサルたちで日本で霊長類学者たちが知らず知らずのうちに引き起こし、観察してきたのと同じ、何らかの文化的拡散の産物であるというのが、仮定である。

もちろん、シロアリはゴンベにしかおらず、堅い木の実と石はタイにしかないのであれば、それぞれの行動タイプがその地域にしか見られなくても不思議はない。それは、文化にも社会的学習にも関係がないだろう。しかし、同じ種類のシロアリや木の実は多くのチンパンジーの集団内で手に入るにもかかわらず、先に述べたような技術を使ってそれらを利用しているのは、集団の一部だけなのだ。そこで、研究者は、何らかの形の文化伝達がかかわっているに違いないと確信したのである（McGrew, 1992）。*

さらにチンパンジーの研究が進むと、これらの地域的なテクノロジーの存在が確認されたばかりでなく、ある特定の集団に固有と思われる道具使用が、ほかにもたくさんあることがわかってきた。アリを掘ること、つぶした葉をスポンジにして水を得ること、蜂蜜を舐めること、などだ。文化的習慣の中には、葉をちぎりとることを社会交渉の一形態にすることや、毛づくろいの特別な姿勢など、道具使用という領域を超えたものも含まれていることもわかった（McGrew, 1992 ; Menzel, 1973a ; Wrangham et al, 1994）。最近の体系的な研究では、ホワイテンら（1999）は、7つのチンパンジー集団に39種類もの文化的適応が見られることを示している。それぞれの集団は、典型的な行動パターンのセットを持っており、その一部はその集団に固有で、他のものはいくつかの集団で共有されている。それらを支える生態学的な条件は、すべての集団、またはそういう行動を見せないいくつかの集団にも共通に整っているにもかかわらず、これらのパターンがすべてのチンパンジーの集団に見られることはない。著者らは、これは、それぞれの集団が、そこにおいて世代から世代へと社会的に伝達されてきた、固有の獲得された適応からなる異なる文化を持っていることの強い証拠だと主張している。チンパンジーは、文化的プロセスの前駆的なものを示しているだけではなく、本当に文化を持っているのだ。最近、オランウータンでも、いくつかの道具使用行動を含む同じような主張がなされている（van Schaik et al, 2003）。

このような文化の主張に対して、反論がないわけではない。認知科学者からあげられたおもな疑念の源

＊トマセロ（1990）は、表面的に生態的な類似性があるからといって、まだ発見されていない非類似性が隠されていないとは確実には言えないと論じて、この推論に反論している。

泉は、これらの適応の社会的伝達と見えるプロセスには、どんな認知メカニズムが働いているのだろうか、という問題だ。子どものチンパンジーが、どのようにしてその集団で行われているいくつかの技術を学習するのか、もう少し詳しく見てみよう。

野生の若いチンパンジーが道具使用をどのように学習するか

グドール（1968, 1973）は、シロアリ釣りの技術が獲得されるまでの長い道のりについて、詳しく描写している。生後1年間は、子どものチンパンジーは、母親がシロアリを釣っている間にしっかりとそれを見ており、偶然下に落ちてきたシロアリを食べることもある。彼らは、ときおり、母親が捨てた枝や草の茎を拾い上げ、それで遊ぶこともある。生後2年目になると、チンプはまだ母親の行動を観察しているが、幅の広い草の葉を取ってそれを引き裂いたり、長い葉の軸の端を咬み取ったりするようになるが、これらはすべて、シロアリ釣りの道具の準備となるべき要素である。それでも、彼らはまだ自分でシロアリ釣りをしようとはしない。

2歳から2・5歳の間になると、チンプの子どもは、母親が今使ったばかりのシロアリの穴に、草の茎や枝を差し込んでみるようになるが、彼らの道具もテクニックも不適切である（彼らは、おとなが選ぶのと同じ種類の枝や茎を選ぶのだが、彼らのものは短すぎる）。彼らは適切な握り方をし、正しい穴（おとなが使いやめたばかりのもの）に道具を差し込むのだが、彼らはまだ浅くしか入れず、十分な時間道具を持ち続けておらず、引き出す行動が早すぎ、釣り時間が非常に短い。その結果、彼らはほとんど1匹のシロアリも釣れない（彼らが少なくとも1匹のシロアリを食べられるのは、全挿入試行の10パーセント以下だ）。

おもしろいことに、努力に対する報酬の率がこれほど低いにもかかわらず、若いチンパンジーはこの試みをあきらめず、3歳後半ともなると適切な道具を選び、それを使う技術はどんどん上達する。彼らは、いまやもっと長い枝を選ぶ（たいていはやわらかすぎるし、太すぎることもあるが）。彼らは浅くしか入れない過ちをまだときどき犯すが、おとなと同じように、手を後ろにずらして、棒をさらに深く押し込めることができるようになる。彼らはまた、もっとゆっくりと棒を引き出すことを学習するが、穴の入り口との間であまり摩擦を起こしてしまうと、せっかく棒についてきたシロアリがみな中に落ちてしまうということをまだ学習していない。チンパンジーが、おとなの技術に相当するくらいに習熟し、自分でやってみて十分にアリを食べられるようになるのは、やっと4歳からである。グドールは、4歳になっても十分なシロアリ釣り行動を習熟させられなかったチンパンジーは1頭しかいなかったと報告している。その子どもは2歳のときに母親を失くした孤児だったのだ。

グドールは、子どものチンパンジーがシロアリ釣りの技術を発達させるのは、「個別の学習と模倣の組み合わせ」だと結論している（Goodall, 1968, p.210）。井上－中村と松沢（Inoue-Nakamura and Matsuzawa, 1997）は、ギニアのボッソウに住むチンパンジーの赤ん坊で、木の実を割る技術の発達が同じように非常にゆっくりとしていることを報告している。そこでも、チンパンジーの子どもは、この採食技術を獲得するために、個体学習と社会学習の双方を使っているようだ。

まとめると、野性のサルやチンパンジーは、獲得した技術を世代から世代へと伝達することができるようだ。このことは、彼らには前文化的適応、もっと大胆に言えば（Whiten et al., 1999）、完全な文化的適応が可能だということを示唆している。技術の伝達プロセスにかかわっている認知メカニズムは、個体学習と社会学習の混合であると仮定されている。社会学習の要因は、伝統的には模倣を通してであると考えられ、模倣は、サルや類人猿に広く見られる能力だと仮定されてきた。

霊長類の文化に対する批判

1980年代の後半、いくつもの研究室での実験から、サルや類人猿はよく模倣ができるという伝統的な仮定に疑問が投げかけられるようになった。ある実験で、ヴィッサルベルギとフラガシ（Visalberghi and Fragaszy, 1990）は、泥のついた食物と洗面所とを与えられたキャプチン・モンキーは、模倣などなしに数分のうちに食物を水で洗う行動を発達させることを発見した。さらに、すでに食物を水で洗う行動を始めているサルの行動を見る機会を与えられた、まだ洗わないサルは、この行動を忠実にコピーすることはなかった。モデルを観察することは、彼らが食物を水に入れる確率を高くしただけで、食物を洗う行動には導かなかったのである。食物を洗うには、この行動を自分で発見して洗うようになったサルが示したのと同じような、個別の探索の期間を経る必要があったのだ。それゆえ、個別の発見と表現するほうがよいだろう。

トマセロたち（1987）は、手の届かない場所にある食物を熊手で取ることを知らないチンパンジーが、その使い方を知っている同種の他個体を見ると、彼らも熊手を使って食物をとろうとするようにはなるのだが、モデルが見せているテクニック、動きの正確なコピーは行わないことを発見した。彼らは熊手を自己流に使い、自分のやり方がうまくいかなくて、モデルの行動をそのまままねしたほうがずっとよいときでさえ、動きを正確にコピーすることはなかったのだ。トマセロは、これは確かに観察学習の例ではあるが、重要な行動が複製されてはいないので、模倣ではないと述べた。彼は、チンパンジーのしていることは競合利用（エミュレーション）という言葉で呼ぶべきであると提案した。つまり、彼らは他のチンパンジーが達成しているところを見てその効果を複製しているのであるが、自分自身の手段を用いているのである。彼らがお手本から習ったのは、熊手を使えば目標がかなうということであり、どうやって行うかではないのだ。それは、彼らが自分自身の個体学習で発見せねばならないのである。

　トマセロの考えでは、私たちが日常的に「模倣」という言葉を使うとき、心理学的には非常に異なるプロセスを混同して使っている。模倣では、私たちは行為の動きを複製しているが、競合利用では、それとは対照的に私たちが複製しようとしているのは、自分なりの手段を使って、行為の結果を複製しようとしているのだと、彼は主張する。彼の考えでは、チンパンジーは競合利用しかできないのだろうが、人間は真の模倣ができる（Tomasello, 1990, 1999）。それは、社会的学習の最高峰であり、真の文化的適応はその上に築かれている。彼の見解によれば、それゆえ、チンパンジーは観察学習ができるが、これまで仮定されてきたような模倣のプロセスによってではないことになる。

　より急進的な批判をしたのは、心理学者のベネット・ゲイレフ（Galef, 1992）である。彼は、幸島のサルたちの間で芋洗いが広がったプロセスはあまりにも遅いので、芋を洗う個体の数が増えても、伝達率は少しも上がっていないことを指摘した。サルたちが本当に社会的な学習をしているのであれば、モデルの数が多くなるごとに、集団の他の個体がこの行動を獲得する率も増えるだろうとゲイレフは考えた。それでも、うまく芋を洗うサルの数が何頭いるかとは独立に、技術が伝播していく進み具合は、何年にもわたって同じだったのだ。そこで、サルたちは実は新しい行動を他者から学習しているのではなく、最初にこの技術を発明したサルと同様に、みなが自分自身の探索の過程で個別に発見しているのではないかという、困った結論が出てくる。これでは、人間の文化的適応が社会的に伝達されるのとは大違いだろう。

ゲイレフは、チンパンジーの「文化」についても同じような批判を行った。彼は、子どものチンパンジーの学習が遅いことを強調し（ゴンベのチンパンジーでは、なんとかシロアリ釣りができるようになるまでに4年もかかる）、このことは、この技術がゆっくりと個別学習によって獲得されている証拠であり、母親の行動を模倣しているのではないだろうと論じた。もしそうならば、もっとずっと学習が速いはずである。

観察学習と社会的学習の形態

このような批判に続いた論争は、社会的学習という概念をさらに深く分析し、この機能にかかわっているであろう他のメカニズムについても検討することを促す、重要な帰結をもたらした。模倣と個別学習という二分法は単純すぎるのだ。社会的環境は、個体が何を学習し、何を発見するのかに、より微妙に影響している。たとえば、チンパンジーの例では、グドールの観察によるとシロアリ釣りの学習プロセスは確かに遅い。チンプの子どもは、始めはたいへんぎごちなく、ほとんどシロアリを得ることができない。タイのチンプが木の実を割ろうとするときも同じである。この技能に習熟するには、数年にもわたる試行錯誤と（稀な）成功が必要なのだ。これでは、ゲイレフのように、これは厳密に個体の試行錯誤による学習の結果だと結論したくなるだろう。

しかし、もっとこの状況をよく検討してみると、そうではないことがわかる。まず、子どものチンパンジーがシロアリの塚にそもそも行くのは、母親がそこに連れて行くからである（母親は、子どもをどこにでも連れて行く）。シロアリ釣り行動そのものは、こうしてシロアリ塚にいるときに行われる個別学習の結果であるとしても、この学習は、母親がシロアリ釣り行動をしない限り、起こりえない（または、非常に稀にしか起こらない）。そこで、ここには、直接の模倣やその他の観察学習に頼ることなしに、習性それ自体が、集団の他のメンバーがその習性を複製するやり方に影響を与える基本的な道筋が存在するのだ。

専門的には、この現象は、社会的暴露と呼ばれており、心理学者が作り上げた社会的学習のリストの中では非常に低い地位を占めている（社会的学習のメカニズムについては、たとえば、Avital and Jablonka, 2000 参照）。なぜなら、このために特別な認知能力は必要ないように思われるからだ。これはたまたま、個体の学習能力と、霊長類における母子の絆の性質とが相互作用した結果にすぎないからである。しかし、こうしてたまたま適切な環境要素にさらされることと、それが学習に与える影響とは、実は、霊長類の母子関係が密接であることとの進化的利点の一つであるかもしれない。

さらに、子どものチンパンジーは、シロアリの塚のあたりに一般的にさらされることだけから利益を得ているのではないだろう。子どもは、母親が操作している物体や、その物体の一部に、選択的に注意をひかれるはずだ。それは、シロアリの塚そのもの、母親が使っている枝、枝を挿入しているシロアリ塚の穴、そして、もちろん、枝や母親の口のまわりのシロアリである。このようにして子どもの注意が選択的に向けられることは、さらに、子どもが同じ物体と目標に働きかける確率を増し、他者の行動を直接的に模倣するようなことに頼らなくても、最終的に自分でシロアリ釣りを学習するようにさせるだろう。心理学者は、この効果を刺激の拡張と呼んでいる。他者の行動によって主体の注意が環境中の特定の刺激にひきつけられることを強調しているのだが、そこで、その行動自身やその効果については何も学習するわけではない。それは、自分で学習するのである。

それに付け加えて、もしもチンパンジーの子どもが母親の行動の効果について何かを学ぶとしたら（たとえば、棒を使ってシロアリの塚からシロアリを取り出すことができる）、彼らは、トマセロが呼ぶところの競合利用をしているのだろう。それは少し上の社会的学習能力ではあるが、母親の行動をコピーすることではない。

チンパンジーその他の霊長類は、ここにあげたメカニズムのどれを使っても社会的な学習ができるが、心理学者の中には（Tomasello, 1999）、他者の行為を見ることによって、どのようにその行動を行うのかを直接的に学習することができる、模倣に必要な特殊化した認知能力は、人間だけが発達させていると考えている人もある。模倣は社会的学習の金字塔であり、トマセロにとっては真の文化の源泉である。しかし、この意味での模倣は本当に人間に固有なのだろうか？

チンパンジーの模倣実験

トマセロ自身、のちに一連の実験を行ったあとで、チンパンジーの模倣能力に関する自身の説を修正した（研究のレビューとしては、Tomasello, 1999参照）。彼らは、18ヵ月から30ヵ月の人間の子どもと、飼育下で母親に育てられたチンパンジーと、人間に育てられたチンパンジーとに、人間のモデルが物を使って一連の新しい行動を見せ、彼らがそれを模倣する問題を与えて、比較を行った。驚いたことに、人間に育てられたチンパンジーは、人間の子どもと同じくらいか、それ以上によく模倣をしたのだ（しかし、母親に育てられたチンパンジーは違う）。トマセロの解釈は、チンパンジーに模倣ができるのは、彼らの発達過程で人間に教育される特別のプロセスを経たとき、すなわち文化化されたときだけだというものだ。人間と相互交渉を持つと、子どものチンパンジーの注意と行動のパターンが変化し、人間に典型的なパターンに形作られるのだ。人間に育てられると、そうでなければ存在しないか、またはあまり発達することのない、新しい認知能力が文字通り開花するのだ。ここでトマセロは、ヒト以外の霊長類の認知発達において、おとなの媒介がいかに強力であるかというヴィゴツキーの考えを延長している。ヒト以外の霊長類のあるものに人間の媒介の様式を適応すると、類人猿の心に変化が起こり、そうでなければ出現しない能力が目覚めさせられるのだ。（プレマックも、半ばヴィゴツキー的な言い方で、類人猿に言語訓練するプロセスの影響について同様な主張をしている。第5章参照）。

人間に育てられたチンパンジーだけが模倣ができるという主張には、他の研究者から批判があがった。

たとえば、ホワイテンら（1996）は、透明ガラスの箱の中に、いろいろな仕掛けで閉じ込められた食物を得る問題を、飼育のチンパンジーに対して行った。人間が、どうやって箱を開けるのかを見せる。チンパンジーの一部は、特定の一連の行動を見せられるが（たとえば、指でボルトを引き出して開ける）、他のチンパンジーは、その物体のまったく同じ部分に対して違う一連の行動を見せられ、その結果は同じ目標に達する（たとえば、ボルトを2本指ではさんでまわす）。そして、チンパンジー自身にその箱を開けさせる。ホワイテンとその同僚たちの考えは、もしもチンパンジーが効果だけに注意を払っているのならば（ボルトを取り出せばよい）、彼らがその効果を複製しようとするときのやり方は、彼らに見せられた特定の方法とは似通っていないはずだというものだ。一部のチンパンジーは、本当に見せられたとおりの行動を再現したのだった（ボルトをねじってまわす）。対照群である人間の子どもたちは、チンパンジーよりも多くの模倣を行ったが、チンパンジーも、モデルの行動を再現するという厳密な意味での模倣が、ある程度はできるようだ。この傾向は、ホワイテン（2000）の別の同様な実験でも確認されている。

トマセロ（1999）は、しかし、ホワイテンが発見したようなわずかな模倣は、実際に競合利用のプロセスだけでも生じてくると述べている（実際にボルトをまわすという行動を複製しようとするのではなく、ボルトが回転する運動を再現しようとすればよい）。

一方、ホワイテン（2000）は、「私のやるとおりにせよ」というゲームを教えられた飼育チンパンジーが、問題解決のコンテキスト以外で、他者の身振りや行動を模倣するというはっきりした証拠を見出した。このゲームでは、人間のモデルがやったのと同じ動作をチンパンジーがすれば（たとえば、鼻に触るなど）報酬がもらえることを教える。最初のうち、実験者は、チンパンジーに正しい行動をするように自分の手で動作を形作ってあげねばならなかったが、最後には彼らは、モデルがするのと同じことをすることを学んだ。いったんこれができるようになってから、チンパンジーは、訓練期間にはやらなかったまったく新しい行動を見せられる（たとえば、耳に触る、人差し指を握るなど）。チンパンジーは確かに新しい動作を再現したので、問題解決の状況以外でも彼らは動きの模倣ができるようである。

トマセロ（1999）は、このゲームを教えられたオランウータンが、身振りの模倣をする同じ能力を持っていることを発見した。しかし、その同じ個体が問題解決の状況に置かれ、お手本の人間がやったとおりの動作を模倣すれば解決するような状況におかれると、「私がやるとおりにせよ」と指示されているにもかかわらず、彼は問題を解くことができなかったのだ。彼の模倣の能力は、問題解決のモードとは切り離されているようである！

まとめると、行動の構造をコピーするという狭い意味においても、チンパンジーやオランウータンに模倣の能力があることを示す、ある程度一貫性のある証拠を提出してきたが、たとえそうするほうが利益のある場合であっても、彼らが行為や技術をつねに直接に模倣しているのかどうかは明確ではない。

何はともあれ、チンパンジーの技術の伝統の伝達において、社会的学習はある種の役割を果たしているようであり、それゆえに、広い意味では、文化的適応の一形態とみなすことはできるだろう。チンパンジーは、飼育下のよく制御された実験状況で、他者から行動を獲得する能力があることを示している。彼らがそれを、行為それ自体をコピーすることによって成し遂げているのか、それとも、観察された効果を複製しようとして自分で再発見しているのか、それとも、この2つの方法を混ぜて使っているのかは明らかではない。それゆえ、理論的な議論の対象は、彼らが社会的または観察学習をするのかどうかということではなく、彼らが他者から学習するときに使っている認知メカニズムは何なのかということだ。これまでの証拠は、このメカニズムは、観察学習と個別学習の混合として記述するのが最良だろうという、グドールのもともとの指摘が正しいことを支持している。

社会的学習と文化伝達の再考

霊長類の文化に関するこれまでの論争で一般に仮定されていたのは、社会的学習のいろいろなメカニズムは階層的に位置づけられ、そのトップにあるのが模倣だということであった。最近の証拠は、チンパンジーその他の類人猿は、その階層のトップのメカニズムに近づきつつあるが、模倣は、彼らが好む観察学習の方法ではないらしいことを示している。しかし、この階層的な見方は、そしてその前提の仮定である、人間はこのトップの能力である模倣を好んで使うという仮定は、果たして正しいのだろうか？

子どもは猿真似をするか？

ウォントとハリス（2002）は最近、霊長類学者がきめ細かく作り上げた区別を、人間の子どもの社会的学習の研究に当てはめてみた。子どもたちが道具使用を模倣する能力の発達について、これまでに存在する証拠を総括したところ、彼らは驚くべき結論に達した。子どもたちは、社会的学習のより単純な段階から複雑な段階へと進むのではないらしい。それとは反対に、彼らは最初は、文字通りに盲目的な行為の模倣をするのであり（トマセロ（1999）は最近それを「擬態」と呼んだ）、競合利用は、発達の比較的あとの段階になってから獲得されるのである（実際、ウォントとハリスは、現在のところでは子どもたちが競合利用をするという満足のゆく証拠はないとさえ述べている！）。つまり、子どもたちは、比較的有効でない模倣から、競合利用へと移行するのだが、あたかも、彼らの初期の模倣能力は、のちの道具使用学習を助けるのに有効利用はされていないかのようなのである。

さらに、彼ら自身が行った、複雑な問題を解くことを学習する能力についての研究で（透明な管の中に入っているおもちゃを、棒を入れることによって回収する。第4章参照）、ウォントとハリス（2001）は、3・5歳の幼児は、正しい戦略と正しくない戦略の両方を見せられれば学習するが、正しい方法だけを見せられたのでは、学習しないことを発見した。それはあたかも彼らが、問題の因果的構造をおもに学習するために他者の行動を見ているのであって、成功する行動をすぐにもコピーしようとしているのではないかのようである。

ホワイテンと同僚たち（1996）は、子どもたちはときに、問題解決には関係のないモデルの行動を不必要に再現してしまうため、模倣が、問題の正しい解決（パズル箱を開ける）を阻害することがあることを示した。最後に、最近の実験で、ホロヴィッツ（Horowitz, 2003）は、ホワイテンとその同僚たちが彼らの実験に用いたのと同じ透明ガラスの箱をどうやって開けるのかを人間のおとなに示し、もともとの研究とまったく同じ行動のコーディングとカテゴリーとを用いて、彼らが模倣する能力を測定した。その結果は、人間のおとなはすばやく問題を解決したが、彼らは模倣をほとんどしない、という驚くべきものだった。彼らの模倣は、ホワイテンとその同僚の研究における3、4歳児よりも、チンパンジーのそれにずっとよく似ていたのである！　このことは、人間が成長するとともに、模倣にはあまり頼らなくなるというウォントとハリス（2002）の結論を確認しているようだ。

何はさておき、社会的学習における模倣の役割という問題に関する最近の状況は不満足なものだ。何人かの研究者は、学習メカニズムをいくつかにはっきりと分けようという問題を考え直し、社会的学習の機能をもっと統合的に理解するほうがよいと提案している（Whiten, 2000; Carpenter and Call, 2002; Byrne, 2002）。一つの可能性は、社会的学習と文化伝達とは、通常は、個体の探索、目的志向的な知的行動、他者の行為や注意の追跡、場面や出来事の認知、そして、狭い意味で行為をコピーするという模倣など、いくつもの異なる能力が同時に働いて獲得されるものだということだ。それぞれの場面で実際に使われている能力は、同じ種の中でも、また同じ個体でも、問題の内容とその文脈に応じて異なるのだろう。人間自身、社会的学習においてさまざまな能力の組み合わせを使っており、狭い意味での模倣はそれらの一つに過ぎず、必ずしももっとも頻繁に使われるものでもないのだろう。

模倣こそが人間の社会的学習で使われるメカニズムだというのが神話であることは、素晴らしい野外調査によって如実に表されている。ゴンベのチンパンジーの初期の研究者の一人であるテレキ（Teleki, 1974）は、あるとき、ちょっと変わった実験をしてみた。彼がモデルになる行動をチンプが模倣できるかどうか調べるかわりに、彼は、シロアリ釣りがよくできるチンパンジーの行動を観察してコピーすることにより、彼がシロアリ釣りを学習できるかどうかを見出そうとしたのだ。驚いたことには、自分で弟子入りした最初の数週間に、テレキは、みじめにも1匹のシロアリも釣ることができなかった。シロアリ釣りは、単に棒を穴に差し込むだけのものではないことを彼は発見した。最適な道具、最適な時間、最適な動きがあるのだ。まさに最初の、単純に思われるステップである、シロアリの塚に穴を探して、そこをきれいにするということですら、たいへんに難しいことがわかった。彼は、穴がどこにあるかを示すような手がかりは、一切見つけられなかったのだ。ホモ・サピエンスであるにもかかわらず、と言うよりは、メルツォフ（1988）の言うところのホモ・イミタンスでありながら、テレキは、模倣によってシロアリ釣りの技術を獲得することはできなかったのだ。模倣しようとすることは、自分自身でこの複雑な技術を発見する状況に彼をおいただけだった。彼は、最初のシロアリをつかまえるまでに、自分で探し、試し、失敗し、目に見えるものも隠されているものも、この仕事にかかわっているメカニズムは何かと注意深く考えねばならなかった。技術の文化的伝達というところでは、自分で技術を磨く以外に道はないように思われた（言語と明確な指示という洗練された伝達方法があるとしても）。

ここ数年戦わされた、文化的学習に関する議論は本質的に間違っており、人間の社会的学習の本質は狭い意味での模倣にあるという、半ば逸話に基づく誤解の上に立てられていたのかもしれない。行為の模倣は、文化伝達にかかわっているさまざまなプロセスの一つに過ぎず、もともとは、技術を効果的に伝達する適応として進化したのではなく、コミュニケーションや相互交渉のメカニズムとして進化したものなのかもしれない（Byrne, 2002）。

ミラー・ニューロンの不思議

霊長類の伝統の文化的解釈に対して批判的な人たちが提出した、「個別学習」または「低レベルの社会的学習」という説明は、また別の理由からも正しくないかもしれない。ヒト以外の霊長類は、他者が物体で何かしているのを見ているときに、物体とそこに起こることにしか注意を向けていないという考え（厳密な意味で刺激強調の概念または、競合利用のいくつかの考えが仮定していること）は、最近の神経生理学的な発見と矛盾している。洗練された記録記述を使い、霊長類の脳での単一神経細胞の活動を研究していた研究者たちが、ある種の神経細胞は、世界の驚くほど複雑な側面に反応することを見出した。リゾラーティとガレーズ（Gallese, 2003 参照）は、たとえば、物体に対して行為が行われたときに発火するが（たとえば、何か物体をつかむという動作）、その物体だけ単独であっても、物体なしでつかむという動作だけであっても発火せず、また、物体と手とが、つかむという動作なしに見えても発火しないという神経細胞を発見した。このような神経細胞は、「手が物体をつかむ」という行為に敏感に反応するらしい。このことは、刺激強調の仮定には反して、霊長類のおとなの脳は、物体に対して行為が行われているときに、物体だけに反応することはないかもしれないことを示している。物体に対する行為は、他個体が何かを操作しているところに出会ったときに霊長類の心が反応する、当然の表象ユニットであるのかもしれない。

まだほかにもある。他のサルが物体をつかんでいるところを見て活性化される神経細胞のいくつかは、そのサル自身がそのような行動をしたときにも活性化するのだ（そのサルが自分のしていることを見えないようにしていても）。霊長類は、物体に対する行動を認知するばかりでなく、自分自身の行動を組織化するときにも、このような表象を使っているのかもしれないのだ。ガレーズとリゾラーティは、そのような神経細胞を、いみじくも「ミラー・ニューロン」と名づけた。

「ミラー・ニューロン」の重要性を評価するのはまだ早すぎるが、一つの可能性は、視覚的に認知した行為とその自己感覚的表象との間の感覚様相を超えての移行の計算能力（狭い意味での模倣の核となるメカニズム）は、霊長類の脳の原始的な要素の一つだということだ。それでは、サルや類人猿の間で、行為の模倣がこれほどまでにも稀なのはなぜなのだろうか？　ガレーズ（2003）によると、ミラー・ニューロンの背後にあった進化的圧力は模倣ではなく、他者の行動を、意図あるいは目的志向的に理解することであっただろうという（心の読み取り、または心の理論の機能）。他のサルが芋を洗って食べているところを見たニホンザルは、ただ、水の中にある芋や他のサルの口の中にある芋を見ているだけではないはずだ。彼らは、他者が芋をつかんで水に入れ、それを食べているところを見ており、どこかの表象レベルでは、自分でもその行動ができるからこそ、それを見ているのだ。彼らは、ミラー・ニューロンのシステムによって、視覚的インプットを、目的志向的な行動という語彙で読む能力があるために、こう見ることができるのだ。

それはともかく、彼らは、この同じシステムを使ってすぐにでも行動を模倣することはしないようだ。彼らが適切な行動を生み出すには、運動系の一部はそのような行動を生み出すようにプライムされているとしても、大いに個体学習に頼らねばならない。なぜ、そうなのだろうか？　私たちは、なぜサルたちは、他のサルがしているのを見た行動を複製する必要があるのかと問うところから始めるべきだろう。サルたちの毎日の生活を考えれば、劣位のサルにとって、彼を脅したり、食物をとったり、雌にマウントしたりする優位のサルがやっていることを見て、その通りに行動することは理にかなっているだろうか？　劣位のサルは優位のサルがやっていることを理解はするけれども、その行為を自動的に複製はしないほうが合理的である。同じことは、劣位のサルが劣位を示す行動をしているのを見ている優位なサルにも当てはまる。劣位のサルの行動をそのまままねするようにできていれば、それは非適応的だろう。他者の行動を理解するのに使われている神経系が、見たものを行動スキーマに変換するミラー・ニューロンでできているならば、霊長類の脳は、その行動を起こさせる執行機構から行動計画を遮断する、強力な抑制系が備わっているに違いない。他者がやっているのを見た行動を複製する能力は、一見したところ印象的な適応に思えるが、何を模倣し、何を模倣しないのか、または、どんな状況のときには模倣するのかについて、しっかりと制御できるときに限って適応的なのである。

模倣の進化はおそらく、見た行為を運動プログラムとして分析する特殊な能力の進化よりも、このような執行メカニズムの進化と関連していたのだろう。執行メカニズムという概念は、社会的学習は多数の認知メカニズムの統合によるのだという考えとも合致する。

このことは、類人猿がなぜ「私のやるとおりにせよ」のゲームをするように教えられるのか、ある種の問題解決状況では、なぜ彼らは、他者の行動に関するある種の情報を利用することができるのか、なぜ彼らは、問題解決以外のコンテキストで、ときどき自発的に他者の模倣をするらしいことがあるのか（De Waal, 1982, 2001）、「文化化」された類人猿はなぜ、物体を使った複雑な模倣のテストで、人間の子どもと同じくらいよくできるのか、などの問いにも答えることができるだろう。これらの類人猿は、模倣の能力を発達させたのではなく、彼らがすでに持っている能力を変形して統合したものを見せているのかもしれない。

このことは、行動を模倣するより洗練された能力が人間には進化したのだが、それはおそらく、物体を新しいやり方で操作することの学習とは別の目的で進化したのだろうという考えとも矛盾しない。たとえば、バーン（2002）は、私たちの模倣能力の一部は、第一に、社会的交渉を目的とした身振りその他の社会的シグナルに対処するように設計されているのではないかと述べている。人間は、そのような能力を二次的に利用し、操作的な技術を学習する助けにしているのかもしれない。

ヒト以外の霊長類にも社会的学習と文化的適応があるのかという疑問は、振り子のようにゆれてきた。最初は、それは人間にしかないと確信されていたが、そこから、サルや類人猿にも文化的行動があるという方向に動いた（１９５０年代、60年代のニホンザルやチンパンジーの研究）。洗練された社会的学習メカニズムの存在が疑問視されるようになったとき、人間の固有性はまた戻ってきたが、いまや私たちは、人間が社会的学習や文化的適応を利用しているユニークなやり方は、進化で量子的飛躍が生じたためではなく、霊長類に長らく存在してきた適応的傾向を延長したものであるという考えを受け入れるに至ったようだ（それはまた、動物界全体にも広がる深いルーツを持っているかもしれない）。

教えること

文化伝達のための人間に固有な適応のよりよい候補は、教えることだ。つまり、他者が社会的学習を促進してあげるように適応した行動である。ヒト以外の霊長類では、教育はきわめて稀である。グドールは、チンパンジーの母親が子どもたちのシロアリ釣りの学習を助けてやろうとするところは、一度も見たことがない。ニホンザルでも、教育的な行動は一つも報告されていない。野生の類人猿で教育を示唆するような唯一の証拠は、クリストフ・ベッシュ（Boesch, 1991）がタイのチンパンジーで観察した例である。木の実を石で割り始めた小さい子どものいる母親は、適切な木や石の「ハンマー」をかなとこの上に置いておいたり、子どもがよいハンマーを自分から持っていってしまうのを許したりしている。これは、木の実を割ることを学習し始めた子どもに限って起こるので（しかも、母親にとっては、割ることのできる木の実の数が減るのでコストのかかる行動である）、ベッシュは、この行動は、子どもの木の実割り行動を刺激したり促進したりする、原始的な教育の一形態だと論じている。彼はまた、教育を示していると思われるあと2つの例も観察している。ある母親は、かなとこの上に不器用に置かれた木の実の位置を直してやり、それから子どもに木の実割りを続けさせた。もう一頭の母親は、子どもがハンマーを間違った握り方で握っていたときに、子どもの手からハンマーを取り上げ、ゆっくりと自分の手で正しく握り、6個の木の実を割った。そこで母親はハンマーを置いた。子どもはそれを手に取り、今度は母親が握ったのと同じやり方で正しく握り、木の実を割るのに成功したのである。

こういう行動は非常に稀なので、その重要性を査定するのは困難だ。それは偶然の出来事であり、教育的な行動だという誤った印象を与えるだけなのだろうか？　それとも、群れの行動レパートリーの中はもちろんのこと、自分がいつもやっている行動の中にも方法を見出せなかった母親が、本当に「教えたいひらめき」で行ったことなのだろうか？

人間の教育的な行動が、効率のよい社会的学習と文化伝達の礎石になっていることは疑いの余地がない。しかし、それは文化伝達のための特別な進化的適応なのだろうか、それとも、進んだ心の理論のような何らかの他の認知能力が社会的学習に付け加わった、二次的な結果なのだろうか？

人間の家にいる類人猿——家畜化と文化化

これまでに総括した研究からの印象は、霊長類の間には、おとなによる媒介は必ずや存在するということだ。この媒介は意図的ではなく、おとなによって示される実例から恩恵を得る方法を発見しなければならない、未熟な習い手のほうにこそ原因があるのかもしれない。しかし、それでも、それによって文化的適応は獲得される。しかし、ヴィゴツキーが人間の子どもで暗示したように、ヒト以外の霊長類が心を文化的に形成されるということは、あり得るのだろうか？

私たちは、何度か、人間に育てられた類人猿、とくに人工的なシンボルを使うことを訓練された類人猿は、いくつものテスト（関係の同定、模倣、共同注視、量の保存など）でよい成績をあげるという、何度も繰り返された発見について述べてきた。プレマック（1983）は、言語訓練されたチンパンジーの成績がよいことの説明として、表象の抽象的な暗号を学習することを強調している。新しい表象の形式を獲得することにより、彼らの心がアップグレードされたのだ。最近では、トマセロ（1999）が、人間に育てられた類人猿の成績が（人間の標準から見て）よいことの説明として、「注意と認知一般の社会化」を重視している。2つのアプローチは、非常に異なる要因を強調しているのだが、ヴィゴツキーの見解では、おとなによる媒介が最適に獲得されるのは、とくに発話と言語というサインやシンボルの使用を通してなのである。彼の考えでは、人間を他の霊長類から分けるプロセスである高次な認知プロセスは、社会文化的な媒介を通して初めて形成されるのだ。そのスケールを縮小した形で、類人猿に対し、一方で、社会的な注意の制御と人間との相互交渉の経験を与え、他方で新しい、世界をより正確に表象する形態を与えれば、彼らの心をアップグレードできる可能性があるということは、認知の個体発生を変えることのできる文化的プロセスを通して、より高次な認知が作り出されるのだというヴィゴツキーの概念が劇的に支持されることを意味しているのだろう。

実際、ヴィゴツキーが、実行上の問題に出会ったときの人間の子どもに特徴的だと考えた性質の一つである、おとなの助力を期待し、それを積極的に求めることは、人間にテストされるときの飼育類人猿の性質でもあるのだ。ケーラー（1927）は、チンパンジーの知能をテストしようとするときにたいへん困ったことには、彼らが実験者の助けを得ようとして物乞い行動その他の試みをしたと報告している。そして第7章でみたように、ゴメス（1990, 1991）は、ゴリラが、いろいろな問題で人間の助けを得ようとして、共同注視や身振りを使ったことを報告している。何らかの形で人間の媒介を得たり、それを積極的に要求したりすることは、類人猿の性質の一部に含まれているようであり、ヴィゴツキーによれば、文化的学習と文化的発達との根底にあるものなのだ。

ヴィゴツキーは、子どもたちが自分ではできないが、おとなの助けがあればできることをさして、「発達の最近接領域」と呼んだ（たとえば、おとなに「支えて」もらえば、塔を作ることができるなど）。類人猿は、人間の教育のもとで新しい技術を発達させることができるようだが、新しい進化的圧力のもとで、類人猿の心がどちらの方向に進化するかを示すという意味で、このことはどれほど「進化の最近接領域」を示しているのだろうかというのは、興味深い問題だ。

逆に、これらの「文化化」されたかに見える類人猿が新しい認知能力を持っているような印象を与えるのは、問題とテスト手続きを熟知するようになったからに過ぎず、彼らの心にヴィゴツキー流の衝撃があったからではない可能性もある。

さらに、もしも文化化とシンボルの訓練によって類人猿の心が十分に変化したことが示されたとしても、社会的および記号論的媒介を通して、現代人の高次な認知能力が作られるのだというヴィゴツキーの考えが正しいことを意味することにはならないかもしれない。おそらく、現代人の心は、ものごとそれ自体を発見するように生物学的に作られており、おとなの媒介は最低限でも十分なのかもしれない（チョムスキーが言語獲得について述べているように。次章を参照）。しかし、いずれにせよ、類人猿の発達にこのような劇的な効果があるということは、まさに、認知の進化と発達のプロセスに関する重要な手がかりを与えてくれる。

まとめ――霊長類の認知の社会的ゆりかご

ヒト以外の霊長類は、適応的な行動パターンを社会的な学習のプロセスを通して獲得し、伝達し、彼らの行動レパートリーの中に維持していくことができるのだろうか？　彼らはそれができる、というはっきりとした答えをここで提唱したい。ニホンザルの採食技術の伝達や、チンパンジーの道具使用能力が、個体学習でよりよく説明されるという説は、社会的学習に含まれるものは何かに関する誤解に基づいているように思われる。社会的学習は、たいていは、個体による発見と社会的促進が組み合わされたものなのだ。人間では、問題のために動員できる認知能力のおかげで、このような発達の社会文化的プロセスが非常に複雑になっていることは否めない。

しかし、ヴィゴツキーの仮定には反して、広い意味での社会的媒介は人間だけの性質ではなく、霊長類の発達により一般的に見られる性質であるかもしれない。霊長類の赤ん坊は、長い期間にわたって親に依存している。社会的学習がますます重要になるのは、この発達スタイルの必然的な副産物であった。霊長類は、社会的学習を発明したのではない。それは、他の多くの哺乳類や鳥類にも存在する（Box and Gibson, 1999; Avital and Jablonka, 2000）。しかし、霊長類がそれを使う方法を見ると、ある場合には、霊長類は文化的な適応を獲得する能力があるように思われる。

霊長類の発達には、社会的学習のプロセスが決定的に重要である。これらのプロセスを「文化」と呼んでもよいかどうかは、文化の定義として何を使いたいかによるだろう。そして、文化を定義することは、人類学者の間でもっとも困難な仕事であることが証明されているのである（たとえば、Ingold, 1994 参照）。霊長類や動物の文化に関する論争は、内容に関する問題（何が文化を構成するか、行動、シンボル表象、信念、言語など）と、プロセスに関する問題（文化伝達とは何をさすか、模倣、競合利用、どんなタイプの観察学習でもよいか）とにかかっている。

本章では、文化的適応に関する広い定義を採用した。それは、行動も文化伝達の正式な内容として認める立場であり、どのようにして文化伝達が起こるかの説明としては、いくつもの異なる認知メカニズムの組み合わせをとった。人間の文化的学習能力は、社会的に媒介される発達の、確固とした進化的素材の上に成り立っているのである。人間の文化は、他の霊長類の発達過程から劇的に飛躍したのではなく、限定的な社会しか持たない霊長類の発達のパターンによく一致しているのだが、人間が社会的学習の問題の中に持ち込んだ認知能力の枠組みの中に置かれているのである。それは、言語その他のシンボルシステム、複雑な共同注視のパターン、おそらく、行動を表象してそれを複製するより拡張された能力、そして、教育という手段で与えられる補助である。

社会的学習の機能とそのメカニズムのいくつかが、本質的には連続しているといっても、人間がこの機能を、自分たちの認知の地形の中で獲得していくやり方が、劇的に新しいものだということを否定することにはならない。言語と思考と社会的媒介とが相互作用することによって、まったく独自な認知能力を有する心が生み出されたとする点で、ヴィゴツキーは正しかったのかもしれない。ヴィゴツキーが考えてもいなかったのは、この素晴らしい発達メカニズムの痕跡が、おとなの人間の心と発達しつつある類人猿の心と間の相互交渉の中に発見できるかもしれないということだろう。人間に育てられ、家畜化された類人猿、とくにシンボル使用を訓練された類人猿は、ヴィゴツキーが人間の認知のトレードマークと考えた、高次の思考の萌芽を示しているかもしれないのである。

第10章
自意識と言語

多くの人は、おそらくヒトという霊長類のみに見られる、霊長類の認知的進化のもっとも複雑な結果は、自意識を感じる能力と、それと密接に関連した、発話と言語の能力であると考えている。以下の議論では、このことを考えてみよう。

自意識

これは、自分が何をしているか、何を考えているかを意識する能力であり、自分が何かを感じている、何かを考えている、ということを見たり感じたりする能力だ。この意味で、意識とは、自分自身を世界の中のもう一つの物体（あるいは主体）として表象する能力であろう。しかし、意識のおそらくもっとも難しい性質は、とどめることのできない反射的な性質にあるだろう。つまり、私たちは、自分が意識的であることを意識することができるのだが、ここでは、主体と客体の知識が逆説的に融合してしまう。この複雑さと、レベルと種類が異なるいくつもの意識が存在すること（Neisser, 1988）とを、私たちはみな同じ言葉で呼んでいるため、意識を理解しようとする科学的試みに混乱を生み出すので、科学に対する最終的な挑戦とも考えられるかもしれない。

比較認知科学の典型的な設問は、人間だけが意識を持っているのだろうか、それとも、霊長類や動物一般についてもより広く見られるのだろうか、というものだ。人間の意識は声に出して語ることができ、言語があるおかげで、意識がどれほどわかりにくい現象であるかを議論することができる。しかし、言語を持たない生物に意識があるのかどうかは、どうすればわかるのだろう？

霊長類の研究は、言語を持たない生物における自意識の問題を客観的に評価するにあたって、大いなる貢献をした。アメリカの心理学者であるゴードン・ギャラップ（Gallup, 1970）は、チンプに鏡を見せると、彼らはそれを使って、普段はもちろん見るはずのない自分の顔の部分を操作することに気づいた。このことは人間には当たり前に思えるかもしれないが、動物行動の研究者（または、ペットを飼っている人々）は、動物は普通、鏡に写った自分の像に対して、同種の他個体に対するのと同じような社会的反応を見せることを知っている。彼らは鏡に向かって威嚇したり、攻撃をしかけさえしたり、なだめようともするが、それは、他の動物に対して見せる行動と同じである。

これは、鏡に慣れておらず、鏡の仕組みを知らないから混乱しているということだけではない。サル類を見てみよう。彼らは、初めは、物体の像が本当の物体であるかのように反応し、鏡の表面をつかもうとするのだが、最後には、振り返って本当の物体を見つけたり、物体の隠れ場所からそれを取り出すために鏡像を使ったりするようになる。しかし、それが自分自身の像になったときには、鏡でどれほど経験をつんだとしても、決して「自分自身を見つける」ことができないのだ。そのうち、サルたちは「他のサル」の像に反応するのをやめてしまうが、自分のからだの一部を探るなど、鏡の像が自分自身であることの理解を示すような証拠は一切見せない（Anderson, 2001）。

それとは対照的に、ギャラップのチンパンジーは、鏡を使って自分の顔や口の中を調べたが、このことは、彼らが自分自身の像を見ているのだと理解していることを示唆している。ここでギャラップが指摘したいのは、こんなことができるのは、自分自身に気づく能力があればこそなのであり、つまり、自分自身を世界の中に存在するもう一つの物体として表象し、それに自分の注意を向けることができなければならないということなのだ。これこそ、自意識の基本的定義に非常に近いものと言えるだろう。

ギャラップの挑戦は、このような示唆に富む観察以上のところにどうやって行くかであり、彼は、単純だが素晴らしいアイデアを思いついた。* 鏡に慣れたチンパンジーに麻酔薬を与え、彼らが眠っている間に彼らの眉のあたりに（ときには、実際に見ることのできる手などにも）特別の赤いインクをつけるのだ（それは血か傷のように見えるのだが、匂いはまったくなく、乾いてしまえば触っても落ちない）。チンプたちが眠りから覚めたときの行動を、まずは鏡なしで、それから鏡を置いて、詳細に観察した。鏡がない

＊しみを付ける実験は、ほとんど同時に、まったく独立に、ある発達主義者（Amsterdam, 1972）によっても発見されたことに触れておくのが公平だろう。ただし、有名となったのはギャラップの研究によってである。

間は、チンプは、すぐに見えるところ（手）についた赤いしみはすぐに調べ始めるのだが、眉に触ることはまったくなかった。鏡が置かれたとたん、彼らは鏡の中の自分の像を見ながら、しみのついた自分の眉を手で調べ始めたのである（Gallup et al, 1071 ; Gallup, 1983）。

ギャラップの結論は、チンパンジーは確かに鏡に写った自分の像を理解しているのであり、それは、彼らに自意識が存在して初めて可能になるということだ。自意識とは、自分自身を世界における個別の実体として認知する能力である。実際、彼は、このような自意識があれば、自分自身を心理的な実体として意識することも可能だと示唆したのだが、彼のこの部分の解釈は、その後大いに論争の対象となった。

他の動物で同じような実験がなされると、ギャラップの発見の重要性は目減りしてしまった。他の動物はみな、これができなかったのである。これまでに実験されたすべてのサル類は、この標準的な方法でテストされたときに自意識の兆候を示すことはなく、鏡を使ってどんなに経験をつんでも、余分な学習を与えられても、だめだった。研究者の中には、サル類は、目と目を合わせることを威嚇と受け取る傾向があるので、鏡のテストでは、他のサルとつねに直接的に目を合わせ、強情に互いに見つめねばならないのであるから不利なのだろうと論じた者もある。そんなことをすれば非常に興奮するので、情け容赦なく見つめ返している攻撃的なサルは自分自身なのだという真実を発見することはできないだろう！

アンダーソン（Anderson, 2001）は、この批判に答えるためにエレガントな実験を考案した。鏡の角度を調節し、サルたちが、自分自身の像と直接に目を合わせることのないようにしたのだ。こうやって角度を変えた鏡と向き合ったオマキザルは、像に対して少ししか社会的反応を示さなかったが、自意識があることを示す証拠はなかった。一方、この鏡にさらされたサルたちは、それを使って問題を解くことがたいへん上手になった。たとえば、檻と反対側に置かれた鏡に写った像を見て、檻の外のカバーの下に隠された食物を見つけることができた。しかし、驚いたことには、サルたちは決して鏡の中に「自分自身を発見する」ことはなかったのである。可能な説明は、彼らは自分自身を正確に表象する能力を欠いている、つまり自意識がない、ということだ。

それとは対照的に、チンパンジー、オランウータン、ボノボ、そして人間（生後18ヵ月から24ヵ月において）は、鏡に写った自分の像を理解することができるので、何らかの明らかな自意識を持っていると言ってよいだろう。

ゴリラの奇妙な例

もう一つの大型類人猿であるゴリラが、一般的に鏡のテストに失敗するというのは驚きだ。このテストに合格したゴリラは1頭しかいない。それは、サイン言語を教えられ、豊かな人間環境で育てられ、そこでテストされたゴリラのココである（Paterson and Cohn, 1994）。ゴリラがなぜテストに合格しないのかについては、たくさんの理論が提出されてきた。ギャラップ自身は、ゴリラの認知プロフィールは異なるのであり、彼ら流の進化の中では自意識は持たなかったのではないかと示唆した。他の研究者（パターソンとコーン）は、ゴリラにとってのみテストの成果に問題が出るような困難さがあるのであり、彼らの自意識の本当の能力を測定するには、このテストは不適切なのだろう考えている。それだから、ゴリラにとっては不自然な環境で育てられたココだけがテストに合格したのだ。もう一つの別な説明は、ゴリラには自発的に自意識を持つ能力はないのだが、「文化にさらされた」ゴリラはそれを活性化することのできる素養は持っているというものだ。

最近、井上 - 中村（Inoue-Nakamura, 2001）が、ゴリラにも、他の類人猿と同じような自意識の兆候が見られることを報告したが、それは、鏡の前で自分に向けた行動についてのみであった（鏡を使わなければ見られない自分のからだの部分に触ること）。彼女は、インクでしみをつけるテストは行っていないので、彼らが本当に自意識を持っていて鏡の仕組みが理解できるのであれば、なぜこのテストに合格しないのかという疑問は、そのまま残されている。

鏡で自意識が示される条件

すべてのチンパンジーや類人猿（ゴリラ以外の）が、鏡のテストに合格するわけではない。これに合格するには、いくつもの決定的な要因がかかわっている。第一に、鏡に関する最低限の経験は不可欠のようだ（Gallup, 1983）。チンパンジー（人間も）は、初めは、鏡などという摩訶不思議な装置はさっぱり理解できない。普通、小さな子どもや鏡を知らない類人猿、または、まったく鏡を知らない人間のおとなは、鑑の中に誰かがいるのだと思って反応し、それに触ったり、鏡の表面の後ろを探そうとしたりする。しかし、数日もたてば鏡の働きがわかり、それが自分自身の像だということが理解できている証拠を示すものである。

チンパンジーの年齢は重要なファクターだ。ポヴィネリとその同僚たち（1993）は、4・5歳以前のチンパンジーがしみのテストに合格するのは稀であることを見出した（他の研究者はチンパンジーが鏡の像を理解するかどうかの境界は2・5歳だと主張している（Lin et al., 1992））。一方、年取ったチンパンジーでも（16歳以上）、全体のたった26パーセントしかテストに合格しないのだ。これに合格する最適な年齢（76パーセントの合格率）は、チンプの子ども期をずっと過ぎたあとである、8歳から15歳の間である。

井上‐中村（2001）は、別の、ここまで厳密ではない自己認知の測定を使い（鏡を見ているときに、社会行動や探索行動ではなくて、自己に向けた行動をどれだけ行うか）、また、チンパンジーにあまり鏡に触れさせずにおいたが、この状況でチンパンジーが最初に自己に向けた行動を行うのは、3・5歳であることを見出した。これより前では、鏡を探索するか、社会的な反応を見せたのである。

3ヵ月の間、毎日10分鏡に触れさせたチンパンジーの赤ん坊を長期に観察した研究では（生後76週から87週）、同じ著者は、自己に向けた行動が生後82週（およそ1・6ヵ月）で現れたと報告している。この時期、社会行動や探索行動の頻度はずっと減っている。これは、彼女の他の研究で発見した年齢よりもずっと早いが、同時に、チンパンジーがある年齢に達するまでは、鏡の経験はほとんど効果がないことも示しているようだ。その時期を過ぎれば、ほんの少しでも鏡に触れれば、自己に向けた行動が出現するには十分なようである。この実験の結論は、鏡による自己認知は、一方である種の認知能力の成熟に依存しているが、他方、鏡の経験にも依存しているということだ。彼女のこの結論は、彼女が行った、まったく鏡を持たない文化にあるアフリカの部族民での調査にも基づいている。この部族の子どもたちは、42ヵ月にならないと、鏡を見て自己に向けた行動を行わなかったのだが、鏡が日常生活の中につねにある西欧文化の子どもでは、それは普通は生後18ヵ月なのである。

自己に向けた行動は、しみのテストよりは自己認知の指標として信頼性が低いかもしれないが、この指標をいろいろな霊長類に用いることにより、井上は、類人猿以外の霊長類は、やはり、自発的な自己認知のサインを見せないことを発見している（鏡の前での自己に向けた行動）。

自己の社会的性質

おもしろいのは、隔離されて育てられたチンパンジーは、どれほど鏡の経験を与えられても、鏡のテストに合格しないということだ（Gallup et al., 1971; Gallup, 1983）。逆説的なことに、自意識という、表面的にはきわめて個人的に思える状態が理解できるには、社会的な経験が必須であるらしい。それでも、この発見は、自意識も他の高度な認知能力と同様、深い社会的な根を持っているのだという意識の理論に合致する（Vygotsky, 1930）。この発見はまた、鏡で自己を認識する能力は、単に物理的な物体として自分を認識することだけでなく、自分を、他のエージェントや主体の中にいるエージェント、または主体として、より洗練された表象を持つことによるのだという解釈とも合致する。他者と一緒にいることと、自分の像と向き合うこととには共通点がある。鏡に写った自分自身の像を見つめることは、必然的に、視線の接触、または互いに見つめあう経験（自分自身と）を生み出す。他者と一緒にいることも、繰り返し視線を合わせ、見詰め合う経験を伴う。この両方において、視線を合わせることは、他者によるのであれ、自分自身によるのであれ、自分が注意の対象になっていることを意味する。おそらく、鏡での自己認知に必要なたぐいの自意識は、自分が注意の対象になっているという経験から生じるのだ。それは、あたかも他者の注意が、私たちの注意を自分自身に向けさせるようになるかのようだ（Gómez, 1994）。一方、サル類や他の動物たちに鏡による自己認識ができないということは、類人猿と人間の心だけが、この特別なやり方で互いに注意を向けあうことで利益を得る、何かを持っているに違いないということでもある。

批判と論争

しみのテストは、どんな自意識を測っているのだろうか？　つまり、鏡の中に自己を認識するには、どんなタイプの自意識が必要なのだろうか？　ギャラップは初め、彼のテストは自分自身を世界にあるさまざまな実体の中にあるもう一つの物理的実体として認識するばかりでなく、心理的な存在としても認識する能力、自分自身の心に関して自分なりの考えを持つことも含んだ、高次の自意識を測定したのだと考えていた。しかし、鏡での自己認知は、自分を物理的実体として認識する能力を示しているだけであり、自分の心については必ずしも含まれていない、からだの認識なのではないかと指摘されている（Povinelli, 2000）。

この可能性は、その他の状況証拠からもいくらか支持される。人間の子どもは、生後18ヵ月ごろから鏡の自己像を理解するようになるが、それは、彼らが自分の心の状態について話し始めるよりも早く、誤信念課題のような、心の状態の理解に関する典型的なテストに合格するようになるよりもずっと早い（4歳）。さらに、心の状態について考える能力に障害のある自閉症の子どもも、鏡に写った自分の像を理解する能力は損なわれていない（Dawson and McKissick, 1984）。

このことの極端な解釈は、類人猿は単に、自分のからだの見えない部分を探索するのに鏡を使うことを学習しただけであり、それは、環境の中に隠された目標物を探すために鏡を使うのを学習するのと同じだ、というものだ。なんと言っても、彼らは、自分のからだの見える部分を探索することには慣れているのだから、鏡は、普通は触ったり自己刺激的にのみ認知するからだの部分を探索することを可能にさせただけなのかもしれない。この意味で、鏡のテストは、「すべての霊長類が、とくに何の訓練や経験がなくても上手にできるからだの知覚」に関するだけのことなのかもしれない（Tomasello and Call, 1997; p.337）。この考えの困るところは、サル類が自分のからだを探ることが同じくらい上手であり、鏡を使って自分のからだの見えないところに触るよう訓練することすらできるにもかかわらず（Anderson, 2001）、なぜ、しみのテストに合格せず、鏡を見せられたときに、自発的に自己に向けた行動を行わないのかを説明できないことだ。

これまでに得られた証拠によると、鏡のテストに合格するのに何が必要かはともかく、それが、自分自身のからだを認識する能力と、自分の行動を方向づける道具として鏡を使う能力との単純な組み合わせではないということだ。サル類は、この両方ができるようである。彼らは、社会的な状況で、自分と他者の違いもわかっているだろう（彼らは、誰の手が食物に伸びているのか、自分の手か、他者の手か、はわかるだろう）。あるレベルではサル類も、自分自身と自分のからだの表象を、他者と他者のからだの表象に対するものとして持っているに違いない（意識のレベルについての議論は、Neisser, 1988を参照）。鏡のテストは、何かそれ以外のものを測っているのだ。おそらく、それは、より抽象的な自意識に至る一歩を真に反映するような、より正確なしかたで自分自身を心的に表象する能力である。

それゆえ、鏡でのしみのテストは、もっとも複雑なレベルでの自意識の現れを測る究極のテストではないかもしれないが、認知的に複雑なレベルの自意識の測定であり、霊長類では、類人猿の系統の進化でのみ起こった性質だろうというギャラップの考えは、正しいのだろう。

まとめ

鏡のテストは、まずは自意識のテストである。しかし、このテストを通過するには、どのたぐいの自己が必要なのかは、はっきりとはわからない。人間が、からだの自己と心の自己を明確に区別していることに引きずられて、このテストには前者の意識が必要なのか、後者の意識が必要なのかについて、多くの議論がなされてきた。自分自身を心的な実体として意識する必要はないということで、納得のいく議論を打ち立てることはできる。だからと言って、単純な自分のからだの認知だけで十分ということではない。類人猿の成績（ゴリラは奇妙だが）と、サル類の成績との間にはっきりとした差異があることは、まだ説明はつかないにせよ、決定的に重要な発見である。可能な説明の一つは、社会交渉を通じて獲得される何らかの意識が（とくに、社会的な注目の的となる経験）、鏡の像を自分自身として認識する能力の基礎にあるのであり、それゆえ、自分を主体として認識できるのだというものだ。この意味では、鏡による自己認識は、本当に心の理論と関連しているのだろうが、メタ表象を使う抽象的能力を必要とするとは限らない。それよりもむしろ、第8章で論じた、意図と注意を理解することに関連した、もっと基本的な能力を必要とするものなのだろう。

言語という才能

言語は、人間にもっとも特徴的な能力であり、発達認知科学の研究としても、もっとも興味深い対象である。言語は人間に固有の能力ではあるが、進化認知科学でつねに人気のある話題であった。言語の起源は、科学上のもっとも大きな謎の一つである。その理由の一つは、一見したところ、人間という霊長類だけが処理することのできる能力として孤立しているのだが、同時に、これは非常に複雑な認知の産物なので、長い進化の歴史を通じて現れたものとしか考えにくいということである。

第7章では、霊長類のコミュニケーションのいくつかの側面について論じ、中でも、言語にもっとも近い関係を持っているであろう性質に焦点を当てた。そこには驚くべき類似性はあるのだが、それらは、ヒト以外の霊長類の間に、奇妙に分布している。たとえば、類人猿は、言語獲得直前や、まさに獲得し始めたころの人間の子どもに見られるような身振りと似たもの（同じではない）で、指示的コミュニケーションを行うことができるようだ。それでも、単語のアナログを生み出す能力は、どの類人猿にも見出されていないが、系統的にはもっとずっと人間から離れているベルベット・モンキーでそれが見られる。指示的鳴き声と指示的身振りとが、同じ霊長類（願わくば類人猿）に見られるならば、言語の進化的起源を理解するよい出発点となっただろう。しかし、そうではないので、言語の進化に関する洞察を得るために、もっと急進的な方法が提案されてきた。その中で、飼育の類人猿に人間の言語を教えようという試みは、もっとも大胆で驚くべきものであった。

発話と言語

言語（または、その音声的表出としての発話）というと、普通は言語を話す能力のことをさすが、実はこれは、いろいろな部分やサブシステムからなる複雑なシステムである。言語を習得するには、音韻（単語が作られるもとになっている音）、語彙（単語とその意味、セマンティクス）、そして、単語を組み合わせて複雑な文章を構成するための文法規則（シンタックス）を獲得せねばならない。言語は、これらの異なるシステム（まだほかにもあるかもしれない）の複雑な統合で成り立っているのである。そして、第二外国語を習った人なら誰でも知っているように、これらのサブシステムは、かなり互いに独立である。たとえば、フランス語やスペイン語のシンタックスをよく知っていたとしても、語彙は少ししか知らないので、単語が出てくるたびに辞書を見なければならないということも起こる。また、文法も語彙もよく知っているが、音韻が不満足なので、単語の発音が不十分だったり間違っていたりすることもある。実際、第二外国語を習っているおとなにとって、この3つのすべてを完全に獲得するのはたいへんに難しい。典型的には、音韻は、何年その外国語を練習していても、永久に不完全にとどまるものである。

人間の認知発達の中でもっとも大きな謎は、言語というこの極度に複雑なシステムを、子どもが、生まれてから数年のうちに、さしたる努力も、特別の教育も、文法書の助けもなしに完全に習得してしまうことだ。赤ん坊は、あたかもどんな言語もすばやく習う、出来合いの何らかの能力を生まれつき持ってこの世に生まれてくるかのように、すべてがうまくいき、2つ以上の言語でさえ、混乱なしに同時に習得してしまう（Chomsky, 1968; Pinker, 1994）。

言語を習得するこの能力の性質（または、性質の集合）は、発達認知科学では大いに議論されてきた（Karmiloff and Karmillof-Smith, 2001）。１９５０年代に言語の研究に革命をもたらした、ノーム・チョムスキーの名に結びついた研究者たちは、言語は人間の脳に固有の生物学的能力であり、その発達は厳密に決められていると考えている。子どもたちが言語を習得するというよりは、子どもたちが最低限の適切な環境におかれさえすれば（ある特定の言語を話すおとなたちの中に置かれる）、言語のほうが子どもたちの中に育ってくるのだ。スティーブン・ピンカー（Pinker, 1994）のポピュラーな造語によれば、言語は人間の本能なのだ。残念なことに、まさにこの性質（言語が発達するには、言語にさらされねばならないということ）によって、他の研究者たちは、言語は本能などではまったくなく、人間との洗練された言語的社会的交渉を通じて、子どもが丹念に獲得していかねばならないものだと考えている（Tomasello, 1995, 1999）。子どもは、言語に対する何らかの、あらかじめ決められた傾向は持っているかもしれないが、この複雑な技術のセットを習得するためには、この傾向をしっかり使わねばならないのである。

議論の余地がほとんどないのは、人間が言語を獲得する能力の性質が何であれ、ヒト以外の霊長類には、この能力が存在しないことだ。文法と語彙と音韻を備え、新しい文章を無限に作り出すことのできる能力を備えた言語の最高峰は、人間にしか見られない。というか、一見したところ、そのようである。

類人猿に言語を教える

一つの考えは、言語が人間に固有なのは、生物学的な適応ではなくて文化的獲得だというものだ。言語は、人間の知性によって発明され、保持されてきたということだ。知能の多くの側面は、人間と他の霊長類とで連続である証拠があるので（本書の前半で見てきたように）、何人かの研究者たちは、おそらく、他の知的な霊長類にも私たちと同じような言語を教えられるのではないかと考えた。

類人猿が言語を習得するかどうかを探求した初期の試みでは、彼らを人間の家族の中で子どものように育てても、彼らが自動的に言語を話すようにはならないことがわかった（ケロッグやヘイズ夫妻などの冒険心に富んだ研究者が行った。ヘイズ夫妻は、彼らのチンパンジーのヴィキに、積極的に言語を教えさえした（Kellogg and Kellogg, 1933 ; Hayes, 1951）。そこで、彼らが言語を話せないのは、おもに言語の中の音韻要素のせいではないか、と考えた人もいた。チンパンジーは、人間の発話で用いられるような音声を生み出すのに必要な解剖学的構造を備えていない。心理学者のアレンとベアトリス・ガードナー（Gardner and Gardner, 1969）は、この問題を回避する簡単な方法を思いついた。彼らに、聾唖の人々が使うような、手のしぐさで単語を作る手話を教えるのである（かつて考えられていたのと違って、手話は、コミュニケーションの原始的な形ではない。これも、話し言葉の言語と同様にすべての要素を備えている。手の形の違いで「音韻」さえも表されるのだ。Pinker, 1994）。

ガードナー夫妻は、1歳になるワシューという名前のチンパンジーを養子にし、彼女に一生懸命に言語を教え、彼らとコミュニケーションをとるために手話を使うように励ました（たとえば、抱いてもらう前には、「抱く」のサイン［腕で抱く動作をまねる］を出し、飲み物が欲しいときには「飲む」のサイン［親指を口に持っていく］を出すようにさせる）。ほとんど場合、彼らは、ワシューの手の形を、必要なように作ってやらねばならなかった。数年にわたってこの訓練をずっと続けた結果は素晴らしかった。話し言葉の獲得がまったくできなかったチンプとは対照的に、ワシューは、異なる動作や物体を指し示す１００もの手話がわかるようになったのだ。さらに、彼女は個々のサインを適切に使っただけでなく、人間の子どもたちが最初に単語を結びつけるのと似た方式で、自発的に2つ以上の単語をつなぎ始めたのだ（Gardner and Gardner, 1969, 1974）。

子どもの言語獲得は、そのスピードには非常に大きな個体差があるものの、比較的安定して予測可能な発達をたどる。まず、子どもたちは音韻要素を獲得し、それからコミュニケーション可能な音声（まだ単語ではない）と身振り（指で指し示すなど）を発するようになり、それから、12ヵ月から18ヵ月ごろになると最初の単語を発するようになるが、まだそのころには、一度に1語しか言わないのが普通である。それからしばらくすると、子どもは、生まれて初めて2つの単語を結びつけて言うようになるが、おとなは、普通それを最初の文章だと受け取る。最後に、単語の組み合わせが爆発的に増え、すぐにも完全な文章が言えるようになる。こうして、4、5歳にもなれば、言語の基本はすべて獲得されてしまうようだ（Karmiloff and Karmiloff-Smith, 2001）。

ガードナー夫妻がワシューで発見したことは、チンパンジーは、言語の中の音韻という要素は決して発達させないが、十分に訓練すれば、手を形作ってやることで正確に教えられた個々の単語を習得するばかりでなく、何らかの原始的な「文章」も自発的に生み出すということを示唆していた。それは、あたかもワシューの中で眠っていた言語能力が、訓練によって解放されたかのようであった。

ガードナー夫妻は、ワシューと、のちに研究計画に組み入れられたほかの3頭のチンパンジーが何を学習したのかを評価する正式なテストを数多く行った。たとえば、語彙に関する「ブラインド・テスト」を行った。これは、物体を示すスライドを壁に映し、そこに映された映像が見えない人間が、手話を使ってチンパンジーに「何?」と聞く。チンパンジーは、それに対して手話で、その物の名前を答える。彼らは、およそ80パーセントの正答率を示した。さらに、彼らが間違ったときには、「イヌ」を「ネコ」や「ウシ」と間違えるように、同じカテゴリーに属する他のものの名前と混乱したからであって、「靴」を「リンゴ」と間違えるようなことは決してなかった。これらの誤りは、非常に興味深い。なぜなら、チンパンジーは、自分たちが人工的に教えられたサインに、何らかの概念的意味合いを付与していることを示しているからである。他の研究でも、霊長類がカテゴリーによって物体を分類していることは示されている(第5章)。彼らは、人工的なサインを、これらの概念と連合させたラベルとして学習しているのかもしれない。

ワシューと人間の子どもとのさらなる類似性は、「過剰な一般化」として知られる現象である。小さい子どもが、たとえば「イヌ」などの新しい単語を使うことを覚え始めたとき、彼らは、正しい使い方よりも広い範囲のものを指し示すのにその単語を使う(のちにはこれと反対のことも起こる。特定のイヌだけを指すように使ってしまうのだ)。そこで、彼らは、ネコを「イヌ」と呼んだり、四足で歩く毛の生えた動物は何でも「イヌ」と言ったりするのだが、徐々に単語を正しい意味に限定していく。ワシューが最初に手話を使い始めたときにも、同じようなことが起こった。

これらの発見の意味するところは、音韻は人間の認知に固有のものかもしれないが（それとも、解剖学的に）、単語をシンボルとして使う能力と、少なくとも何らかの単純な文法によって単語を結びつけ、もっと複雑な意味を持つようにする能力は、人間固有ではないかもしれない、ということだった。チンパンジーには、単語は非常に厳密に教えねばならなかったが（単語を自動的に覚えていく人間の赤ん坊とは大違いである）、彼らは意味のあるやり方で単語を覚えているようであったし、もっと印象的なのは、彼らは、自発的にそれらの単語をつなぎ合わせ始めたのである。それはあたかも、適切で奨励する環境をいち早く与えてやりさえすれば、比較的洗練された類人猿の心には、つつましいが、それでもれっきとした言語が出現するかのようであった。

これらの発見の最初の報告は、認知科学者にたいへんな衝撃を与えた。当時の、子どもの言語獲得の分野のリーダーの一人であったロジャー・ブラウン（Brown, 1970）は、ワシューが生み出したものの記述を、自分の研究対象である子どもが生み出したものの記述と比較し、ワシューは言語獲得の少なくとも第一段階に達しているようだと結論した。それは、エージェントと行為のような意味論的カテゴリーを使ったり（「グレッグ、くすぐる」で、グレッグにくすぐってくれと要求する）、客体と主体の組み合わせを使って、子どもの言語獲得の最初の段階に特徴的な、電報のような発話をしたりする（「ミルク、ワシュー」で、ミルクを要求する）、非常に単純な単語の文法的組み合わせを作り出す段階である。

手話や、そのほかの発話以外の言語（プラスチック板や、コンピュータの画面で抽象図形を使う）を、チンパンジーやその他の大型類人猿に教えようとする他の研究がこれに続いた（Premack, 1976 ; Rumbaugh, 1977 ; Patterson and Linden, 1981）。その結果は、基本的に、ガードナー夫妻の報告と同じであった。大型類人猿は、適切な集中的訓練を受けさえすれば、言語の萌芽を習得する能力を持っているのだが、驚いたことにそれは無視されてきたのだ。もちろん、その獲得は、限られた数の単語と、非常に単純な文章という萌芽的なものにすぎない。しかし、それだけでセンセーションを巻き起こす発見としては十分だった。

類人猿の言語研究は、子どもの言語発達に関する研究の歴史において、特別な時期に現れた。そのほんの数年前、言語学者のノーム・チョムスキーが、子どもが持っている生得的な能力が決定的な役割を果たしているという革命的な言語理論を発表したばかりだった（Chomsky, 1968）。チョムスキーにとって、言語は、人間に固有という意味で生物学的に特別な能力であるばかりでなく、人間が持っている他のどんな認知能力とも異なるものであった。言語の文法構造は、認知の点から見てあまりにも特別であまりにも複雑なので、たとえば、物体の操作や物体の知覚で使われているようなものとは異なる、特別な計算構造を必要とするのである。文法はここまで複雑なので、数年で何もないところから学習できるわけはないのだが、人間の子どもはつねにそうしている。チョムスキーが示唆したのは、人間の脳には、人間に生得的に備わった、人間に固有な言語のための「器官」が存在するに違いないということであった（Chomsky, 1968 ; Pinker, 1994）。

チンパンジーには隠れた言語能力があるというこの発見は、この考えに真っ向から対立した。もしも類人猿に言語を教えることができるのならば、言語は人間特有の謎めいた能力によるのではないだろう。確かに、それでも人間は何らかの言語に対する特殊化を持っていると論じることはできるが（音韻の能力、単語を学習するより優れた能力、ずっと複雑な文法など）、単語を操り、それらを組み合わせて文章を作るという言語の核心部分は、そのうちのいくつかはとくに早い時期に訓練せねばならないとしても、何種類かの霊長類の脳に一般的に備わった性質だということになる。

ヘロドトスの子どもたち

チンパンジーやその他の類人猿について、このような、これまでの考えを変える大発見がなされていたのと同時に、生まれつき耳の聞こえない子どもたちで、その耳の聞こえる両親が、手話ではなくて話すことを教えることに専念している人たち、つまり、特別な教育を通して、口で話す言語が獲得できるほど大きくなるまで待つ方針の子どもたちに関して、驚くべきことが発見された。その結果、このような子どもたちは、生後数年の間は言語のモデルにさらされないので、科学者たちは、人道的な形での実験を得たことになる。ギリシャの歴史家、ヘロドトスによると、人間の言語の中でどれがそのおおもとであるのかを知りたがったあるエジプトの王が、ある不運な子どもたちをどんな言語にも触れさせずに、完全に隔離して育てたという（Goldin-Meadow, 1979）。他の、それ以外では健康な子どもたちと同様に、今日の耳の聞こえない子どもたちも、彼らが使うことのできる非言語的手段を使って、両親とコミュニケーションをはかっている。それは、たいていは、身振りや顔面表情だ。しかし、平均的な耳の聞こえる子どもたちとは対照的に、これらの耳の聞こえない子どもたちは、自分たちで、一群の特別な身振りを発達させ始めたのだが、それは、おもちゃや好きな行為など、彼らの日常生活で重要なものを指し示すシンボルのようであった。

物体の世界で社会交渉を持つ状況だが、きちんとした言語にはさらされていない状況におかれ、（比較的）訓練されなかった人間の子どもの心は、それ自身のシンボルを生み出したわけだが、それは、あたかも、シンボル能力が人間の脳に刻印された不可避の能力であり、このような比較的貧しい環境におかれてさえ、出現してくるのを抑えることはできないかのようだ。さらに、このような子どもたちは、自分たちで自発的に作り出したシンボルや、指差しなどの他の身振りを組み合わせ、原始的な文章を作り出すことができたが、それらを分析してみると、耳の聞こえる子どもたちが、最初の発話した単語を組み合わせて作り出し始めるものと同じようであった。言語のモデルを与えられなかった、耳の聞こえない子どもたちは、表面的には、強力に訓練されたチンパンジーが作り出す原始的な文章と同じようなものを生み出していた。表面的には、訓練されたチンパンジーと、言語を教えられなかった子どもとが生み出した文章は、驚くほど類似していた。

子どもたち

クッキー　**くれる**

ボール　**ちょうだい**　ボール

ちょうだい　あれ　**ちょうだい**

ちょうだい　ちょうだい　「おもちゃ」

眼鏡を**はずして**　眼鏡を**はずして**　眼鏡を**はずして**

（細字は、指差しの身振りで同定された物体。太字は、子どもが作り出した手のシンボル。Goldin-Meadow, 1979）。

チンパンジー（ニム・チンプスキー）
くすぐって　私
食べる　ニム　食べる
遊ぶ　私　ニム
バナナ　ニム　バナナ　ニム
食べる　飲む　食べる　飲む
（Terrace, 1979 より）

これらに共通してみられる性質の一つは、サインの結合の多くが同じサインの繰り返しからなることであり、たとえ長いサインの連鎖が作り出されているとしても、実際の文章は非常に単純なことだ。*

類人猿はなぜ、まったく訓練を受けずに、少しばかり言語能力に障害のある子どもたちぐらいの言語を身につけるにも、特別の訓練を必要とするのだろうか？　ありそうな答えは、人間の子どもは何か特別の適応を備えているのであり（生得的ではなく、発達上の装置でもかまわない）、そのために最初から言語獲得の道筋にいるのだが、類人猿は、その道筋を行くには人工的な才能を与えられねばならない、というこ

*もっと専門的に言うと、このことは聾の子どものMLU（mean length of utterance　平均発話長）が増大せず（Goldin-Meadow, 1979）、言語訓練を受けた類人猿もそうであるという事実に反映されている。

とだろう。しかし、チンパンジーが生み出した（そして、耳の聞こえない子どもの生み出した）サインの連結は、本当に言語学的な文章なのだろうか？

ニム・チンプスキーの謎

チンパンジーと子どもの間に見られる、一見したところの類似性に対する単純な説明は、類似性は、外見だけのものだということだ。徹底した行動主義者のハーバート・テラス（Terrace, 1979）は、生得主義とチョムスキーの種特異的な考えに反対しており、テラスと彼の賛同者たちも、類人猿に言語を教える研究に熱心に参加した。彼の研究の対象は、ニム・チンプスキーと名づけられた雄のチンパンジーで、彼らが類人猿からの証拠によってその人の理論を打ち壊そうとしている、まさにその人にちなんだ名前がつけられていた。テラスは、基本的に、ガードナー夫妻やその他の人々が発見したことを確認した。チンパンジーは本当に手話を獲得し、彼に手話を教えてくれる人間と社会交渉を持つときには、手話を組み合わせて使った。しかし、テラスが、そのサインの構造とそれが生み出される状況とを詳しく分析してみたところ、いくつもの予測しなかった発見に行き当たった（Terrace et al., 1979）。

その一つは、ニム・チンプスキーが作り出したサインの組み合わせは、基本的に、一連のサインの繰り返しであることだ。ワシューと同様、ニムもだんだんに長いサインの組み合わせを作り出すようになったが、それぞれの組み合わせの中から、異なる物が表象されているシンボルの数が実際にいくつであるかを数えたところ、2つのサインの組み合わせ以上のものはほとんどないことがわかった。彼のサインの組み合わせは、何年訓練を続けても伸びていくことはなかったが、話し言葉や手話を習っている子どもたちが生み出す単語の組み合わせの長さの平均が、発達の最初の1年間に確実に長くなっていくことは、必ず見られる明らかなことだ。そして、この長さの平均は、文法の発達を測るよい測定値だと考えられている(Brown, 1973)。ニムの文法は、2単語以上には発達しなかったようだ。

しかし、彼が生み出した2単語の組み合わせは、人間の子どものそれに匹敵するものなのだろうか? テラスがニムの組み合わせを分析したところ、それがランダムに生み出されているわけではないことがわかった。ニムはサインをシステマティックなパターンとして使っていた。子どもでも同じであり、このことは、彼らが何らかの原始的な文法を使っている証拠と受け取られている。しかし、ニムがどのように彼のシステマティックな組み合わせを生み出しているのか、ビデオを調べてみたテラスは、予期しなかった、しかし彼の考え方にとっては本質的な発見をした。しばしばニムのサインは、彼と交渉している人間が出すサインによって、直接引き出されていたのだ。ニムは、彼の世話をしている人が出したサインを再生したり、聞かれた疑問への答えとして新しいサインを出したり、飼育係の作った身振りに先導されたりしていた。ニムのサインを書き写してみると、文章のように見え、ニムは、自分が生み出すサインを組織化しているという強い印象を持つ。しかし、テラスによれば、この組織化はニムが行っているのではなく、飼育係が行っているのであり、彼らが知らず知らずのうちに、ニムのサインの連鎖に「形を与えて」いたのだ。

さらに、テラスのチームは、ニムの組み合わせのほとんどの内容は、食物や、彼が人間にして欲しいことの要求であることを発見した。意見の表明や、人間から報酬を得ようとする試み以外のコミュニケーシヨンはなかった。テラスは、経験をつんだ行動主義の動物研究者であり、ニムはおそらく、物体や目標を指示する個々のシンボルを生み出しているのでさえないのだろうと結論した。彼のサインは、食物を得るという目的のみのために発せられる単純なオペラント運動であり、サーカスのチンプが自転車に乗ったり、服を着てお茶を飲んだり、人間らしく見えることをするよう教えられているが、あらかじめさんざん訓練されたあげくのことにすぎないのと同じなのだ。ニムの場合、その訓練が知らず知らずのうちのことだったのである（Seidenberg and Petitto, 1979）。

彼らは、この結論は他の類人猿研究にも当てはまると主張した。類人猿の心は（この詳細な分析が示すように）シンタックスを理解できないのであり、サインを象徴的な単語として使う能力もおそらくないに違いない。

ほとんどの認知科学者は、テラスの議論に納得した。中には、ロジャー・ブラウン（1986）のように、以前の研究に「だまされた」と感じる人もいた。彼は以前の結論をくつがえし、言語は、そのほんの萌芽的なものでさえ、人間のみにしか見られないという考えに戻った。他の研究プロジェクトの研究者たちは、訓練のやり方が違うので彼らのチンプの成績とニムとは同じではないと抗議した（彼らによれば、ニムは厳密に行動主義の訓練スケジュールで教えられており、言語使用の社会的側面を無視している）。それから、激しい論争が続いたが、科学的な客観性があまりない議論も多かった。しかし、ほとんどではなくても多くの認知科学者にとって、テラスの結論は、類人猿の言語に関する議論の終わりを意味した。どんなに強力な訓練を行っても、ヒト以外の霊長類の心に言語を育てることはできないので、言語は進化的に不連続なものだという考えである。そうだとしても、類人猿の言語に関するいくつかの残った研究は、これは証拠の解釈が誤っているのであり、新しい、テラス以後の研究結果は、類人猿にも言語能力があることを示していると主張している。

「ヘロドトス」の（耳の聞こえない）子どもたちの運命は非常に違ったものだったことは、記録にとどめるべきだろう。その後の研究から、彼らのサインの組み合わせは、確かに文法の証拠であり、言語の他の性質も備えていることが確証されたのである（Goldin-Meadow and Mylander, 1990）。

カンジ計画——類人猿の言語獲得の新しい研究

1970年代に類人猿の言語研究が最初に始まったときに先駆者の一人であった、スー・サヴェッジ＝ランボーの率いるチームは、研究方法に関するテラスの批判を受け入れた。彼らは、チンパンジーが生み出したものに文法構造があるという証拠はないというテラスの意見は正しいばかりでなく、シンボルを作っているという証拠もない、と結論した。類人猿が最初に言語を生み出すことを獲得したのは、飼育係から報酬を得るために作られた、単純な条件反応だとも考えられる。しかし、研究者たちは、こんなふうに学習が進まないのは、類人猿に言語を学ぶ能力がないからではなく、求められる反応が出たら報酬を与えるという行動主義パラダイムに基づく誤った訓練方法を使ったからだと考えた。サヴェッジ＝ランボーと彼女の共同研究者たちは（Savage-Rumbaugh, 1986）、類人猿に対する訓練のしかたを変え、もっと野心的でない目標を定めれば、批判を乗り越えることはできると考えた。そこで彼らは、単純な条件反応ではなく、チンパンジーに本当のシンボルを教えることに焦点を当てた新しい研究計画を始めたのである。

2頭のチンパンジーを使って、彼らは、より相互交渉を多くし、直接の報酬を与えないようにするいくつもの新しい方法を開発した。彼らは、人間の子どもが最初の言葉を覚えるときの状況をまねしようとした。それは、単語を挿入しながら何度も何度も相互交渉を繰り返すことだ。彼らは、このような方法を使うと、チンパンジーに本当のシンボルでラベル付けする技術を教えることができると主張した。この主張を裏付けるために、彼らは、以下のような興味深い実験を行った（Savage-Rumbaugh et al., 1980）。彼らは、チンプに、物体を、一つは食物、もう一つは道具（鍵、スプーン）という2つの異なるお盆に分類するように教えた。彼らがこれに熟達したころ、「レキシグラム」（単語を表すプラスチックの小片で、彼らが別の状況で習っていた）を与え、それを分類するように言った。チンプは、食物を表すレキシグラムは一つのお盆に、道具を表すレキシグラムはもう一つのお盆に入れることができた。彼らは、レキシグラムをそれ自体としてではなく、それが表象している現実の物体として扱うことができるようだ。これは、私たちが「シンボル」というもので理解していることと、驚くほど類似している。そこで、言語を習った類人猿が学習したのは、直接的な報酬とリンクした単純な条件反応ではなく、何らかの「シンボル」である可能性が出てくる。

のちの研究で、サヴェッジ＝ランボーと彼女のチームは、ボノボを使った長期的な研究で、類人猿の言語の文法能力問題に、もう一度取り掛かっている。ボノボとは、コモン・チンパンジーよりも人間に近いのではないかと彼らが考えている類人猿だ。彼らは、彼らの二番目の研究でチンパンジーに教えたのとほとんど同じやり方で、ボノボの母親にレキシグラムを教えようとしていた。彼らは、ボノボのほうがコモン・チンパンジーよりも頭がいいのではないかと望んでいた。彼らが失望したことには、そうではなかった。ボノボの母親は、レキシグラムを覚える生徒としては、どちらかというと鈍かったのだ。しかしながら、偶然に、驚くべきことが起こった。ボノボの母親は、勉強の場に彼女の小さい子どもであるカンジを連れてきていた。カンジは、直接、何を教えられたこともなかった。しかし、カンジにテストをしてみると、自分の母親が訓練されているのを見ている間に、たくさんのレキシグラムを学習していたことがわかったのだ。この予期せぬ成功があったので、研究者たちは、この同じ、正式ではないなごやかな教育環境において生徒が持っているらしい、素晴らしい観察学習の能力を第一に利用して、カンジの研究を続けることにした。

カンジ計画のハイライトの一つは、彼がどれほど発話を理解するかの証拠である（Savage-Rumbaugh et al., 1993）。カンジが話された英語を理解するらしいこともまた、この研究計画の偶然の発見であった。関係をなるべく自然に保つために、カンジと相互交渉する人間は、つねにカンジに対して英語で話しかけていた。研究計画の参加者は、彼が言われたことの多くを理解しているような印象を持っていた。このこと自体は、とくに珍しいことではないかもしれない。多くのペットも、こちらの言うことを理解しているように見えるからだ。しかし、ほとんどの場合、彼らが理解しているのは声の調子であり、または、単語の音や文章を、特定の状況と連合させることを学習しているのだろう（散歩に行く、食事がもらえる、怒られる、など）。

サヴェッジ＝ランボーと共同研究者たち（1993）は、カンジの理解は本当の言語理解であり、彼は文章を単語に切り分けることができ、文法構造の一部を分析することもできると主張した。これを検証するために、彼らは、統制した条件下であらかじめ決めた文章を使って実験を行った。つまり、単語を発音している人はその場に見えず、カンジと一緒にいる人は、カンジが聞かされている単語が聞こえない、という条件だ。読まれた文章はどれも、カンジが初めて聞く新しい命令であり、真の文法理解があるならばそれがわかるように、注意深く構成されていた。たとえば、「ミルクに水を入れなさい」と「水にミルクを入れなさい」が対比されており、カンジが個々の単語だけに注意を向けているのか、文章の中のどの位置に単語がおかれているのかまで注意を払っているのかがわかるようになっている。この研究の、さらにおもしろいひねりは、カンジの行動を、似たような統制条件下でまったく同じ文章を聞かされた2歳の人間の赤ん坊と比較したことである。

結果は、驚くべきものであった。8歳のカンジは、ほとんどすべてのタイプの文章において、人間の赤ん坊と同じかそれ以上の成績を示し、彼には話された英語を理解する能力があり、その理解が、人間の2歳の赤ん坊とだいたい同じほどの文法構造の理解に基づいていることを示したのだ。そして、これらすべては、ほとんど偶発的に行われた学習の結果だったのである。

人間の言語獲得の専門家の中には（Bates, 1993）、この結果は確かに、ボノボが何らかの文法理解をしていることを示していると宣言した人もいた。ベイツは、言語は進化の過程でいくつかの認知能力から生み出された能力であり、そのうちのいくつかは類人猿にも存在すると考えているので、この結果は、彼の理論に合致する。カンジに与えられた特別の環境条件が、いくつかの適切な能力を開かせ、それらを正しい方法でまとめあげ、真の言語獲得が可能になったのだろう。トマセロ（1994）は、言語は文化の産物であり、カンジが言語を話せるようになったのは、チンパンジーの性質のせいというよりは文化であると考えている。サヴェッジ＝ランボー自身は、言語はチンパンジーの性質の中に含まれており、カンジの心を野生のボノボの心と比べても、本質的に違うものはないと考えている。

批判者たちは、表面的な言語理解と思われるものは、文法以外のさまざまな認知的手段で獲得できるので、カンジの理解能力が非常に高いと認めても、彼が人間と同じような本当に文法的な計算を行っているという証拠はないと論じている（Pinker, 1994）。テラスとその同僚たちが、類人猿の言語を批判したことから始まった辛らつな議論の応酬から何年もたった今、サヴェッジ＝ランボーらによる非常に重要な発見を前にして、初代の「言語を習った」類人猿たちの例にもう一度立ち戻ってみたくなる。彼らは本当に、サーカスの芸のようなものを学習しただけだったのだろうか？　テラスとその同僚たち（1979）による決定的な批判は、類人猿は長いサインの連鎖を生み出しはするが、ほとんど場合、それは1つか2つの要素の繰り返しであり、彼らの文法能力は少しも向上しないというものであった。しかし、これはチンパンジーに限ったことではないのだ。先に述べたように、自分たち自身の手話を作り出した耳の聞こえない子どもたちも、まったく同じことをするのである（Goldin-Meadow, 1979）。それに加えて、ニムが発したことの多くは、飼育係が言ったことのまねであったが、彼が生み出したことの多くには（53パーセント）、まったく新しいサインが含まれていた。さらに、ニムほどではないにせよ、子どもたちも、他の人間が言うのを聞いたばかりの単語を繰り返すことは非常に多い（Terrace et al., 1979）。おそらく、言語を習ったり生み出したりしている幼い子どもたちが生み出す初期の単語は、訓練されたチンパンジーが作るサインと、それほど劇的には違わないのかもしれない。しかし、それは、子どもたちがまだ言語を使っていないからなのかもしれない。

言語を模造する

言語を習った類人猿が使っているのは、そのもとにある表象と脳内での計算とが、人間の使っているものと同じではないという意味で、「本物の」言語ではないかもしれない。特別に訓練された類人猿は、人間の言語の類似物を獲得しているのであって、本物ではないのかもしれない。同時に、言語の類似物を作ることのできる類人猿の能力は、本物の言語の進化と関係しているかもしれない。

たとえば、デレク・ビッカートン（Bickerton, 1995）は、言語を話す類人猿は、人間のおとなが使う言語を認知的にずっとやさしくした、「プロト言語」を使っているのではないかと示唆している。そして、彼によれば、非常に小さい子どもたちが言語発達の最初にやっていることと、耳の聞こえない子どもたちが「ヘロドトス」的研究で自分たち自身で発達させたものは、これもプロト言語であり、真の文法的言語ではないのである。

このようなプロト言語がみな同一のものだと考えるのは、おそらく間違いだろう。これらはそれぞれ、人間の言語に至る異なる前駆体であり、それはどれも、進化の過程で私たちのホミニッドの祖先が潜り抜けてきた前駆体と同じものではないと考えるのが、進化的に妥当であろう。現代の類人猿に誘発することのできるプロト言語は、失われた認知的リンクについて、間接的な情報を与えてくれるにすぎない。なんと言っても、現代の類人猿に言語を出現させようとするシミュレーションが、現存する言語能力の支持のもとに行われているのだから。私たちが考える必要のある言語のミッシング・リンクは、すでにあるような本物の言語なしに、プロト言語を生み出せるような認知システムと社会環境なのである。

耳の聞こえない子どもたちは、現代人の心は、言語のモデルがなくてもプロト言語を生み出せることを教えてくれるが、それは、豊富な社会交渉と、それなりのコミュニケーションがあってこそである。類人猿の心は、豊富な社会交渉と人間とのコミュニケーションがあったとしても、プロト言語を生み出すことはできない。それには、ハードな訓練または、言語のモデルに逐一さらすことが必要である。類人猿の言語訓練は現代人の心にすでに作りこまれており、それゆえに初期人類に言語への道を歩ませることになった、初期の進化的獲得の一部である能力を、よくシミュレートしているに違いない。そのような能力の一つで、もっとも類人猿に教え込む必要のあるものはシンボルの使用である。本書を通じてみてきたように、シンボル操作を教えると、類人猿の認知能力のさまざまな領域に、広く影響が及ぼされるようだ。実際、トマセロが指摘しているとおり、シンボルの教育はしばしば、ヴィゴツキー流の認知的社会化を伴っており、実際のところ、シンボルの効果と相互交渉の効果とを峻別することは難しい（原理的に分離できるものとしても）。この解釈では、類人猿は、ヴィゴツキーの言うところの発達の最近接領域に入れられたのであり、そこで彼らは、人工的に教えられたシンボルと人間による社会的なサポートなしには得ることのできないものを、心の中に獲得したのである。こうして獲得したものは、人間の子どもと表面的には類似しているが、計算上は異なるのだろう。しかし、逆説的なことに、類人猿の心にこのような可塑性があることは、新しい認知的能力を推し進めることを可能にした進化的プロセスに関して、私たちに洞察を与えてくれる。発達の最近接領域は、実は、進化の最近接領域なのかもしれない。それは、私たちの祖先を言語という領域に導いた最初のステップは言語以外のものであり、もともとは他の目的のためにデザインされた能力によって支えられたものである可能性はおおいにある。ぎごちないシミュレーションにすぎなかったものが、のちに真の言語能力になったのだ。しかし、そのようなぎごちないシミュレーションが、何らかの言語機能を担えたのであれば、それが淘汰圧を作り出し、このような新しく発見された機能をよりよく体現する変異が有利となって、新しいものが出てきた可能性はあるだろう。最終的には、シンボルと文法とを学習する能力を組み込んだ心が、自然淘汰によってできあがるに違いない。しかし、このような言語に対する人間固有の適応は、言語ができる前に、言語的な能力を模造した跳躍進化のプロセスで生まれたのかもしれない。

結論としては、言語を話す類人猿が、認知科学の中でみなに認められる定着した地位を得るにはまだ時間がかかりそうだが（彼らが獲得したものに関する難しい評価はさておくとして）、かつて言われていたような、単純なサーカス芸の獲得以上のものを提供しているのだろう。しかし、他方の極端な端にいる研究者たちが望むような、人間の複製とは異なるようである。彼らは、複雑な認知能力の起源について、進化的な教訓のいくつかを提供してくれているのだろうが、その教訓を読み取って理解する手立ては、私たちが見つけなければならないのである。

第11章

比較から学ぶ――認知発達の進化

霊長類の研究と子どもの研究との間には、つねに特別な関係があった。発達心理学が理論科学として形成されつつあった時代には、この分野の主要な研究者たちは（ピアジェ、ヴィゴツキーなど）、当時の最先端の霊長類研究の影響下で執筆していた。なぜ発達研究者や認知科学者一般に、霊長類はこのように特別に訴えるものがあるのだろうか？　ありそうな答えの一つは、霊長類はそれほど複雑でない認知プロセスを提供してくれるので、それを理解すれば人間の心がよりよく理解できるように違いないという考えにあるのだろう。ケーラーが、チンパンジーに関する先駆的研究を行った動機は、そこにあった。

それは、認知科学者が子どもを研究する動機と類似している。彼らは、子どもを研究すれば、自分たちが興味を持っている現象に関して、より単純なバージョンの認知プロセスを見出せると考えており、一段階ずつ、一つずつ、それがだんだんに複雑になっていくところを見れば、認知プロセスがよりよく理解できるだろうと考えている。

子どももヒト以外の霊長類も、複雑な認知の起源について学ぶ可能性を提供してくれるようであり、それが、霊長類学と発達心理学とのウマが合うように見える理由であった。

他の研究者は、霊長類にほかの使い道を見出していた。それは、認知発達の過程でヒトに固有のものを見つけ出す方法としてである。たとえば、ヴィゴツキーがケーラーの実験のいくつかを子どもで繰り返し、人間という霊長類を進化のいとこたちからずっと遠くに引き離した発達上の原動力は、発話と社会的環境であると結論づけたときは、それが彼の目的であったのだ。

動機が何であれ、子どもの研究と霊長類の研究という2つの戦略を結びつけ、異なる霊長類の心の発達過程を比較するとき、私たちは、認知を、二重の発達のレンズで見ているのであって、こうすることは、単純に、ある霊長類に特徴的なものや、多くの霊長類に共通するものをあげていくことよりも、いっそう複雑で解釈が難しいかもしれない。

表象する心

本書の中での中心課題は、霊長類の行動は表象をめぐって組織立てられているという概念であった。このことは必ずしも、環境に関する複雑な心的図像や描写であるとは限らない（空間認知でのように、それらしきものが存在する場合もあるが）。表象は、物体をつまみあげたり、直線では近づくことのできない目標に達する適切な道筋を見つけたりという、本当に基本的な行動のもとにもなっている。第2章と3章で見たように、子どもの霊長類は、物体の表象と世界の中に物体がどのように置かれているかの表象、そして、それらの物体と彼ら自身の行動との関係の表象とを、徐々に身につけていく。最近の発達研究の中には、表象の変化の役割を小さく見積もり、発達的変化の多くは、抑制や作業記憶などの基礎的な認知プロセスの発達で説明できるとするものもある（Diamond, 1991）。この見解では、初期の認知発達の多くの側面は、すでに存在していた表象を互いにつなぎ合わせ、行動を導くためにそれらをより有効に使えるようになることを反映しているのであり、新しい表象を獲得することによるのではない。

第3章で述べたように、この、表象どうしをつなぎ合わせ、抑制のようなプロセスを通してそれらを選択的にコントロールするという考えは、まさに、感覚運動発達の理論が考えているような表象の変化を暗黙のうちに仮定しているのである。実行的な知能の発達のほとんどは、行動の要素を複雑な手段と目的の連続へとつなぎ合わせることなのであり、それをするには、つなぎ合わせるべき個々の単位の表象を獲得し、そのような組み合わせを作り上げている、より高次な構造の表象を獲得せねばならないのだ。

私は、霊長類の知能の起源は実行的な知能にあると論じた。それは、行動を効果的に組織化するための表象のシステムである。環境に対処するために、霊長類は、環境を、物体とそれらの間の関係、主体と主体どうしの関係などの単位を用いて分析する。そして彼らは、意図をもって自分の行動を組織化するのだ。霊長類はものごとを欲し、それを達成するのに必要なステップを踏んでいるあいだ、自分の欲するものを心にとめておくことができる。種が異なれば、いくつのものを心にとめておかれるか、目的を達するために行動をどれほど複雑に組織化することができるか、などは異なるだろう。しかし、彼らは、世界を、空間の中に分布する物体の世界としてとらえ、それらの物体を比較的柔軟なやり方で操作したり、それについて考えたりするという点では共通しているようだ。このような霊長類の世界観は、発達の産物なのである。

発達する心

霊長類に固有な特徴の一つは、幼児期が長いことだ。霊長類は、自分を動かしたり物体を操作したりするのに必要な移動能力を発達させるのに、他の動物よりも長い時間がかかる。そして、霊長類の間にも、成長と発達には一定のパターンが見られる。類人猿の運動能力は、サル類よりもゆっくりと発達する。たとえば、チンパンジーの赤ん坊は、生後1ヵ月から何らかの方法で少しは移動することができるが、四本足を使ってはいはいできるようになるのは、生後4、5ヵ月たってからである。それとは対照的に、アカゲザルの赤ん坊は、機会を与えられ、そうすることを奨励されれば、生後数日からでもはいはいすることができる。人間の赤ん坊がはいはいできるようになるのは、生後9ヵ月から10ヵ月もたってからだ。

類人猿の系統では、出生時の運動能力の未熟さとその後の発達の遅さに関して、重要な進化上のギャップができている。このギャップは、人間の系統でさらに広がり、赤ん坊はますます無力で発達が遅くなっている。この未熟さのパターンは、2つの重要な帰結をもたらした。一つは、ある種の基本的な運動能力と認知能力とが一緒になった、または、よりゆっくりと獲得されるようになったことである。もう一つは、赤ん坊が、母親や集団中の他のおとなに、より強く依存するようになったことである。この両方とも、認知の発達にとって重要な結果をもたらしたかもしれない。運動と認知の発達が遅れたという第一の点では、サルも類人猿も人間も、最終的には同じ能力を獲得するのだろうが、発達がゆっくりしていると、もとになっている表象に変化が生じるかもしれない。ものをつかんだり、歩いたりといった運動をどのように行うかの表象は、よりゆっくりしたものになれば、より詳細で柔軟性の高いものになるだろう。それとも、補完的に、運動が未熟であることは、運動の表象とはある程度独立に、最初の認知的表象が作られるように働いたかもしれない。事実、最近の発達心理学における画期的な発見によると、認知的な知識は、動作的な知識よりも早くに獲得されるということだ。このことは、赤ん坊が、物体の位置を認知的には正しく把握しているらしいのに、間違った場所を探そうとするときに現れている。子どもは、そのうち認知と行動を一致させるようになるが、サルのおとなでも、このような認知と行動の間のギャップがあることが、最近わかるようになった。

それはともかく、人間では、認知の発達も遅れるように進化した。第2章では、見慣れた刺激よりも新奇な刺激を好むといったような認知的な目印となる事柄が、サル類と比べて1対4の規則にしたがって発達することを見た。この遅れの度合いが運動でも認知でも同じであるのかどうか、それとも、類人猿、とくに人間の子どもでは、発達上のギャップがことさら大きくなり、発達の初期の数ヵ月間は、文字通り、動く前に見ることが必要になったのかは、まだ研究してみなければわからない。

本章を書いている時点で、私の生後5ヵ月の娘は、見たものにやっと手が伸ばせるようになったところだ。彼女は、それをとてもぎごちなく行い、最初の試みで物体に正確に触るのは難しい。移動能力の点では、彼女はもっと何もできない。彼女にできることと言えば、仰向けの状態からうつぶせの状態へと転がることだが、それでさえ、しばしばうまくいかない。片方の腕がからだの下敷きになってしまい、それをどうやってどけたらよいかわからないのだ。仰向けになるには、われわれの手を借りなければならない。しかし、彼女がすでに本当によくできることがある（泣くこと以外に、という意味だが）。それは、見ることだ。彼女は、目と頭を向けて世界の出来事をよく見ることを知っている。出来事とは、普通は、あたりで動いている人々だが、彼女はときにはかなり長く複雑な動きを実によく追う能力を備えている。もちろん、彼女が見たものをどう考えているのかはわからないが、発達心理学者を信用するならば、彼女は、ただ見ているだけで、物体や人間の世界についてたくさんのことを学んでいる。

私が最初の赤ん坊ゴリラに出会ったとき、彼らは生後6ヵ月から8ヵ月で、確かに私の娘よりは少しばかり大きかった。しかし、彼らの行動が非常に違うことは、この少しばかりの年の差では説明できない。彼らは、四本足で地上を歩くだけでなく、人間は言うまでもなく、箱や椅子によじ登ることも含め、まったく自分の力で自由に動き回ることができた。彼らは、自分の見たものを何のためらいもなくつかむことができたし、それを口に持っていったり、それで何かほかのことをしたりすることもできた。彼らは、確かに物を見ることに興味をもっていたが、人間の赤ん坊ほどには「フルタイムで」物を見ているようではなかった。彼らは、一日の多くの時間を、物で何かを「して」過ごしていた。

うちの娘が、ゴリラの動きの数分の一でさえ自分自身で動き回れるようになるには、数ヵ月がかかった。しかし、その間に彼女は、物体や世界について多くのことを学んだ。このような早い年齢で彼女が学んだことが、ゴリラの知識とは違うのか、それとも本質的には同じなのだが、少しばかり異なるやり方で表象されており、強調されている部分が少し異なるのか（敢えて推論するなら、ゴリラは物体と空間で何ができるのかに興味があり、人間の赤ん坊は、他者が物体で何をするのかに焦点を当てているのかもしれない）

は、まだ科学的には解明されていない。類人猿と人間の運動能力の成熟が遅くなることの一つの利点は、それによって、異なる知覚的知識の系統を長く、強固に発達させることができるようになることだ。おそらく、直接に行動と結びつくことなく知覚を通して得られた知識は、より「叙述的」で、のちの発達における正確な操作には都合がよいのだろう。このような可能性がどれほど正しいのかを決めるのに十分なほどには、ヒト以外の霊長類が知覚的に何を知っているのかに関する私たちの知識は、まだまだ十分ではない。このようなことを探索するのが、認知発達の比較研究における今後の課題となるだろう。

すでにそこにあることの発達

霊長類の新生児がおとなになるまでに起こる形態的な変化を比べてみると、それは重要ではあるが、からだの本質的な構造には影響を与えていない。思春期にもたらされるいくつかの変化を除けば、おとなのからだで、赤ん坊のときになかったものはない。しかし、霊長類の新生児の行動をおとなの霊長類の行動レパートリーと比べてみると、そこには劇的な変化がある。出生からおとなまでの間に、何か本質的なことが起こり、成長していくからだに対して、行動の（そして、おそらく認知の）様相を完全に変えてしまう変化が生じたのだ。

出生からおとなまでの行動的変化は、新生児の脳の中に、注意深くあらかじめプログラムされていたのかもしれない。それらは、成熟の過程で一つ一つ、あらかじめ決められていた能力が開花していく過程なのかもしれない。そのような成熟の過程が存在したとしても、少なくとも霊長類の場合には、それは発達の過程で起こることの一部ではあっても、とても話の全部ではない。霊長類では、あらかじめプログラムされていたものが単に開花していくというよりは、自分自身のものの上に再構築していくことを強いられているようだが、そのこと自体、逆説的に、彼らの遺伝子に書き込まれているようである。最初から自分のからだを使ってできる一群のあらかじめ決められた動きを持ってくるのではなく、霊長類は、四肢と、それらの間の連結と、おそらく皮質下で組織されたかなり完全な姿勢のパターンとを持って生まれてきて、それからゆっくりと、そのからだを使って何ができるかを発見していくようにまかされているのだろう（行きたい場所へ行く、物体をつかむ、登る、歩くなど）。霊長類の脳の部分がどうするべきかをすでに知っている事柄を再発見させることの利点は何なのだろう？　可能な答えの一つは、この再発見が脳の異なる部分、おそらく皮質のどこかで起こり、皮質で作られる表象は、皮質下で作られるものとは性質が異なるということだ。それらは、それほど詳細ではないのかもしれないが（たとえば、運動を起こすのに必要なほどの詳細な指示は含まれておらず、動きの「アイデア」だけが示されているぐらいなのだろう）、一方ではもっと正確で、似たような他の表象と柔軟な連結ができるようになっているのかもしれない。*　とくに、霊長類が革新的な方法で問題解決できるようにするのに必要な、手段と目的との知的連動のようなも

＊アネット・カーミロフ＝スミス（1992）の理論に精通している方は、ここで私が述べていることと、彼女の表象的再記述の考えとがよく似ていることに気づかれただろう。しかし私がここで言う表象は、彼女が「手続き的」知識というところのレベルで起こる。要するに、知識の正確さには同様にさまざまなレベルがあるが、手続き的知識にも異なるレベルがあり、あるものは他のものより正確だ、ということだ。

のには、それが大切であるだろう。

発達というものの主要な目的は、このことなのだ。ある意味で彼らがすでに知っているものの表象を獲得するように強いることである。* この、表面的には冗長なプロセスは、運動行動を柔軟な表象の制御のもとにおいておき、つまりは知的な行動ができるようにするという、決定的に重要な機能を果たしているのかもしれない。発達とは、その種の脳がすでに知っていることの発見の旅路でもあるのだが、それが最終的に導くところは、個体の知能なのである。

認知の進化における連続性と不連続性

比較研究につねにつきまとう問題は、霊長類の心の研究で何が実証的に発見されたのかについて意見の一致が見られないことだ。本書を通じてみてきたごとく、霊長類は何ができて何を理解しているのかについて、研究者の意見が一致しないときのほうが多い。ある研究者は、観察と実験の結果は、ヒトと霊長類の認知の連続性を明らかに示しており、表面的な行動の違い（ヒト以外の霊長類には言語がないなど）の下には、共通性が隠れていると考えている（類人猿に言語の一部を教えることはできる）。他の研究者は、

＊ある意味で、ギリシャの哲学者にして最初の生得論者プラトンが好んで述べたように、彼らは彼らが知っていることを「思い出している」のである。

それとは対照的に、表面的な行動の類似（道具使用や視線の追跡）の下には、深い認知の違いが広がっていると考えている（因果関係の理解や心的理解の欠如）。

解釈の違いがこれほど異なるのは、何も最近に始まったことではない。それは、比較研究が始まった当初からあった。それは、発達心理学における生得説と経験説の論争と似たようなものである。一世紀以上にもわたる多くの実証的研究の果てに、異なる意見の研究者たちの間では、未だに同じ根本的な意見の相違が残っている。

実証的な発見があるにもかかわらず、理論的な溝が埋められないのは、問題が、競合する理論自体にあるという明らかな印である。両方の理論とも、現象の性質の全体を覆うことはできておらず、部分的にしか適切ではないのだ。これは、盲人たちが、自分たちの触っている動物がどんな動物であるかを言い争ったという、昔の逸話のようなものだ。ある人はヘビだと言い、他の人はカバだと言ったが、実はそれはゾウだった。一人は鼻に触っていたのであり、もう一人は足に触っていたのだ。どちらも、全体像を把握していないのだが、それぞれ、自分の持っている確固たる、しかし断片的な証拠をもとに、自分の考えを譲らないのである。

それでは、連続性・非連続性、類似性・相違性の議論を、認知とは異なる分野から借りてきた例をもとに考えてみよう。霊長類の各種における手と顔の解剖学を比較するのならば、類似性の主張も非連続性の主張も、ともに適切なアプローチである。チンパンジーの手は、ヒトの手と同じところもあり、違うところもある。それは手であるが（だから類似している）、チンパンジーの手である（だから違う）。では、類似性と相違性のどちらが、科学的により重要なのだろうか？　それは、考えようとしている問題の性質による。5本の指の連携が、さまざまなグリップが可能な器官に編成されたことを理解したいのであれば、手の種類は違っても類似性があることのほうが重要だろう。しかし、ある種の繊細なグリップや、ピアノを弾く能力などについて理解しようとしているのであれば、違いのほうが重要であるに違いない。

違いを強調したい極論者は、違いがあるのだから、チンパンジーの手は正当な手とは認められないと主張したがるかもしれない。一方、連続性の極論者は、明らかな共通性があるのだから、それ以上の区別をせずに「手」について話せばいいと主張するかもしれない。どちらの主張も馬鹿げているし、科学的に不毛である。

この形態学的な例は、行動や認知の領域に当てはめるには単純すぎるかもしれない（そして、連続性はあまりにも明らかである）。それでは、もう少し複雑な例を見てみよう。形態と行動の中間である、ヒトの二足歩行だ。これは何よりもヒトに固有な形質であり、形態学上および生理学上の複雑な適応のセットから成り立っている。ヒトが、2本の足で歩く特殊な能力を進化させたことは明らかであり、それは、一連の劇的な適応的変化の一部として起こったのだが、そのうちのいくつかは誰の目にも明らかである。二足歩行は霊長類の中ではヒトに固有なのだろうか？ヒトの形態的適応を見ると、そうらしい（Fleagle, 1999）。

それでも、チンパンジーその他の霊長類を野外で観察すると、ときには彼らも後肢で歩くことがわかる（たいへんぎごちなく、短距離ではあるが）。そこで、限定的な二足歩行は、類人猿の自然の行動であるらしい。さらに、彼らがときどき行う二足歩行は、特別にそのために選択された適応ではない、多くの特定の形態的、生理的適応のおかげで成り立っている。ある理論によると（Crompton, 2001）、地上でときどき行うこの二足歩行は、逆説的だが、類人猿の樹上生活への適応の副産物だということだ。木の枝に登ったり降りたりするには、比較的直立した姿勢がたいへん便利である。そうするには、少なくとも片手で枝をしっかりつかんでいたほうがよい（動いているロンドンの二階建てバスの、あの狭くて急な階段を上り下りしようとすれば、私たちもそうしている）。このような適応は、ときには地上においても有利であり（たとえば、物体を運んだり、あたりをよりよく眺めようとしたりするときなど）、類人猿は、手を使わずに何メートルも直立して歩くことがある。

チンパンジーは、二足歩行ができるのだろうか？　野生でも飼育でも、チンパンジーがA地点からB地点まで二本足で移動するとき、彼らは実は移動しているのではなく、そう見えるのは私たちの幻想だと主張したいのでない限り、この質問の答えは「イエス」以外にないだろう。それでは、チンパンジーは二足歩行者だろうか？　この質問に「イエス」と答えるのは、もっと難しい。それは、二足歩行者である、ということで何を意味するかによる。チンパンジーは、ヒトが二足歩行者であるというのと同じ意味でそうではない。チンパンジーは、ある程度は「二足歩行もできる」と言えるが、チンパンジーの二足歩行は、より広い範囲の移動様式に対する彼らの適応の二次的結果である。ヒトの祖先は、ヒトとチンプの共通祖先におそらく存在していた、何らかの同様な移動様式の適応を利用し、専門の二足歩行者へと進化した（その過程で、他の移動様式の可能性は失った）。

チンプが本当に二足歩行できることを否定するのは馬鹿げているし、人間の二足歩行に新しいものや特徴的なものは一つもなく、チンパンジーの二足歩行から完全に理解することができるという振りをするのも、馬鹿げている。チンプとヒトの二足歩行のもとにある構造は、ある部分は同じだが、ある部分では異なり、歩く行動自体も、似たところと違うところの両方がある。ヒトの二足歩行が特別であることは確かだが、類人猿がときどき二足歩行することも含め、彼らの移動様式とのあいだに連続性があることも確かだ。これは、ヒトと類人猿との間に、本当に進化的連続性がある場合である。この事実に対処するのに、理論的な問題があるとすれば、それはわれわれの間違いであり、データが不十分であるとか、この分野がまだ未成熟だからなのではない。

本書で論じてきた認知能力についても、同じようなことが起こっている。霊長類各種の心は、同じ心の異なるバージョンである。私たちが何を理解したいのかによって、類似性に重点をおくときも、相違に重点をおくときもあるが、それは両方とも存在するのである。類似性に注意を集中することにしても、相違が消えて無くなることはないし、相違に集中することにしても、類似性を排除することにはならないのである。

類人猿はヒトの祖先ではない

類人猿はヒトの祖先ではなく、進化的な「いとこ」であることは誰もが知っている。現生の類人猿とヒトとはともに、今は絶滅した同じ共通祖先の霊長類から進化した。このことは、ヒトと類人猿との進化的距離は単に500万年なのではなく、500万年足す500万年の独立した進化の年月で隔てられているということだ。ヒトがヒトとして独自の進化をした500万年と、類人猿が類人猿として独立の進化をしていた500万年との和である。しかし、このことは、手短かに議論を行うときにはしばしば忘れられてしまい、私たちは、類人猿の能力をヒトの能力の前駆的なもの（祖先型）と論じる傾向がある（たとえば、チンパンジーの道具使用をヒトの道具使用の前駆的なものと論じる）。しかし、チンパンジーの道具使用がヒトの道具使用の前駆体ではあり得ない。チンパンジーの道具使用は、共通祖先の持っていた道具使用能力と似たものだろうと推測するだけである。チンパンジーの認知能力は、共通祖先のそれと比較して、それほど変わっていないのだろうと仮定することはできる。それでも、チンパンジーは、私たちの祖先の心を直接に写し出す鏡ではなく、独自の500万年の進化でゆがめられた鏡なのである。ヒトこそがもっとも大きく変化した類人猿なのだと仮定しても、チンパンジーの行動を、そこからヒトの行動が作り出された祖先型だと考えてはならず、未知の祖先から進化した、異なるバージョンの心と考えねばならない。

みんなで隣の人の耳にメッセージをささやいて伝える、よく知られた伝言ゲームを考えてみよう。普通は、メッセージが最後の人に届いたときには、驚くほど変わってしまっているものだ。進化では、私たちは、もとのメッセージがなんであったのかを知らない。異なる祖先を次々と経てきたあとで得られた、さまざまな異なるバージョンを知っているだけである。チンパンジー、ゴリラ、オランウータン、ボノボは、ヒトが作られるもとになった同じメッセージの、それぞれ異なる変容メッセージなのだが、そのどれかがもとのメッセージのより正確なコピーであるとは限らない。

類人猿の認知を、ヒトの認知よりももとの祖先型に近いバージョンだと考えたくなる誘惑は、類人猿の能力のほうがどう見ても複雑さが少ないが、確かにヒトの認知と「同じ方向」に向いている、という印象に基づいているのだろう。だから、複雑なヒトの心の未発達のバージョン、前駆体であるという気がするのだ。霊長類研究と子どもの研究との間にある特別な連携は、一部はこの印象に基づいている。一生の間の発達という点から見れば、子どもの心はおとなの心の前駆体であり、進化的発達という点から見れば、類人猿の心はヒトの心の前駆体であるということだ。

ここでも、類人猿の心はヒトの心の前駆体ではなく、サルの心は類人猿の心の前駆体ではないということを思い出しておこう。もっとよい見方は、類人猿の心の個体発生を、ヒトの心の個体発生の進化的共駆体と考えることだ。「共駆体」とは、ヒトのバージョンへと変容していった、発達のより古いバージョンではなく、霊長類の発達があり得るはずの、異なるバージョンの一つという意味である。

実行的な認知の見通し

そういうことだとして、霊長類の心を比較することにより、何がわかるだろうか？　一つには、心というものを作り上げている認知メカニズムがいかに多様であるかを学ぶことができる。このことは、ヒトの心自体を理解するために特別に重要であるだろう。私たちはしばしば、自分の心が、自分で十分に意識しているあるやり方で働いているという錯覚を抱いている。知能や高次の認知機能となると、とくにそうだ。私たちは、知能は、基本的に意識と言語からなっていると考えている。しかし、いつもそうだとは限らないのだ。

たとえば、意図的なコミュニケーションを取り上げてみよう。多くの科学者は、コミュニケーションのための意図は、特別に複雑な認知構造を持った、特別の形の意図だと考えている。たとえば、ウェイターに言って、コーヒーのスプーンを持ってきてもらいたいという、簡単な意図の例を考えてみよう。スプーンを頼みたいと思わせる、コミュニケーションの意図は、スプーンが〈欲しい〉のだということを、ウェイターに〈気づいて〉〈欲しい〉ということから成り立っている。この意図を複雑にしているのは、この埋め込まれた関係の中に一緒に入れられている、3つの異なる心的状態を理解せねばならないことだ。これは、心の理論と呼ばれる複雑な行動である。

注意深い研究を行った結果、本当のコミュニケーションの意図は、これよりもさらに複雑であることがわかった。たとえば、次の可能性について考えてみよう。あなたはたいへん恥ずかしがり屋で、ウェイターはとんでもなく横柄である。あなたは、彼にスプーンをくれとはなかなか言えないが、それが必要なことに変わりはない。あなたは、次のような解決法を考える。あなたは、ウェイターがあなたのテーブルの近くを通り過ぎるのを待つ。そのとき、スプーンか何か、コーヒーをかき回すものを探すというパントマイムをやるのだ。しかし、あなたはウェイターと目を合わせないように気をつけている。あなたの望みは、ウェイターがそれに気づいて、あなたが頼まなくてもウェイターがスプーンを持ってきてくれることだ。実際あなたは、自分がスプーンを〈欲しがっている〉ことを、ウェイターに〈気づいて〉〈欲しい〉(さきほどコミュニケーションの意図と呼んだものだ)のだが、あなたは、彼とのはっきり意図的なコミュニケーションをしようとしているのではない。それどころか、それははっきりと避けているのだ。それでは、真のコミュニケーションの意図とはなんだろう? あなたはウェイターに、あなたがスプーンを欲しがっていることを気づいて欲しいのだが、あなたは、自分がそう欲していることを彼に気づいて欲しくはない。そこで、あなたが避けていることこそ、コミュニケーションの意図にとって必要なステップであるはずだ。

あなたがスプーンが〈欲しい〉のだということをウェイターに〈気づいて〉〈欲しい〉のだということを、あなたはウェイターに〈気づいて〉〈欲しい〉のである。5段階で入れ子になった意図という、心の理論の計算である！

明確に陳述的な表象に基づいた論理的分析をすると、スプーンを頼むなどという簡単なことをしている場合にも、私たちは実際、5段階にもわたる入れ子の心的状態について理解するという、驚異的な心の働きを使っていることになる（Gómez, 1994 : Sperber, 1994）。この分析には、きっと何かおかしなところがあるに違いない。おかしいのは、私たちが、一つの認知関数（学術用語では、「直示」と呼ばれているもの（Sperber and Wilson, 1986）を、洗練された認知メカニズムで記述しようとしていることだ。それは、洗練されてはいるけれども、この特定の関数を計算することはできないのである。直示（何かを伝達する意図を見せること）は、他者の心の内的心理状態を表象することによってでは、それを得ることも検知することもできない。そうではなくて、第7章で注意の接触と呼んだような、基本的な何かを計算することで達成されている。第7章で示唆したように、注意の接触は、視線や視線の接触などのパターンで表現された、心的状態の外的表象に基づいているのである。

もちろん、人間のコミュニケーションでは、注意の接触の表象を、他者の心の内的状態の表象と組み合わせている。そうして、私たちは、ウェイターは、私たちが彼の注意をひこうとしているのを故意に無視しているのではないか、たぶん、この前、もらえると思っていたチップをやらなかったことを、まだ怒っているのだろう、などなどと推測する。しかし、私たちが直示を獲得し、意図的なコミュニケーションにはいる唯一の道は、注意の接触という特別なメカニズムを使ってでしかないのである。ウェイターがとうとう私たちに注意を向けてくれたら、すぐにもそれがわかるが、それは、彼の内的心的状態に関する推論とは違うものによってなのである。

注意の接触を検知したり、避けたり、促したりするやり方は、霊長類にはあまねく見られるようだ。多くのサル類では、それは、攻撃と服従のシステムと緊密にリンクしているが、類人猿では、それは比較的柔軟に働き、さまざまな社会的交渉を制御するのに使われているようだ。そのうちの一つが、指示的コミュニケーションの一種である（第7章、第8章を参照）。

それゆえ、霊長類から得られる教訓の一つは、ヒトの認知生活の中でもっとも重要な機能のいくつかは、言語的または陳述的描写では書けない表象をもとに行われており、確かに、そういうことによって獲得されているのではないということだ。だからと言って、ヒトの心の明確で抽象的な表象が、重要な認知的機能を獲得することができないわけではない。ただ、このような高次の認知機能は氷山の一角であり、その下には、明確な認知という限定的な概念では理解できない複雑な認知の基礎があるということを、覚えておきたいのだ。

跳躍する心

進化認知科学では、心的能力を、ある特定のタスクに対する適応と考えることに慣れている。進化の過程で、生物は、それぞれ異なる心的道具を発達させたが、それらはどれも、ある特定の機能を果たすことにうまく適応している（Hauser, 2001参照）。たとえば、霊長類は一般に、物体の永続性の概念を発達させ、それによって、世界の中での物体の軌跡を追えるようになった。ある種のサルは、捕食者をよりよく避けるようにする警戒音の表象システムを発達させた。チンパンジーは、物体をきめ細かく操作する技術を発達させたので、いろいろな道具を作ることができる。霊長類のからだが、さまざまな形態的適応を発達させたのと同様に（手、目、顔）、彼らの心も、さまざまな認知的適応を進化させた。

それでも、霊長類が特別に変わった問題に直面したときには、彼らは、適応の産物というよりは、跳躍と呼べるような解決法を編み出すかもしれない。進化では、適応とは、ある特定の機能を実行するのに有効であったため、ある特定の形質が獲得されることを言う。たとえば、霊長類の手は、ものをつかむ機能のために設計されている。しかし、もともと、ある特定の機能のために選択された形質が、たまたま、新しい、思ってもみなかった機能を実行することができる場合もある。ちょっとおもしろい例をあげれば、人間の鼻がそうだ。ヒトの鼻は、その上に眼鏡をのせるという機能を果たすには理想的にできているが、鼻は、この機能のために進化で選択されてきたわけではない。鼻は、眼鏡をのせる機能に適応しているのではない。この機能を果たすように跳躍しているのだ。

もちろん、眼鏡は、もともと存在する鼻の性質に合うように人間が設計したものだ。しかし、跳躍は、自然にも起こるのだろうか？　つまり、Xという機能のための何らかの適応が、Yという機能に対処するにも思いがけず有効であるということが起こるのだろうか？　故スティーブン・ジェイ・グールド（Gould and Vrba, 1982）などのような生物学者は、これは本当に自然に起こり、しかも、私たちが考えているよりも頻繁に起こっているのだが、私たちはそれを適応と勘違いしていると考えている。

飼育下におかれた霊長類では、行動的、認知的な跳躍はしばしば起こる。このように劇的に新奇な環境では（第一に、彼らには毎日食物が与えられるので、食物を探さなくてもよい。しかし、自由に動き回ることはできず、人間に頼らねばならない）、彼らは、もともと持っている認知的行動的能力を使って、いくつもの新しい状況に対処せねばならない。たとえば、第7章で見たように、飼育下の類人猿は人間の飼育係との間ですぐにも指示的コミュニケーションの形態を発達させるが、それは、彼らの野生でのレパートリーに含まれているものではない。彼らに、この形態のコミュニケーションを苦労して教える必要はない。それは、彼らがこういった人工的飼育環境におかれたならば、「ごく自然に」現れるのだ。

類人猿はまた、物体を新しいやり方で操作するようにもなる。非常に劇的なのは、飼育のゴリラとオランウータンだ。飼育下では、彼らは必ずや複雑な道具使用行動を発達させるものだが、野生では、彼らが道具を使うところは滅多に観察されていない（とくにゴリラは）。このような発明を、飼育下で生じた不規則な行動であるから、進化的な興味はないと退ける人たちもいる。しかし、進化は決して静的なプロセスではない。進化を可能にしている基本的な動力は、環境に遅かれ早かれ起こる不可避の変化を生き抜いていける、特定の個体の能力があることだ。それをする道の一つは、特定の機能に適応した既存の能力を跳躍させ、環境の変化がもたらした新しい機能に対応するために使うことだろう。道具を使うゴリラは、もし必要になったなら、野生のゴリラも、道具を用いてしか得られないような食物を利用することができるようになるだろう、ということを示している。チンパンジーは、進化で少し先へ進んでいたからか、すでにもうそうしている。

跳躍的愚かさ

この跳躍進化の観点からすると、跳躍している能力は、その新しいタスクの実行に最適にデザインされているとは限らないことになる。跳躍は、ぎごちなさと愚かさを生むことにもなる。たとえば、チンパンジーが人間との間で行う指示的コミュニケーションは、たいへんぎごちなく、原始的である。ある個体など、人の注意をある物体に向けるために、自分の腕をそちらに伸ばしたほうがずっとよいのに、人の手をつかむというとんでもない身振りを考え出した。これは、彼らが、もともと物体操作のための適応を利用して、人間の注意を目標物に向ける動作を作ろうとし（第7章）、それと同時に、彼らの共同注視の適応を使って、このような接触の身振りから純粋にコミュニケーションのための身振りを作ろうとしたからなのだろう。それとは対照的に、人間の赤ん坊は、指示的コミュニケーションには、よりよくデザインされているようだ。どの赤ん坊も、ごく自然に、人差し指を伸ばして何かを指し示す身振りを発達させるが、人差し指は、指し示す信号としては理想的に適応している。ごくたまに、類人猿の中に、これと似たものを発達させる個体がある。しかし、人間の赤ん坊は、他者の注意を目標の行為に向けさせるのではなく、注意の目標に向けさせるための、前陳述的身振りをしたがるという、指示のための認知適応も備えている。類人猿は、人差し指でものを指し示すよりもずっと稀にしか、前陳述的身振りを行わない（そもそもするとしても）。

類人猿は、指示的身振りを発明するのに、ときにはこの課題にとても適応しているとは言えない認知的、行動的手段を使って非常に苦労しなければならないが、人間の赤ん坊は、それとは対照的に、ごく自然に指示的行動を身につけるので、それ以後、より長く、洗練された指示のキャリアをつんでいくことに不思議はない。

まとめると、霊長類が、一般化された適応を果たすために認知発達に頼っていることの一つの帰結は、新しい認知的領域を探索することのできる能力である。飼育下の霊長類は、そうすることを劇的に強いられているが、これらの人工的な環境で私たちが目にする跳躍のプロセスは、自然環境が変化したときに、霊長類が自然状態で用いていることと、本質的には同じなのかもしれない。既存の能力の跳躍で、変化した環境に霊長類が適応するのに十分な場合もあるが、跳躍は、新しい能力への橋渡しとして働く、生存のための移行的解決方法に過ぎず、ランダムな遺伝的変異が、新しい条件によりよく適応する変異を生み出し、幸運なその持ち主が、もとの種のメンバーが跳躍で行っているよりも有利な立場になる場合もあるだろう。それでも、新しい、うまくいく適応が跳躍と完全に置き換わるときでも、新しい適応に向かう最初の進化的ステップは、古いものを跳躍的に使うことを通してである。さらに、跳躍が新しい機能を生み出し、それゆえに、新しい選択圧を生み出すので、そのような跳躍がそもそもなければ、結局は新しい適応を生み出すことになった変異自体が選択されなかったという場合もあるかもしれない。

たとえば、指示を例にとると、現生の類人猿は、指示的機能への特別の適応が生み出されたプロセスがどんなものだったかを教えてくれるかもしれない。類人猿から分かれた最初のホミニッドは、原始的な形態の指示はできたのであり、そのような原始的な形態が、彼らを広大な新しい認知領域へと押しやり、既存の認知的道具では対処できないところまで行ったのかもしれない。しかしながら、「生まれつきの指示者」が選択される条件は、跳躍によってお膳立てされたのである。

霊長類の比較研究から得られる教訓は、この場合、心を固定的な認知適応のかたまりと見るのは誤りだということだ。そうではなくて、心は、認知的能力のダイナミックな連結だと考えねばならない。それは、全体としては、特定の適応以上のことが可能なのである。

その極端な例が、「言語訓練された」類人猿だろう。霊長類の心が跳躍を生み出す能力は、類人猿の赤ん坊を特定の環境において人間が育てて訓練すれば、驚異的に伸ばすことができるのだ。人間の手で育てられ、人工的なコミュニケーションの方法を教えられた類人猿は、本書を通じてみてきたように、彼らが獲得したものが正確になんであるのかは議論の余地があるとしても、野生で育った類人猿とは多くの点で世界を異なるやり方で表象し、そう行動することを身につけたのかもしれない。

結論としては、霊長類の比較研究から引き出すことのできるさらに重要な教訓は、霊長類の心は、非常に深い意味で発達によってできる心だ、ということだろう。霊長類を特徴づける認知の形態は、発達以外の何をもってしても作り出すことができない。発達は、認知を生み出す進化のもっとも有効な道具なのであり、霊長類の心は、文字通り、自然界でももっとも発達した心なのだろう。

訳者あとがき

進化心理学と呼ばれる研究分野が発展してきてから、もう20年ほどになるだろうか。これは、人間の心理や脳の働きが、どのような進化的な背景のなかで作られてきたのか、なぜ私たちの脳はこのように働くのか、という疑問を焦点にした心理学である。従来の心理学は、ことさら進化の視点はいれずに、人間を始めとする多くの生物の脳の働きを研究してきた。それはそれで、膨大な研究成果を築いてきたが、ここにもう一つ、「進化的に見たらなぜなのか？」という疑問で過去の成果を見直し、新しい展望を開こうとしてきたのが進化心理学である。

こうして始まった進化心理学は、従来の心理学が考えなかったような数々の興味深い仮説を提出し、確かに新しい地平を開いてきた。しかし、研究の初期には、粗雑な仮定に基づく研究や、人間という生物の進化を深く考察せずに行われた、どちらかというと上滑りな研究もたくさんあった。それでも、研究者の数が増え、研究が洗練されていくにつれ、そのような研究は姿を消しつつある。

進化というとまずは遺伝的な基盤を想定し、その進化モデルを考えるので、個体の発達の過程や文化・社会環境の問題は、二の次になりがちであった。しかし、この10年ほどの間に進化心理学はかなり精密化され、遺伝進化の過程のみならず、発達や文化の問題にも深く分け入るようになってきたと思う。その一つの成果が、発達心理学への浸透であろう。本書は、人間も含めて霊長類の赤ん坊がおとなになるまでの認知発達の過程がどのように作られているのか、それを進化の視点で解明しようとするものである。

霊長類の認知心理学は、有名なケーラーによるチンパンジーの道具使用の研究から始まって、言語訓練した類人猿の研究まで、ある意味で、最初から進化的な視点のもとになされてきたと言える。人間の知能がどのように進化したのかを探るために、霊長類を比較研究するという視点である。しかし、過去の研究の多くは、進化に関する間違ったシナリオのもとに行われていた。その最大のものは、人間の認知能力が最高峰であり、他の霊長類や哺乳類の認知は、そこに達するまでにいたっていない「下等な」認知能力だ、という梯子型思考であろう。本書は、過去のさまざまな研究を引用し、著者自身を始めとする現代の研究者の研究を総括しながら、この梯子型思考の誤りを訂正し、この先入観によって、いかに他の霊長類の心の理解がゆがめられるかを浮き彫りにしている。

本書の大きなメッセージの一つは、器用な手と優れた視覚を持った霊長類は、世界を「表象」でとらえ、表象をどのように扱うかを洗練させることによって、さまざまな事態に対処する能力を拡張させてきた、ということだ。しかし、世界に関する表象の作られ方にはいろいろあり、同じような結果を導くとしても、同じような表象操作をしているとは限らない。それゆえ、チンパンジーと人間が同じような問題解決をしたとしても、チンパンジーの表象の持ち方と人間の表象の持ち方は、微妙に違うかもしれない。そこに、霊長類の比較研究の限界がある。霊長類の研究結果をただ延長しただけで、人間の認知が理解できるとは限らない。

しかし、人間の子どもの発達と霊長類の子どもの発達とを詳細に、適切に比較し、いろいろな可能性を考慮した仮説を作れば、人間の認知の進化の問題にせまることはできる。本書は、そのような試みとして非常に興味深く、著者によるゴリラの行動研究その他、おもしろい逸話がふんだんに紹介されている、魅力的な一冊である。

本書によって、認知の進化のおもしろさ、奥深さを知っていただければ幸いである。

長谷川眞理子

著者紹介

ファン・カルロス・ゴメス（Juan Carlos Gómez）
マドリッド自治大学（スペイン）卒業。1992年心理学でPh. D. 1995年メディカル・リサーチ・カウンシル（ロンドン）認知発達研究所客員研究員。1996年よりセントアンドリュース大学（スコットランド）心理学部講師。人間の乳幼児，自閉症児，ウィリアムズ症候群の子ども，および類人猿，サルのコミュニケーションや社会的認知の比較発達研究に従事している。

訳者紹介

長谷川眞理子（はせがわ　まりこ）
東京都生まれ。1976年東京大学理学部生物学科卒業。1983年同大学大学院理学系研究科博士課程修了。理学博士。現在，早稲田大学政治経済学部教授。専門は行動生態学。著書に『クジャクの雄はなぜ美しい？』（岩波書店），『進化と人間行動』（東京大学出版会）など。訳書に『人間はどこまでチンパンジーか』，『病気はなぜ，あるのか』，『社会生物学の勝利』（いずれも新曜社）他がある。

新曜社

霊長類のこころ
適応戦略としての認知発達と進化

初版第1刷発行　2005年10月15日©

著　者　ファン・カルロス・ゴメス
訳　者　長谷川眞理子
発行者　堀江　洪
発行所　株式会社　新曜社
〒101-0051　東京都千代田区神田神保町2-10
電話(03)3264-4973・FAX(03)3239-2958
E-mail: info@shin-yo-sha.co.jp
URL http://www.shin-yo-sha.co.jp/

印　刷　三協印刷　Printed in Japan
製　本　東京美術紙工
ISBN4-7885-0962-8 C1011

人名索引

◆ア行

アラー　Uller, C.　50, 61
アンダーソン　Anderson, J. R.　276, 349–350, 356

石橋英俊　Ishibashi, H.　132–133
井上‐中村徳子　Inoue-Nakamura, N.　322, 352–353
インヘルダー　Inhelder, B.　33, 150, 158, 179–180

ヴィゴツキー　Vygotsky, L.　29, 127, 153, 169, 310–312, 328, 340–345, 354, 378, 381–382
ヴィッサルベルギ　Visalberghi, E.　140–145, 151, 158, 323
ウィルソン　Wilson, D.　256–297, 397
ヴォークレール　Vauclair, J.　117, 197–198
ウォッシュバーン　Washburn, D. A.　60, 67
ウォント　Want, S. C.　151, 331–333
ウッドラフ　Woodruff, G.　154–157, 180, 184–185, 266–268

エチエンヌ　Etienne, A. S.　90
エディ　Eddy, T. J.　252, 278–279, 282, 285, 290–292, 295

オーヴァーマン　Overman, W. H.　168
オーデン　Oden, D. L.　170–172, 175, 177–178

◆カ行

ガードナー　Gardner, B. T.　361–364, 369
ガードナー　Gardner, R. A.　361–364, 369
ガーバー　Garber, P. A.　196, 212
カーミロフ＝スミス　Karmiloff-Smith, A.　28, 119, 148, 150, 153–154, 158, 183, 234, 360, 362, 388
ガレーズ　Gallese, V.　67, 335–336
河合雅雄　Kawai, M.　314, 316–317

ギブソン　Gibson, K. R.　17, 313, 343
ギャラップ　Gallup, G. G.　348–352, 354

グドール　Goodall, J.　257, 318, 321–322, 326, 331, 339
クールマイヤー　Kuhlmeier, V. A.　218, 222

グールド　Gould, S.　399
グーレ　Goulet, S.　88-89, 93
グンデルソン　Gunderson, V. M.　42, 67

ケアリー　Carey, S.　44-46, 48-53, 101, 201
ゲイレフ　Galef, B.　324-325
ケーラー　Köhler　113, 124-130, 136-139, 142, 145, 148, 153, 310-311, 314, 341, 381-382
ケロッグ　Kellogg, L. A.　361
ケロッグ　Kellogg, W. N.　361
ケンネル　Kennel, K.　180

コーツ　Kohts, N.　167
ゴメス　Gómez, J. C.　94-95, 110, 118, 238, 243-244, 246-247, 253, 256, 271, 280-282, 284, 287, 290, 293, 298, 302-303, 306, 341, 355, 397
コール　Call, J.　88, 166, 184-185, 195, 261, 275, 277-278, 280, 287, 293, 296, 302, 333, 356
コーン　Cohn, R.　351
コンウェイ　Conwey, A.　65

◆サ行

サヴェッジ＝ランボー　Savage-Rumbaugh, E. S.　140, 372-376
サウスゲイト　Southgate, V.　94-95
サケット　Sackett, G. P.　39-40, 42-44
サントス　Santos, L.　50, 53, 97

シアル　Theall, L. A.　290
シュー　Xu, F.　44, 48-50, 52-53, 101
シラー　Schiller, P. H.　130-131

スペルベル　Sperber, D.　256-297, 397

セイファース　Seyfarth, R. M.　226-227, 229-230, 233, 237, 238
セリグ　Seelig, D.　135
セリフ　Scerif, G.　280

ソーンダイク　Thorndike, E. L.　126-127

◆タ行

ダイアモンド　Diamond, A.　99-105, 168, 383
ダヴェンポート　Davenport, T. R. K.　63-64, 169
ダービー　Darby, C. L.　70
ダンバー　Dunbar, R.　71

チェニー　Cheney, D. L.　227, 229-230, 233, 237-238
チョムスキー　Chomsky, N.　342, 360, 365, 369

ツーバービューラー　Zuberbühler,

K.　235-236

テイシドール　Teixidor, P.　287, 298, 302-303
ティンクルポー　Tinklepaugh, O. L.　49
テラス　Terrace, H. S.　368-372, 376
テレキ　Teleki, G.　333-334

トマセロ　Tomasello, M.　88, 158, 166, 257, 261, 271, 275-280, 287, 290, 293, 296, 302, 312, 320, 324, 327-330, 332, 341, 356, 360, 375, 378
トムソン　Thompson, R. K. R. 170-172, 175, 177-178
友永雅己　Tomonaga, M.　57, 277
ドレ　Doré, F. Y.　88-89, 93
ドローシュ　DeLoache, J. S.　217-218
ド・ワール　De Waal, F.　19, 273, 282, 337

◆ハ行

バウアー　Bower, T. G. R.　98, 123
ハウザー　Hauser, M. D.　44-46, 48, 51, 53, 94, 97, 106-107, 133-135, 158, 201, 226, 238, 399
パーカー　Parker, S. T.　32, 77, 87-88, 109-110, 115, 117, 191
バシュバリエ　Bachevalier, J.　41, 168
パターソン　Paterson, F.　351, 364
バーチ　Birch, H. G.　127-129, 133
ハリス　Harris, P. L.　151, 331-333
ハーロウ　Harlow, H. F.　22, 127, 168
ハーロウ　Harlow, M. K.　127
バーン　Byrne, R. W.　14, 76, 272, 274, 280, 294, 333-334, 338
ハーンシュタイン　Herrnstein, R. J. 162

ピアジェ　Piaget　28, 32-33, 62, 76-80, 82-87, 91-94, 96-97, 100-101, 107-108, 114-117, 122-123, 127, 130, 153, 158, 178-183, 185-187, 190, 206, 304, 381
ピアソン　Pearson, H.　135
ビーヴァー　Bever, T. G.　182-184
ビッカートン　Bickerton, D.　377
ビューラー　Bühler, K.　127-128
ピンカー　Pinker, S.　29, 32-33, 360-361, 365, 376

ファゴット　Fagot, J.　58-59
ファーベル=ソープ　Fabre-Thorpe, M.　164
ファンツ　Fantz, R. L.　36-38, 40, 78
フィリオン　Filion, C. M.　91, 93
フェラリ　Ferrari, P. E.　276
フォーグルマン　Fogleman, T.　276
フォシー　Fossey, D.　26, 251
フォンク　Vonk, J.　165, 271

プーセ　Poucet, B.　212
ブライアント　Bryant, P. E.　62
ブラウン　Brown, R.　364, 370–371
フラガシ　Fragaszy, D. M.　140, 323
ブランチ　Branch, J. E.　214–215
プルーイ　Plooij, F. X.　257
ブルーナー　Bruner, J. S.　22, 241, 312
プレマック　Premack, A. J.　216, 294
プレマック　Premack, D.　156, 174–175, 180, 184–185, 216–217, 219, 266–268, 294, 328, 341, 364

ヘア　Hare, B.　276, 284–287, 296, 302–303
ヘイズ　Hayes, C. H.　271, 295, 361
ベイツ　Bates, E.　242, 246, 249, 375
ベッシュ　Boesch, C.　238, 319, 339
ペレット　Perret, D.　19, 281
ヘンミ　Hemmi, J. M.　207, 209

ボイセン　Boysen, S. T.　175, 218, 222
ポヴィネリ　Povinelli, D. J.　30, 143, 145–149, 152–153, 158–159, 252, 271, 277–279, 282–283, 285–286, 290–292, 294–295, 305, 352, 355
ボートン　Borton, R. W.　63
ホプキンス　Hopkins, W. D.　60, 67, 252
ホロヴィッツ　Horowitz, A. C.　332
ホワイテン　Whiten, A.　272, 274, 294, 320, 323, 329, 332–333

◆マ行

マクドナルド　MacDonald, S. E.　165
マズマニアン　Mazmanian, D. S.　163
松沢哲郎　Matsuzawa, T.　322
マーラー　Marler, P.　224

ムヌー　Mounoud, P.　149
ムンサー　Muncer, S. J.　184–185

メーラー　Mehler, J.　182–184
メルツォフ　Meltzoff, A. N.　63, 158, 334
メンゼル　Menzel, C. R.　199, 207, 209, 255
メンゼル　Menzel, E. W.　169, 199–207, 215–216, 223, 258–261, 320

◆ラ行

ラア　Laá V.　287
ラスキー　Lasky, R. E.　214–215
ランガー　Langer, J.　186–187, 189–190
ランボー　Rumbaugh, D. M.　25, 364

リオペル　Riopelle, A. J.　70
リチャード　Richard, G.　164
リーブンス　Leavens, D.　252

◆ワ行

◆欧文

◆サル・類人猿たち

事項索引

◆さ行

◆た行

◆な行

◆は行

◆ま行

◆や行

◆ら行

文　献

Amsterdam, B. K. 1972. Mirror self-image reactions before age two. *Developmental Psychology*, 5, 297-305.

Anderson, J. R. 2001. Self and others in nonhuman primates: A question of perspective. *Psycbologia*, 44, 3-16.

Anderson, J. R., and Mitchell, R. W. 1999. Macaques but not lemurs co-orient visually with humans. *Folia Primatologica*, 70, 17-22.

Antinucci, F. 1990. The comparative study of cognitive ontogeny in four primate species. In：*"Language" and intelligence in monkeys and apes: Comparative developmental perspectives* (ed. S. T. Parker and K. R. Gibson), pp.157-171. Cambridge: Cambridge University Press.

Astington, J. W. 1994. *The child's discovery of the mind*. Cambridge, Mass: Harvard University Press. ［松村暢隆訳　1995『子供はどのように心を発見するか――心の理論の発達心理学』新曜社］

Avital, E., and Jablonka, E. 2000. *Animal traditions: Bebavioural inheritance in evolution*. Cambridge: Cambridge University Press.

Bachevalier, J. 2001. Neural bases of memory development: Insights from neuropsychological studies in primates. In: *Developmental cognitive neuroscience* (ed. C. A. Nelson and M. Luciana), pp.365-379. Cambridge, Mass.: MIT Press.

Baillargeon, R., Spelke, E. S., and Wasserman, S. 1986. Object permanence in five-month-old infants. *Cognition*, 20, 191-208.

Bard, K. A. 1992. Similarities and differences in the neonatal behavior of chimpanzee and human infants. In: *The role of the chimpanzee in research* (ed. G. Eder, E. Kaiser, and F. A. King). Basel: S. Karger.

Barkow, J., Cosmides, L., and Tooby, J. 1992. *The adapted mind*. Oxford: Oxford University Press.

Baron-Cohen, S. 1995. *Mindblindness: An essay on autism and theory of mind*. Cambridge, Mass.: MIT Press. ［長野敬・長畑正道・今野義孝訳　2002（新装版）『自閉症とマインド・ブラインドネス』青土社］

Bates, E. 1979. *The emergence of symbols: Cognition and communication in infancy*. New York: Academic Press.

Bates, E. 1993. Comprehension and production in early language development. *Monographs of the Society for Research in Child Development*, 58, 222-242.

Bates, E., Camaioni, L., and Volterra, V. 1975. The acquisition of performatives prior to speech. *Merrill–Palmer Quarterly*, 21, 205-226.

Beck, B. 1980. *Animal tool behavior*. New York: Garland.

Bickerton, D. 1995. *Language and human behaviour*. London: UCL Press.

Birch, H. G. 1945. The relation of previous experience to insightful problem-solving. *Journal of Comparative Psychology*, 38, 267-383.

Boesch, C. 1991. Teaching in wild chimpanzees. *Animal behaviour*, 41, 530-532.

Boesch, C., and Boesch-Achermann, H. 2000. *The chimpanzees of the Taï Forest: Behavioural ecology and evolution*. Oxford: Oxford University Press.

Bogartz, R. S., Shinskey, J. L., and Schilling, T. H. 2000. Object permanence in five-and-a-half-month-old infants? *Infancy*, 1, 403-428.

Bower, T. G. R. 1974. *Development in infancy*. New York: Freeman. ［岡本夏木他訳　1979『乳児の世界——認識の発生・その科学』ミネルヴァ書房］

——1979. *Human development: A primer*. New York: Freeman. ［鯨岡峻訳　1982『ヒューマン・ディベロプメント——人間であること人間になること』ミネルヴァ書房］

Box, H. O., and Gibson, K. R. 1999. *Mammalian social learning: Comparative and ecological perspectives*. Cambridge: Cambridge University Press.

Boysen, S. T., and Kuhlmeier, V. A. 2002. Representational capacities for pretense with scale models and photographs in chimpanzees（*Pan troglodytes*）. In: *Pretending and imagination in animals and children*（ed. R. W. Mitchell）, pp.210-228, Cambridge: Cambridge University Press.

Branch, J. E. 1986. Spatial localization by chimpanzees（*Pan troglodytes*）after changes in an object's location via seen and unseen rotations. Ph.D. Thesis. Georgia Institute of Technology, University Microfilms International.

Bremner, J. G. 2001. Cognitive development: Knowledge of the physical world. In: *Infant development*（ed. G. Bremner and A. Fogel）, pp.99-138, Oxford: Blackwell.

Brennan, W. M., Ames, E. W., and Moore, R. W. 1966. Age differences in infants'

attention to patterns of different complexities. *Science*, 151, 354-356.

Bretherton, I., McNew, S., and Beeghly-Smith, M. 1981. Early person knowledge as expressed in gestural and verbal communication: When do infants acquire a "theory of mind"? In: *Infant Social Cognition* (ed. M. E. Lamb and M. R. Sherrod), pp.333-373, Hillsdale, N. J.: Lawrence Erlbaum.

Brown, R. 1970. The first sentences of child and chimpanzee. In: *Psycholinguistics* (ed. R. Brown), pp.208-231, New York: Free Press.

——1973. *A First Language*. Cambridge, Mass.: Harvard University Press.

——1986. *Social psychology*. 2rid ed., New York: Free Press.

Bruner, J. S. 1972. Nature and uses of immaturity. *American Psychologist*, 27, 1-22.

——1975. From communication to language—a psychological perspective. *Cognition*, 3, 255-287.

Bryant, P. E., Jones, P., Claxton, V., and Perkins, G. M. 1972. Recognition of shapes across modalities by infants. *Nature*, 240, 303-304.

Bühler, K. 1918. *Die geistige Entwicklung des Kindes*. Jena: Fischer.

Butler, R. A. 1965. Investigative behavior. In: *Behavior of nonhuman primates* (ed. A. M. Schrier, H. F. Harlow, and F. Stollnitz), pp.463-493. New York: Academic Press.

Butterworth, G. 1991. The ontogeny and phylogeny of joint visual attention. In: *Natural theories of mind: Evolution, development and simulation of everyday mindreading* (ed. A. Whiten), pp.223-232, Oxford: Blackwell.

Byrne, R. W. 1995. *The thinking ape*. Oxford: Oxford University Press. [小山高正・伊藤紀子訳　1998『考えるサル——知能の進化論』大月書店]

——2002. Imitation of novel complex actions: What does the evidence from animals mean? *Advances in the Study of Behavior*, 31, 77-105.

Byrne, R. W., and Byrne, J. M. E. 1993. Complex leaf-gathering skills of mountain gorillas (*Gorilla g. beringei*): Variability and standardization. *American Journal of Primatology*, 31, 241-261.

Call, J. 2000. Representing space and objects in monkeys and apes. *Cognitive Science*, 24, 397-422.

——2001. Object permanence in orangutans (*Pongo pygmaeus*), chimpanzees (*Pan troglodytes*), and children (*Homo sapiens*). *Journal of Comparative*

Psychology, 115, 159-171.

Call, J., and Rochat, P. 1996. Liquid conservation in orangutans (*pongo Pygmaeus*) and humans (*homo sapiens*): Individual differences and perceptual strategies. *Journal of Comparative Psychology*, 110, 219-232.

——1997. Perceptual strategies in the estimation of physical quantities by orangutans (*Pongo Pygmaeus*). *Journal of Comparative Psychology*, 111, 315-329.

Call, J., and Tomasello, M. In press. What chimpanzees know about seeing revisited: An explanation of the third kind. In: *Joint attention* (ed. C. Hoerl, N. Eilan, T. McCormack, and J. Roessler). Oxford: Oxford University Press.

Carey, S., and Xu, F. 2001. Infants' knowledge of objects: Beyond object files and object tracking. *Cognition*, 80, 179-213.

Carpenter, M., and Call, J. 2002. The chemistry of social learning. *Developmental Science*, 5, 22-24.

Carpenter, M., Nagell, K., and Tomasello, M. 1998. Social cognition, joint attention, and communicative competence from 9 to 15 months of age. *Monographs of the Society for Research in Child development*, 63.

Cheney, D. L., and Seyfarth, R. M. 1990. *How monkeys see the world*. Chicago: Chicago University Press.

——1991. Reading minds or reading behaviour? Tests for a theory of mind in monkeys. In: *Natural theories of mind: evolution, development and simulation of everyday mindreading* (ed. A. Whiten), pp.175-194. Oxford: Blackwell.

——1999. Mechanisms underlying the vocalizations of nonhuman primates. In: The design of animal communication (ed. M. Hauser and M. Konishi). Cambridge, Mass.: MIT Press.

Chomsky, N. 1968. *Language and mind*. New York: Harcourt Brace. [川本茂雄訳 1974『言語と精神』河出書房新社]

Cosmides, L. 1989. The logic of social exchange: Has natural selection shaped how humans reason? Studies with the Wason selection task. *Cognition*, 31, 187-276.

Cowey, A., and Weiskrantz, L. 1975. Demonstration of cross-modal matching in rhesus monkeys, *Macaca mulatta*. *Neuropsychologia*, 13, 117-120.

Crockford, C. and Boesch, C. 2003. Context-specific calls in wild chimpanzees, *Pan troglodytes verus*: Analysis of barks. *Animal Behaviour*, 66, 115-125.

Crompton, R. 2001. The evolution of bipedalism. School of Psychology Seminar Series, University of St. Andrews.

D'Amato, M. R., and Van Sant, P. 1988. The Person concept in monkeys (*Cebus apella*). *Journal of Experimental Psychology: Animal Behavior Processes*, 14, 43-55.

Darby, C. L., and Riopelle, A. J. 1959. Observational learning in the rhesus monkey. *Journal of Comparative and Physiological Psychology*, 52, 94-98.

Davenport, T. R. K., and Menzel, E. W. 1960. Oddity preference in the chimpanzee. *Psychological Reports*, 7, 523-526.

Davenport, T. R. K., and Rogers, C. M. 1970. Intermodal equivalence of stimuli in apes. *Science*, 168, 279-280.

Davenport, T. R. K., Rogers, C. M., and Russell, I. S. 1973. Cross-modal perception in apes. *Neuropsychologia*, 11, 21-28.

Dawson, G. and McKissick, F. 1984. Self-recognition in autistic children. *Journal of Autism and Developmental Disorders*, 14, 383-394.

De Waal, F. 1982. *Chimpanzee politics: Power and sex among apes*. London: Jonathan Cape.［西田利貞訳　1984『政治をするサル――チンパンジーの権力と性』どうぶつ社（平凡社　1994)］

De Waal, F. 1989. *Peacemaking among primates*. Cambridge, Mass.: Harvard University Press.［西田利貞・榎本知郎訳　1993『仲直り戦術――霊長類は平和な暮らしをどのように実現しているか』どうぶつ社］

De Waal, F. 2001. *The Ape and the Sushi Master: Cultural reflections by a primatologist*. London: Allen Lane.［西田利貞・藤井留美訳　2002『サルとすし職人――「文化」と動物の行動学』原書房］

DeLoache, J. S. 1995. Early understanding and use of symbols: The model. *Current Directions in Psychological Science*, 4, 109-113.

Deruelle, C., Barbet, I., Delpy, D., and Fagot, J. 2000. Perception of partly occluded figures by baboons (*Papio papio*). *Perception*, 29, 1483-1497.

Diamond, A. 1990a. The development and neural bases of memory functions as indexed by the AB and delayed response tasks in human infants and infant monkeys. In: *The development and neural bases of higher cognitive functions* (ed. A. Diamond), pp.267-317, New York: The New York Academy of Sciences.

――1990b. Developmental time course in human infants and infant monkeys,

and the neural bases of inhibitory control in reaching. In: *The development and neural bases of higher cognitive functions* (ed. A. Diamond), pp.637-676, New York: The New York Academy of Sciences.

——1991. Neuropsychological insights into the meaning of object concept development. In: *The epigenesis of mind: Essays on biology and cognition* (ed. S. Carey and R. Gelman), pp.67-110, Hillsdale, N. J.: Lawrence Erlbaum.

——1995. Evidence of robust recognition memory early in life even when assessed with reaching behaviour. *Journal of Experimental Child Psychology*, 59, 419-456.

Dickinson, A., and Balleine, B. W. 2000. Causal cognition and goal directed action. In: *The evolution of cognition* (ed. C. Heyes and L. Huber), pp.185-204, Cambridge, Mass: MIT Press.

Doeré, F. Y., and Dumas, C. 1987. Psychology of animal cognition: Piagetian studies. *Psychological Bulletin*, 102, 219-233.

Doeré, F. Y., and Goulet, S. 1998. The comparative analysis of object knowledge. In: *Piaget, evolution, and development* (ed. J. Langer and M. Killen), pp.55-72, Hillsdale, N. J.: Lawrence Erlbaum Associates.

Dunbar, R. 2000. Causal reasoning, mental rehearsal, and the evolution of primate cognition. In: *The evolution of cognition* (ed. C. Heyes and L. Huber), pp.205-219, Cambridge, Mass: MIT Press.

Etienne, A. S. 1976. L'étude comparative de la permanence de l'objet chez l'animal. *Bulletin de Psychologie*, 327, 187-197.

Fabre-Thorpe, M., Delorme, A., and Richard, G. 1999. Perception des dimensions globale et locale de stimuli visuels. Singes et hommes face au monde visuel: La cateégorisation. *Primatologie*, 2, 111-139.

Fagot, J., and Deruelle, C. 1997. Processing of global and local visual in formation and hemispheric specialization in humans (*Homo sapiens*) and baboons (*Papio papio*). *Journal of Experimental Psychology: Human Perception and Performance*, 23, 429-442.

Fagot, J., Deruelle, C., and Tomonaga, M. 1999. Perception des dimensions globale et locale de stimuli visuels chez le primate. *Primatologie*, 2, 61-77.

Fagot, J., Tomonaga, M., and Deruelle, C. 2001. Processing of the global and local dimensions of visual hierarchical stimuli by humans (*Homo sapiens*),

chimpanzees (*Pan troglodytes*), and baboons (*Papio papio*). In: *Primate origins of human cognition and behavior* (ed. T. Matsuzawa), pp.87-103, Berlin: Springer.

Falk, D., and Gibson, K. R. 2001. *Evolutionary anatomy of the primate cerebral cortex*. Cambridge: Cambridge University Press.

Fantz, R. L. 1956. A method for studying early visual development. *Perceptual and Motor Skills*, 13-15.

——1965. Ontogeny of perception. In: *Behavior of nonhuman primates* (ed. A. M. Schrier, H. F. Harlow, and F. Stollnitz), pp.365-403, New York: Academic Press.

Farroni, T., Csibra, G., Simion, E, and Johnson, M. H. 2002. Eye contact detection in humans from birth. *Proceedings of the National Academy of Sciences*, 99, 9602-9605.

Ferrari, P. E., Kohler, E., Fogassi, L., and Gallese, V. 2000. The ability to follow eye gaze and its emergence during development in macaque monkeys. *Proceedings of the National Academy of Sciences*, 97, 13997-14002.

Filion, C. M., Washburn, D. A., and Gulledge, J. P. 1996. Can monkeys (*Macaca mulatta*) represent invisible displacement? *Journal of Comparative Psychology*, 110, 386-395.

Fleagle, J. G. 1999. *Primate adaptation and evolution*. London: Academic Press.

Fobes, J. L., and King, J. E. 1982. Measuring primate learning abilities. In: *Primate Behavior* (ed. J. L. Fobes and J. E. King), pp.289-326, New York: Academic Press.

Fodor, J. A. 1979. *The language of thought*. Cambridge, Mass.: Harvard University Press.

——1983. *The modularity of mind*. Cambridge, Mass.: MIT Press. [伊藤笏康・信原幸弘訳　1985『精神のモジュール形式——人工知能と心の哲学』産業図書]

Fossey, D. 1983. *Gorillas in the mist*. New York: Houghton Mifflin. [羽田節子・山下恵子訳　1986『霧のなかのゴリラ——マウンテンゴリラとの13年』早川書房（平凡社　2002)]

Frith, U. 2003. *Autism: Explaining the enigma*. 2nd. ed. Oxford: Blackwell. [冨田真紀・清水康夫訳　1991『自閉症の謎を解き明かす』東京書籍]

Fujita, K. 2001. What you see is different from what I see: Species differences in visual perception. In: *Primate origins of human cognition and behavior* (ed. T. Matsuzawa), pp.29-54- Berlin: Springer.

Galef, B. G. J. 1992. The question of animal culture. *Human Nature*, 3, 157-178.

Gallese, V. In press, 2003. The manifold nature of interpersonal relations: The quest for a common mechanism. *Philosophical Transactions of the Royal Society of London*.

Gallup, G. G. 1970. Chimpanzees: Self-recognition. *Science*, 167, 86-87.

——1983. Towards a comparative psychology of mind. In: *Animal cognition and behavior* (ed. R. L. Mellgren), pp.473-510, Amsterdam: North-Holland.

Gallup, G. G., McClure, M. K., Hill, S. D., and Bundy, R. A. 1971. Capacity for self recognition in differentially reared chimpanzees. *The Psychological Record*, 21, 69-74.

Garber, P. A. 2000. Evidence for the use of spatial, temporal, and social information by primate foragers. In: *On the move. How and why animals travel in groups* (ed. S. Boinski and P. A. Garber), pp.261-298, Chicago: University of Chicago Press.

Gardner, B. T., and Gardner, R. A. 1974. Comparing the early utterances of child and chimpanzee. In: *Minnesota symposia on child psychology. Vol.8* (ed. A. Pick), pp.3-24, Minneapolis: University of Minnesota Press.

——1969. Teaching sign language to a chimpanzee. *Science*, 165, 664-672.

Gibson, K. R. 2002. Customs and cultures in animals and humans: Neurobiological and evolutionary considerations. *Anthropological Theory*, 2, 323-339.

Goldin-Meadow, S. 1979. Structure in a manual communication system developed without a conventional language model: Language without a helping hand. In: *Studies in neurolinguistics.* Vol.4 (ed. H. Whitaker and H. A. Whitaker), pp.125 -209, New York: Academic Press.

Goldin-Meadow, S. and Mylander, C. 1990. Beyond the input given. *Language*, 66, 323-355.

Gómez, J. C. 1990. The emergence of intentional communication as a problem-solving strategy in the gorilla. In: "Language" and intelligence in monkeys and apes: Comparative developmental perspectives (ed. S. T. Parker and K. R. Gibson), pp.333-355, Cambridge: Cambridge University Press.

——1991. Visual behavior as a window for reading the minds of others in primates. In: *Natural theories of mind: evolution, development and simulation of everyday mindreading* (ed. A. Whiten), pp.195-207, Oxford: Blackwell.

——1992. E1 desarrollo de la comunicación intencional en el gorila [The development of intentional communication in gorillas]. Ph. D. thesis. Universidad Autónoma de Madrid.

——1994. Mutual awareness in primate communication: A Gricean approach. In: *Self-recognition and awareness in apes, monkeys and children* (ed. S. Parker, M. Boccia, and R. Mitchell). Cambridge: Cambridge University Press.

——1995. Eye gaze, attention and the evolution of mindreading in primates. Paper presented at 25th Meeting of the Jean Piaget Society, Berkeley, California, June 1995.

——1996a. Non-human primate theories of (non-human primate) minds: Some issues concerning the origins of mind-reading. In: *Theories of theories of mind* (ed. P. Carruthers and P. K. Smith), pp.330-343, Cambridge: Cambridge University Press.

——1996b. Ostensive behavior in the great apes: The role of eye con tact. In: *Reaching into thought: The minds of the great apes* (ed. A. Russon, S. Parker, and K. Bard), pp.131-151, Cambridge: Cambridge University Press.

——1997. The study of the evolution of communication as a meeting of disciplines. *Evolution of Communication*, 1, 101-132.

——1998. Assessing theory of mind with nonverbal procedures: Problems with training methods and an alternative 'key' procedure. *Behavioral and Brain Sciences*, 21, 119-120.

——1999. Development of sensorimotor intelligence in infant gorillas: The manipulation of objects in problem solving and exploration. In: *The mentalities of gorillas and orangutans: Comparative perspectives* (ed. S. T. Parker, R. W. Mitchell, and H. L. Miles), pp.160-178, Cambridge: Cambridge University Press.

——In press. Joint attention and the notion of subject: insights from apes, children, and autism. In: *Joint attention* (ed. C. Hoerl, N. Eilan, T. McCormack, and J. Roessler). Oxford: Oxford University Press.

Gómez, J. C., Sariá, E., and Tamarit, J. 1993. The comparative study of early

communication and theories of mind: Ontogeny, phylogeny and pathology. In: *Understanding other minds: Perspectives from autism* (ed. S. Baron-Cohen, H. Tager-Flusberg, and D. Cohen), pp.397-426. Oxford: Oxford University Press.

Gómez, J. C., and Teixidor, P. 1992. Theory of mind in an orangutan: A nonverbal test of false-belief appreciation? In: *XIV Congress of the International Primatological Society* (August). Strasbourg.

Gómez, J. C., Teixidor, P., and Laá, V. 1996. Understanding the referential and ostensive functions of joint visual attention in young chimpanzees. In: *BPS Developmental Psychology Section Annual Conference* (Sept. 11-13). Oxford.

Goodall, J. 1968. The behaviour of free-living chimpanzees in the Gombe Stream area. *Animal Behaviour Monographs*, 1, 161-311.

——1973. Cultural elements in a chimpanzee community. In: *Precultural primate behavior* (ed. E. W. Menzel), pp.144-184. Basel: Karger.

——1986. The *chimpanzees of Gombe*. Cambridge, Mass.: Harvard University Press. [杉山幸丸・松沢哲郎監訳／杉山幸丸他訳　1990『野生チンパンジーの世界』ミネルヴァ書房]

Gopnik, A., and Meltzoff, A. 1997. *Words, thoughts, and theories*. Cambridge, Mass.: MIT Press.

Gould, S., and Vrba, E. 1982. Exaptation: A missing term in the science of form. *Paleobiology*, 8, 4-15.

Guillaume, P., and Meyerson, I. 1930. *Recherches sur l'usage de l'instrument chez les singes*. Paris: Librairie Philosophique, 1987.

Gunderson, V. M. 1983. Development of cross-modal recognition in infant pigtail monkeys (*Macaca nemestrina*). Developmental Psychology, 19, 398-404.

Gunderson, V. M., and Sackett, G. P. 1984. Development of pattern recognition in infant pigtailed macaques (*Macaca nemestrina*). *Develop mental Psychology*, 20, 418-426.

Harding, C. G. 1982. Development of the intention to communicate. *Human Development*, 25, 140-151.

Hare, B. 2001. Can competitive paradigms increase the validity of experiments on primate social cognition? *Animal Cognition*, 4, 269-280.

Hare, B., Addessi, E., Call, J., Tomasello, M., and Visalberghi, E. 2003. Do

capuchin monkeys, *Cebus apella*, know what conspecifics do and do not see? *Animal Behaviour*, 65, 131-142.

Hare, B., Call, J., Agnetta, B., and Tomasello, M. 2000. Chimpanzees know what conspecifics do and do not see. *Animal Behaviour*, 59, 771-785.

Hare, B., Call, J., and Tomasello, M. 2001. Do chimpanzees know what conspecifics know? *Animal Behaviour*, 61, 139-151.

Harlow, H. F. 1959. The development of learning in the rhesus monkey. *American Scientist*, winter, 459-479.

——1971. *Learning to love*. Chicago: Aldine. [浜田寿美男訳　1978『愛のなりたち』ミネルヴァ書房]

Harlow, H. F., and Harlow, M. K. 1949. Learning to think. *Scientific American*, 36-39.

Hauser, M. D. 1996. *The evolution of communication*. Cambridge, Mass.: MIT Press.

——1997. Artifactual kinds and functional design features: What a primate understands without language. *Cognition*, 64, 285-308.

——1999. Perseveration, inhibition and the prefrontal cortex: A new look. *Current Opinion in Neurobiology*, 9, 214-222.

——2000. A primate dictionary? Decoding the function and meaning of another species' vocalizations. *Cognitive Science*, 24, 445-475.

——2001. *Wild minds: What animals really think*. London: Penguin Books.

——In press. Knowing about knowing. Dissociations between perception and action systems over evolution and during development. *ANYAS*.

Hauser, M. D., and Carey, S. 1998. Building a cognitive creature from a set of primitives: Evolutionary and developmental insights. In: *The evolution of mind* (ed. D. D. Cummins and C. Allen), pp.51-106, New York: Oxford University Press.

Hauser, M. D., Carey, S., and Hauser, L. B. 2000. Spontaneous number representation in semi-free-ranging rhesus monkeys. *Proceedings of the Royal Society. B*, 267, 829-833.

Hauser, M. D., Pearson, H., and Seelig, D. 2002. Ontogeny of tool use in cottontop tamarins, Sagninus oedipus: Innate recognition of function ally relevant features. *Animal Behaviour*, 64, 299-311.

Hauser, M. D., Santos, L. R., Spaepen, G. M., and Pearson, H. 2002. Problem solving,

inhibition and domain-specific experience: Experiments on cottontop tamarins, *Saguinus oedipus*. *Animal Behaviour*, 64, 387-396.

Hayes, C. H. 1951. *The ape in our house*. New York: Harper and Row. [林寿郎訳 1956『密林から来た養女——チンパンジーを育てる』法政大学出版局]

Hemmi, J. M., and Menzel, C. R. 1995. Foraging strategies of long-tailed macaques, Macaca fascicularis: Directional extrapolation. *Animal Behaviour*, 49, 457-464.

Herrnstein, R. J., Loveland, D. H., and Cable, C. 1976. Natural concepts in pigeons. *Journal of Experimental Psychology: Animal Behavior Processes*, 2, 285-302.

Heyes, C. M. 1993. Anecdotes, training, trapping, and triangulating: Do animals attribute mental states? *Animal Behaviour*, 46, 177-188.

——1998. Theory of mind in nonhuman primates. *Behavioral and Brain Sciences*, 21, 101-148.

Hirata, S., Watanabe, K., and Kawai, M. 2001. "Sweet-potato washing" revisited. In: *Primate origins of human cognition and behavior* (ed. T. Matsuzawa), pp.487-508, Tokyo: Springer.

Hobson, P. 1994. Perceiving attitudes, conceiving minds. In: *Children's early understanding of mind* (ed. C. Lewis and P. Mitchell), pp.71-93. Hove: LEA.

Hood, B. M. 1995. Gravity rules for 2- to 4-Year olds? *Cognitive Development*, 10, 577-598.

Hood, B. M., Hauser, M. D., Anderson, L. and Santos, L. 1999. Gravity biases in a non-human primate? *Developmental Science*, 2, 35-41.

Hopkins, W. D., and Washburn, D. A. 2002. Matching visual stimuli on the basis of global and local features by chimpanzees (*Pan troglodytes*) and rhesus monkeys (*Macaca mulatta*). *Animal Cognition*, 5, 27-31.

Horowitz, A. C. 2003. Do humans ape? Or do apes human? Imitation and intention in humans (*Homo sapiens*) and other animals. *Journal of Comparative Psychology*, 117, 325-336.

Huber, E. 1931. *Evolution of facial musculature and facial expression*. Baltimore: Johns Hopkins University Press.

Hubley, P., and Trevarthen, C. 1979. Sharing a task in infancy. In: *Social interaction and communication during infancy* (ed. I. C. Uzgiris), pp.57-80, San Francisco: Jossey Bass.

Ingold, T. 1994. Introduction to culture. In: *Companion Encyclopedia of Anthropology: Humanity, culture and social life* (ed. T. Ingold). London: Routledge.

Inoue-Nakamura, N. 2001. Mirror self-recognition in primates: An ontogenetic and a phylogenetic approach. In: *Primate origins of human cognition and behavior* (ed. T. Matsuzawa), pp.297-312, Tokyo: Springer.

Inoue-Nakamura, N., and Matsuzawa, T. 1997. Development of stone tool use by wild chimpanzees (*Pan troglodytes*). *Journal of Comparative Psychology*, 111, 159-173.

Ishibashi, H., Hihara, S., and Iriki, A. 2000. Acquisition and development of monkey tool-use: behavioral and kinematic analyses. *Canadian Journal of Physiological Pharmacology*, 78, 958-966.

Janson, C. 2000. Spatial movement strategies: Theory, evidence, and challenges. In: *On the move: How and why animals travel in groups* (ed. S. Boinski and P. A. Garber), pp.165-203, Chicago: University of Chicago Press.

Johnson, M. H., and Morton, J. 1991. *Biology and cognitive development: The case of face recognition*. Oxford: Blackwell.

Jolly, A. 1972. *The evolution of primate behavior*. New York: Macmillan. [矢野喜夫・菅原和孝訳　1982『ヒトの行動の起源——霊長類の行動進化学』ミネルヴァ書房]

Karin-D'Arcy, M. R., and Povinelli, D. J. 2003. Do chimpanzees know what each other sees? A closer look. *International Journal of Comparative Psychology*, 15, 21-54.

Karmiloff, K., and Karmiloff-Smith, A. 2001. *Pathways to language: From fetus to adolescent*. Cambridge, Mass: Harvard University Press.

Karmiloff-Smith, A. 1992. *Beyond modularity: A developmental perspective on cognitive science*. Cambridge, Mass.: MIT Press. [小島康次・小林好和監訳 1997『人間発達の認知科学——精神のモジュール性を超えて』ミネルヴァ書房]

Karmiloff-Smith, A., and Inhelder, B. 1975. "If you want to get ahead, get a theory." *Cognition*, 3, 195-212.

Kawai, M. 1965. Newly-acquired pre-cultural behavior of the natural troop of Japanese monkeys on Koshima Island. *Primates*, 6, 1-30.

Kellman, P. J., and Spelke, E. S. 1983. Perception of partly occluded objects in

infancy. *Cognitive Psychology*, 15, 483-524.

Kellogg, W. N., and Kellogg, L. A. 1933. *The ape and the child*. New York: McGraw-Hill.

Kendon, A. 1967. Some functions of gaze direction in two-person conversations. *Acta Psycbologica*, 26, 22-63.

Klin, A., Jones, W., Schultz, R., Volkmar, E, and Cohen, D. 2002. Defining and quantifying the social phenotype in autism. *American Journal of Psychiatry*, 159, 895-908.

Köhler, W. 1927. *The mentality of apes*. New York, Vintage. (Quoted from the German edition: *Intelligenzprüfungen an Menschenaffen*. Berlin: Springer, 1921.) [宮孝一訳　1962『類人猿の知恵試験』岩波書店]

Kohts, N. 1923. *Studies on the intellectual faculties of the chimpanzee* [in Russian]. Moscow: Gosudarstvennoe Izdateltsvo.

Langer, J. 1998. Phylogenetic and ontogenetic origins of cognition: Classification. In: *Piaget, evolution, and development* (ed. J. Langer and M. Killen), pp.33-54, Hillsdale, N. J.: Lawrence Erlbaum Associates.

——2000a. The descent of cognitive development. *Developmental Science*, 361-388.

——2000b. The heterochronic evolution of primate cognitive development. In: *Biology, brains, and behavior: The evolution of human development* (ed. S. T. Parker, J. Langer, and M. L. McKinney), pp.215 235, New Mexico: School of American Research Press.

Lasky, R. E., Romano, N., and Wenters, J. 1980. Spatial localization in children after changes in position. *Journal of Experimental Child Psychology*, 29, 225-248.

Leavens, D., and Hopkins, W. 1998. Intentional communication by chimpanzees: A cross-sectional study of the use of referential gestures. *Developmental Psychology*, 34, 813-822.

Lefebvre, L., Nicolakakis, N. and Boire, D. 2002. Tools and brains in birds. *Behaviour*, 139, 939-973.

Lewkowicz, D. J., and Lickliter, R. 1994. *The development of intersensory perception*. Hillsdale, N. J.: Lawrence Erlbaum.

Limongelli, L., Visalberghi, E., and Boysen, S. T. 1995. Comprehension of cause-effect relations in a tool-using task by chimpanzees (*Pan troglodytes*). *Journal of Comparative Psychology*, 109, 18-26.

Lin, A. C., Bard. K. A., and Anderson, J. R. 1992. Development of self-recognition in chimpanzees (*Pan troglodytes*). *Journal of Comparative Psychology*, 106, 120-127.

Lock, A. 1978. The emergence of language. In: *Action, gesture and symbol: The emergence of language* (ed. A. Lock), pp.3-18, London: Academic Press.

Lorenz, K. 1981. *The foundations of ethology*. Berlin: Springer.

Lorinctz, E., Perret, D. and Gómez, J. C. In press. A comparative study of spontaneous gaze following in rhesus macaques and humans. *Journal of Comparative Psychology*.

Lycan, W. 1999. Intentionality. In: *The MIT encyclopedia of the cognitive sciences* (ed. R. Wilson and F. Keil). Cambridge, Mass.: MIT Press (pp.413-415).

Macedonia, J. M., and Evans, C. S. 1993. Variation among mammalian alarm call systems and the problem of meaning in animal signals. *Journal of Ethology*, 93, 177-197.

Marler, P. 1991. The instinct to learn. In: *The epigenesis of mind: Essays on biology and cognition* (ed. S. Carey and R. Gelman). Hillsdale, N. J.: Lawrence Erlbaum.

McGrew, W. C. 1992. *Chimpanzee material culture: Implications for human evolution*. Cambridge: Cambridge University Press. [足立薫・鈴木滋訳　1996『文化の起源をさぐる――チンパンジーの物質文化』中山書店]

MeKinney, M. L. 1988. *Heterochrony in evolution* (ed. F. G. Stehli and D. S. Jones). New York: Plenum Press.

Mehler, J., and Bever, T. G. 1967. Cognitive capacity of very young children. *Science*, 158, 141-142.

――1968. Reply to Piaget. *Science*, 162, 979-981.

Meltzoff, A. N. 1988. The human infant as Homo imitans. In: *Social learning: Psychological and biological perspectives* (ed. T. R. Zentall and B. G. J. Galef). Hillsdale, N. J.: Lawrence Erlbaum.

Meltzoff, A. N., and Borton, R. W. 1979. Intermodal matching by human neonates. *Nature*, 282, 403-404.

Menzel, C. R. 1991. Cognitive aspects of foraging in Japanese monkeys. *Animal Bebaviour*, 41, 397-402.

――1996. Structure-guided foraging in long-tailed macaques. *American Journal of Primatology*, 38, 117-132.

——1999. Unprompted recall and reporting of hidden objects by a chimpanzee (*Pan troglodytes*) after extended delays. *Journal of Comparative Psychology*, 113, 426-434.

Menzel, E. W. 1971. Communication about the environment in a group of young chimpanzees. *Folia primatologica*, 15, 220-232.

——1973a (ed.). *Precultural primate behavior*. Basel: Karger.

——1973b. Leadership and communication in young chimpanzees. In: *Precultural primate behavior* (ed. E. W. Menzel). Basel, Karger: 192-225.

——1974. A group of young chimpanzees in a one-acre field. *Behavior of nonhuman primates. Vol.5*. Ed. M. Schrier and F. Stolnitz. New York, Academic Press.

Menzel, E. W., and Juno, C. 1982. Marmosets (*Sanguinus fuscicollis*): Are learning sets learned? *Science*, 217, 750-752.

Menzel, E. W., and Menzel, C. R. 1979. Cognitive, developmental and social aspects of responsiveness to novel objects in a family group of marmosets (*Sanguinus fuscicollis*). *Bebaviour*, 70, 250-279.

Mounoud, P. 1970. *La structuration de l'instrument chez l'enfant*. Neuchatel, Delachaux Niestlée.

Munakata, Y., Santos, L. R., Spelke, E. S., Hauser, M. D., and O'Reilly, R. C. 2001. Visual representation in the wild: How Rhesus monkeys parse objects. *Journal of Cognitive Neuroscience*, 13, 44-58.

Muncer, S. J. 1983. "Conversations" with a chimpanzee. *Developmental Psychobiology*, 16, 1-11.

Myers, R. E. 1978. Comparative neurology of vocalization and speech: Proof of a dichotomy. In: *Human evolution: Biosocial perspectives* (ed. D. A. Hamburg and E. R. McCown), pp.59-75, Menlo Park: Benjamin/Cummins.

Myowa-Yamakoshi, M., and Tomonaga, M., 2001. Perceiving eye-gaze in an infant Gibbon (*Hyl0bates agilis*). *Psychologia*, 44, 24-30.

Napier, J. R., and Napier, P. H. 1985. *The natural history of the primates*. London: Cambridge University Press. [伊沢紘生訳　1987『世界の霊長類』どうぶつ社]

Navon, D. 1977. Forest before trees: The precedence of global features in visual perception. *Cognitive Psychology*, 9, 353-383.

Neisser, U. 1988. Five kinds of self-knowledge. *Philosophical Psychology*, 1, 35-59.

Nüñez, M., and Riviére, A. In press. Una re-evaluación de la lógica inferencial del paradigma de la creencia. *Infancia y Aprendizaje*.

Oden, D. L., Thompson, R. K. R., and Premack, D. 2001. Can an ape reason analogically? Comprehension and production of analogical problems by Sarah, a chimpanzee (*Pan troglodytes*). In: *The analogical mind. Perspectives from cognitive science* (ed. D. Gentner, K. J. Holyoak, and B. N. Kokinov). Cambridge: MIT Press.

Overman, W. H., and Bachevalier, J. 2001. Inferences about the functional development of neural systems in children via the application of animal tests of cognition. In: *Developmental cognitive neuroscience* (ed. C. A. Nelson and M. Luciana), pp.109-124, Cambridge: MIT Press.

Parker, S. T. 1977. Piaget's sensorimotor series in an infant macaque: a model for comparing unstereotyped behaviour and intelligence in human and nonhuman primates. In: *Primate biosocial development: Bio logical, social, and ecological determinants* (ed. S. Chevalier-Skolnikoff and F. E. Poirier), pp.43-112, New York: Garland.

——1993. Imitation and circular reactions as evolved mechanisms for cognitive construction. *Human Development*, 36, 309-323.

Parker, S. T., and MeKinney, M. L. 1999. *The evolution of cognitive development in monkeys, apes, and humans*. Baltimore: Johns Hopkins University Press.

Pascalis, O., and Bachevalier, J. 1999. Le développement de la reconnaissance chez le primate humain et non-humain. *Primatologie*, 2, 145-169.

Patterson, F., and Cohn, R. 1994. Self-recognition and self-awareness in Lowland gorillas. In: *Self-recognition and awareness in apes, monkeys and children* (ed. S. Parker, M. Boccia, and R. Mitchell), pp.273-290, Cambridge, Mass.: Cambridge University Press.

Patterson, F., and Linden, E. 1981. *The education of Koko*. New York: Holt, Rinehart, and Winston. [都守淳夫訳　1984『ココ、お話しよう』どうぶつ社]

Pearce, J. M. 1997. *Animal learning and cognition. 2nd ed*. Hove: Psychology Press.

Pepperberg, I. M. 1999. *The Alex studies*. Cambridge, Mass.: Harvard University Press. [渡辺茂・山崎由美子・遠藤清香訳　2003『アレックス・スタディ——オウムは人間の言葉を理解するか』共立出版]

Perner, J. 1991. *Understanding the representational mind*. Cambridge, Mass.: MIT Press.

Perret, D. 1999. A cellular basis for reading minds from faces and actions. In: *The design of animal communication* (ed. M. Hauser and M. Konishi). Cambridge, Mass.: MIT Press.

Phillips, W., Baron-Cohen, S., and Rutter, M. 1992. The role of eye-contact in goal-detection: Evidence from normal toddlers and children with autism or mental handicap. *Development and Psychopathology*, 4, 375-384.

Phillips, W., Gómez, J. C., Baron-Cohen, S., Laá, M. V., and Riviére, A. 1995. Treating people as objects, agents or "subjects": How young children with and without autism make requests. *Journal of Child Psychology and Psychiatry*, 36, 1383-1398.

Piaget, J. 1936. *La naissance de l'intelligence cbez l'enfant*. Neuchâtel: Delachaux et Niestlée.

——1937. *La constuction du réel chez l'enfant*. Neuchâtel: Delachaux et Niestlée.

——1968. Quantification, conservation, and nativism. *Science*, 162, 976-979.

Piaget, J., and Inhelder, B. 1966. *La psychologie de l'enfant*. Paris: Presses Universitaires de France. [波多野完治・須賀哲夫・周郷博共訳　1969『新しい児童心理学』白水社]

Pinker, S. 1994. *The language instinct*. London: Penguin. [椋田直子訳　1995『言語を生みだす本能』日本放送出版協会]

Plooij, F. X. 1978. Some basic traits of language in wild chimpanzees? In: *Action, Gesture and Symbol: The emergence of language* (ed. A. Lock), pp.111-131, London: Academic Press.

——1979. How young chimpanzee babies trigger the onset of mother infant play—and what the mother makes of it. In: *Before speech: The beginnings of human communication* (ed. M. Bullowa, M.), pp.223-243, Cambridge: Cambridge University Press.

Poucet, B. 1993. Spatial cognitive maps in animals: New hypotheses on their structure and neural mechanisms. *Psychological Review*, 100.

Povinelli, D. J. 1994. Comparative studies of animal mental state attribution: A reply to Heyes. *Animal Behaviour*, 48, 239-401.

——2000. *Folk physics for apes*. Oxford: Oxford University Press.

Povinelli, D.J., and Eddy, T. J. 1996a. What young chimpanzees know about seeing. *Monographs of the Society for Research in Child Development*, 61, 1-190.

——1996 b. Factors influencing young chimpanzees' (*Pan troglodytes*) recognition of attention. *Journal of Comparative Psychology*, 110.

——1997. Specificity of gaze following in young chimpanzees. *British Journal of Developmental Psychology*, 15, 213-222.

Povinelli, D. J., Nelson, K. E., and Boysen, S. T. 1990. Inferences about guessing and knowing by chimpanzees (*Pan Troglodytes*). *Journal of Comparative Psychology*, 104, 203-210.

Povinelli, D. J., Reaux, J. E., Bierschwale, D. T., Allain, A. D., and Simon, B. B. 1997. Exploitation of pointing as a referential gesture in young children, but not adolescent chimpanzees. *Cognitive Development*, 12, 423-461.

Povinelli, D. J., Rulf, A. B., Landau, K. R., and Bierschwale, D. F. 1993. Self-recognition in chimpanzees (*Pan Troglodytes*): Distribution, ontogeny, and patterns of emergence. *Journal of Comparative Psychology*, 180, 74-80.

Povinelli, D. J., and Vonk, J. 2003. Chimpanzee minds: Suspiciously human? *Trends in Cognitive Sciences*, 7, 157-160.

Premack, D. 1976. *Intelligence in ape and man*. Hillsdale, N. J.: Lawrence Erlbaum.

——1983. The codes of man and beasts. *The Behavioral and Brain Sciences*, 6, 125-167.

Premack, D., and Premack, A. J. 1983. *The mind of an ape*. New York, Norton.

Premack, D., and Woodruff, G. 1978a. Chimpanzee problem-solving: a test for comprehension. *Science*, 202, 532-535.

——1978b. Does the chimpanzee have a theory of mind? *Behavioral and Brain Sciences*, 1, 515-526.

Quinn, P. C. 2002. Category representation in young infants. *Current Directions in Psychological Science*, 11, 66-70.

Redshaw, M. 1978. Cognitive development in human and gorilla infants. *Journal of Human Evolution*, 7, 133-141.

——1989. A comparison of neonatal behaviour and reflexes in the great apes. *Journal of Human Evolution*, 18, 191-200.

Roberts, W. A., and Mazmanian, D. S. 1988. Concept learning at different levels

of abstraction by pigeons, monkeys, and people. *Journal of Experimental Psychology: Animal Behavior Processes*, 14, 247-260.

Rochat, P. 2001. *The infant's world*. Cambridge: Harvard University Press. ［板倉昭二・開一夫監訳　2004『乳児の世界』ミネルヴァ書房］

Rumbaugh, D. M. 1965. Maternal care in relation to infant behaviour in the squirrel monkey. *Psychological Report*, 16, 171-176.

――1977. *Language learning in a chimpanzee*: The LANA project. New York: Academic Press.

Sackett, G. P. 1965a. Effects of rearing conditions upon the behavior of rhesus monkeys（*Macaca mulatta*）. *Child Development*, 36, 855-868.

――1965b. Manipulatory behavior in monkeys reared under different levels of early stimulus variation. *Perceptual and Motor Skills*, 20, 985-988.

――1966. Development of preference for differentially complex pat terns by infant monkeys. *Psychonomic Science*, 6, 441-442.

Santos, L. and Hauser, M. D. 2002. A nonhuman primate's understanding of solidity: Dissociations between seeing and acting. *Developmental Science*, 5, F1-F7.

Santos, L., Sulkowski, G. M., Spaepen, G. M., and Hauser, M. D. 2002. Object individuation using property/kind information in rhesus macaques（*Macaca mulatta*）. *Cognition*, 83, 241-264.

Sarriá, E., and Riviére, A. 1991. Desarrollo cognitive y communicatión intencional preverbal: Un estudio longitudinal multivariado. *Estudios de Psicología*, 46, 35-52.

Savage-Rumbaugh, E. S. 1986. *Ape language: From conditioned response to symbol*. Oxford: Oxford University Press. ［小島哲也訳　1992『チンパンジーの言語研究――シンボルの成立とコミュニケーション』ミネルヴァ書房］

Savage-Rumbaugh, E. S., Murphy, J., Sevcik, R. A., Brakke, K. E., Williams, S. L., and Rumbaugh, D. M. 1993. Language comprehension in ape and child. *Monographs of the Society for Research in Child Development*, 58, 1-221.

Savage-Rumbaugh, E. S, Rumbaugh, D. M, Smith, S. T., and Lawson, J. 1980. Reference: The linguistic essential. *Science*, 210, 922-925.

Scerif, G., Gómez, J. C.,, and Byrne, R. In press, 2003. What do Diana monkeys know about the focus of attention of a conspecific? *Animal Behaviour*.

Schiller, P. H. 1952. Innate constituents of complex responses in primates. *Psychological Review*, 59, 177-191.

Schino, G., Spinozzi, G., and Berlinguer, L. 1990. Object concept and mental representation in Cebus apella and Macaca fascicularis. *Primates*, 31, 537-544.

Schultz, A. H. 1969. *The life of primates*. London: Weidenfeld and Nicolson.

Schusterman, R. J., Thomas, J. A., and Wood, F. G. 1986. *Dolphin cognition and behaviour: A comparative approach*. Hillsdale, N.J.: Lawrence Erlbaum.

Seidenberg, M. S. and Petitto, L. A. 1979. Signing behavior in apes: A critical review. *Cognition*, 7, 177-215.

Seyfarth, R. M. 1987. Vocal communication and its relation to language. in: *Primate societies* (ed. B. B. Smuts, D. L. Cheney, R. M. Seyfarth, R. W. Wrangham, and T. T. Struhsaker), pp.440-451, Chicago: University of Chicago Press.

Seyfarth, R. M., and Cheney, D. T. 1980. The ontogeny of vervet monkey alarm-calling behavior: A preliminary report. *Zeitschrift für Tierpsycbologie*, 54, 37-56.

Shurcliff, A., Brown, D., and Stollnitz, F. 1971. Specificity of training required for solution of a stick problem by Rhesus monkeys (*Macaca mulatta*). *Learning and Motivation*, 2, 255-270.

Slater, A. 2001. Visual perception. In: *Infant development* (ed. G. Bremner and A. Fogel), pp.5-34, Oxford: Blackwell.

Smuts, B. B., Cheney, D. L., Seyfarth, R. M., Wrangham, R. W., and Struhsaker, T. T.(eds.) 1987. *Primate societies*. Chicago: University of Chicago Press.

Snowdon, C. T., Brown, C. H., and Petersen, M. R. 1982. *Primate communication*. Cambridge: Cambridge University Press.

Solomon, T. L. 2001. Early development of strategies for mapping symbol-referent relations: What do young children understand about scale models. Ph.D. Thesis. School of Psychology, University of St. Andrews.

Southgate, V., and Gómez, J. C. 2003. Object understanding in rhesus macaques. *Psycholloquia Seminars*. University of St. Andrews, Department of Psychology.

Spelke, E. S., Kestenbaum, R., Simons, D., and Wein, D. 1995. Spatio-temporal continuity, smoothness of motion, and object identity in infancy. *British Journal of Developmental Psychology*, 13, 113-142.

Sperber, D. 1994. Understanding verbal understanding. In: *What is intelligence?* (ed. J. Khalfa), pp.179-198, Cambridge: Cambridge University Press. [今井

邦彦訳　1997『知のしくみ――その多様性とダイナミズム』新曜社]

Sperber, D., and Wilson, D. 1986. *Relevance: Communication and cognition*. Cambridge, Mass.: Harvard University Press. [内田聖二他訳　1993『関連性理論――伝達と認知』研究社出版]

Spinozzi, G., De Lillo, C., and Truppa, V. 2003. Global and local processing of hierarchical visual stimuli in Tufted Capuchin monkeys (*Cebus apella*). *Journal of Comparative Psychology*, 117, 15-23.

Still, A., and Costall, A. 1991. *Against cognitivism*. London, Harvester.

Swettenham, J., Gómez, J. C., Baron-Cohen, S., and Walsh, S. 1996. What's inside someone's head? Conceiving of the mind as a camera helps children with autism acquire an alternative to a theory of mind. *Cognitive Neuropsychiatry*, 1, 73-88.

Teleki, G. 1974. Chimpanzee subsistence technology: Materials and skills. *Journal of Human Evolution*, 3, 575-594.

Terrace, H. S. 1979. *Nim: A chimpanzee that learned sign language*. New York: Knopf. [中野尚彦訳　1986『ニム――手話で語るチンパンジー』思索社]

Terrace, H. S., Petitto, L. A., Sanders, R. J., and Bever, T. G. 1979. Can an ape create a sentence? *Science*, 206, 891-902.

Theall, L. A., and Povinelli, D. J. 1999. Do chimpanzees tailor their gestural signals to fit the attentional states of others? *Animal Cognition*, 2, 207-214.

Thompson, R. K. R., and Oden, D. L. 1996. A profound disparity revisited: Perception and judgment of abstract identity relations by chimpanzees, human infants, and monkeys. *Behavioural Processes*, 149-161.

――2000. Categorical perception and conceptual judgements by non human primates: The paleological monkey and the analogical ape. *Cognitive Science*, 24, 363-396.

Thompson, R. K. R., Oden, D. L,, and Boysen, S. T. 1997. Language-naive chimpanzees (*Pan troglodytes*) judge relations between relations in a conceptual matching-to-sample task. *Journal of Experimental Psychology: Animal Behavior Processes*, 23, 31-43.

Thorndike, E. L. 1898. Animal intelligence: An experimental study of the associative processes in animals. *Psychological Review: Series of Monograph Supplements*, 2, 1-109.

Tinklepaugh, O. L. 1929. An experimental study of representative factors in monkeys. *Journal of Comparative Psychology*, 8, 197-236.

Tomasello, M. 1990. Cultural transmission in the tool use and communicatory signaling of chimpanzees? In: "Language" and intelligence in monkeys and apes: Comparative developmental perspectives (ed. S. T. Parker and K. R. Gibson), pp.274-311, Cambridge, Mass.: Cambridge University Press.

——1994. Can an ape understand a sentence? A review of Language comprehension in ape and child by E. S. Savage-Rumbaugh et al. *Language and Communication*, 14, 377-390.

——1995. Language is not an instinct. *Cognitive Development*, 10, 131-156.

——1999. *The cultural origins of human cognition*. Cambridge, Mass.: Harvard University Press.

Tomasello, M., and Call, J. 1997. *Primate cognition*. Oxford: Oxford University Press.

Tomasello, M., Call, J., and Hare, B. 2003. Chimpanzees understand psychological states-the question is which ones and to what extent. *Trends in Cognitive Sciences*, 7, 153-160.

Tomasello, M., Call, J., Warren, J., Frost, G. T., Carpenter, M., and Nagell, K. 1997. The ontogeny of chimpanzee gestural signals: A comparison across groups and generations. *Evolution of Communication*, 1, 223-259.

Tomasello, M., Davis-Dasilva, M., and Camak, L. 1987. Observational learning of tool-use by young chimpanzees. *Human Evolution*, 2, 175-183.

Tomasello, M., George, B., Kruger, A., Farrar, J., and Evans, E. 1985. The development of gestural communication in young chimpanzees. *Journal of Human Evolution*, 14, 175-186.

Tomasello, M., Gust, D., and Forst, T. 1989. A longitudinal investigation of gestural communication in young chimpanzees. *Primates*, 30, 35-50.

Tomasello, M., Hare, B., and Agnetta, B. 1999. Chimpanzees follow gaze direction geometrically. *Animal Behaviour*, 58, 769-777.

Tomasello, M., Hare, B., and Fogleman, T. 2001. The ontogeny of gaze following in chimpanzees, *Pan troglodytes*, and rhesus macaques, *Macaca mulatta*. *Animal Behaviour*, 61, 335-343.

Tomonaga, M. 2001. Investigating visual perception and cognition in

chimpanzees (*Pan troglodytes*) through visual search and related tasks: From basic to complex processes. In: *Primate origins of human cognition and behavior* (ed. T. Matsuzawa), pp.55-86, Berlin: Springer.

Torigoe, T. 1985. Comparison of object manipulation among 74 species of non-human primates. *Primates*, 26, 182-194.

Uller, C., Jaeger, R., Guidry, G., and Martin, C. 2003. Salamanders (*Plethodon cinereus*) go for more: Rudiments of number in an amphibian. *Animal Cognition*, in press.

Uller, C., Xu, E, Carey, S., and Hauser, M. D. 1997. Is language needed for constructing sortal concepts? A study with nonhuman primates. In: *Proceedings of the 21st Annual Boston University Conference on Language Development* (ed. E. Hughes), pp.665-677, Somerville, Mass.: Cascadilla Press.

van Schaik, C. P., Ancrenaz, M., Borgen, W.., Galdikas, B., Knott, C. D., Singleton, I., Suzuki, A., Utami, S. S., and Merrill, M. 2003. Orangutan cultures and the evolution of material culture. *Science*, 299, 102-104.

Vauclair, J. 1990. Processus cognitifs élaborés: Étude des représentations mentales chez le babouin. In: *Primates. Recherches actuelles* (ed. J. J., and J. R. Anderson). Paris: Masson.

Vauclair, J. 1996. *Animal cognition: An introduction to modern comparative psychology*. Cambridge, Mass: Harvard University Press. [鈴木光太郎・小林哲生訳　1999『動物のこころを探る――かれらはどのように「考える」か』新曜社]

Visalberghi, E., and Fragaszy, D. M. 1990. Do monkeys ape? In: *"Language" and intelligence in monkeys and apes. Comparative developmental perspectives* (ed. S. T. Parker and K. R. Gibson). Cambridge: Cambridge University Press.

Visalberghi, E., Fragaszy, D. M.,, and Savage-Rumbaugh, S. 1995. Performance in a tool-using task by common chimpanzees (*Pan troglodytes*), bonobos (*Pan paniscus*), an orangutan (*Pongo pygrnaeus*), and Capuchin monkeys (*Cebus apella*). *Journal of Comparative Psychology*, 109, 52-60.

Visalberghi, E., and Limongelli, L. 1996. Acting and understanding: Tool use revisited through the minds of capuchin monkeys. In: *Reaching into thought: The minds of the great apes* (ed. A. E. Russon, K. A. Bard, and S. T. Parker),

pp.57-79, Cambridge: Cambridge University Press.
Visalberghi, E., and Tomasello, M. 1998. Primate causal understanding in the physical and psychological domains. *Behavioral Processes*, 42, 189-203.
Von Grünau, M. and Anston, C. 1995. The detection of gaze direction: A stare-in-the-crowd effect. *Perception*, 24, 1297-1313.
Vonk, J., and MacDonald, S. E. 2002. Natural concepts in a juvenile gorilla (*Gorilla gorilla gorilla*) at three levels of abstraction. *Journal of Experimental Analysis of Behavior*, 78, 315-332.
——In press. Levels of abstraction in orangutan (*Pongo abelii*) categorization. *Journal of Comparative Psychology*.
Vygotsky, L. 1930. Orudie i znak [Tool and sign in the development of the child]. In: *The collected works of L. S. Vygotsky. Vol.6: Scientific legacy* (ed. R. W. Reefer), pp.1-68, New York: Kluwer/Plenum. [Quoted from the Russian edition].
Want, S. C., and Harris, P. L. 2001. Learning from other people's mistakes: Causal understanding in learning to use a tool. *Child Development*, 72, 431-443.
——2002. How do children ape? Applying concepts from the study of non-human primates to the developmental study of 'imitation' in children. *Developmental Science*, 5.
Wasserman, E. A., Young, M. E., and Fagot, J. 2001. Effects of number of items on the baboon's discrimination of same from different visual displays. *Animal Cognition*, 4, 163-170.
Weir, A. A., Chappell, J., and Kacelnik, A. 2002. Shaping of hooks in New Caledonian crows. *Science*, 297, 981.
Weiskrantz, L., and Cowey, A. 1975. Cross-modal matching in the rhesus monkey using a single pair of stimuli. *Neuropsychologia*, 13, 257-261.
Westergaard, G. C. 1988. Lion-tailed macaques (*Macaca silenus*) manufacture and use tools. *Journal of Comparative Psychology*, 102, 152-159.
——1993. Development of combinatorial manipulation in infant baboons (*Papio cynocephalus anubis*). *Journal of Comparative Psychology*, 107, 34-38.
Whiten, A. 2000. Primate culture and social learning. *Cognitive Science*, 24, 477-508.
Whiten, A., and Byrne, R. W. 1988. Tactical deception in primates. *Behavioral*

and Brain Sciences, 11, 233-273.

Whiten, A., Custance, D. M., Gómez, J. C., Teixidor, P., and Bard, K. 1996. Imitative learning of artificial fruit processing in children (*Homo sapiens*) and chimpanzees (*Pan troglodytes*). *Journal of Comparative Psychology*, 110, 3-14.

Whiten, A., Goodall, J., McGrew, W. C., Nishida, T., Reynolds, V., Sugiyama, Y., Turin, C. E. G., Wrangham, R. W., and Boesch, C. 1999. Cultures in chimpanzees. ature 399, 682-685.

Wicker, B. 2001. Perception et interpretation due regard: neuroanatomie functionelle chez l'homme et chez le singe. Ph. D. Thesis. Lyon: Université Claude Bernard.

Williams, T. D., and Carey, S. 2000. Development of object individuation in infant pigtail macaques. Poster presented at the XIth Biennial Meeting of the International Society of Infant Studies. Brighton, UK.

Woodruff, G., Premack, D., and Kennel, K. 1978. Conservation of liquid and solid quantity by the chimpanzee. *Science*, 202, 991-994.

Wrangham, R. W., McGrew, W. C., Waal, F. de, and Heltne, P. G. 1994. *Chimpanzee cultures*. Cambridge, Mass.: Harvard University Press.

Xu, F., and Carey, S. 1996. Infants' metaphysics: The case of numerical identity. *Cognitive Psychology*, 30, 111-153.

Xu, F., Carey, S., and Welch, J. 1999. Infants' ability to use object kind in formation for object individuation. *Cognition*, 70, 137-166.

Zimmermann, R. R., and Torrey, C. C. 1965. Ontogeny of learning. In: *Behavior of nonhuman primates* (ed. A. M. Schrier, H. F. Harlow, and F. Stollnitz), pp.405-447, New York: Academic Press.

Zuberbühler, K. 2000a. Referential labeling in wild diana monkeys. *Animal Behaviour*, 59, 917-927.

——2000b. Interspecies semantic communication in two forest monkeys. *Proceedings of the Royal Society of London. B*., 267.

——2000c. Causal knowledge of predators' behaviour in wild diana monkeys. *Animal Behaviour*, 59, 209-220.